创新性物理实验设计与应用

汪 静 迟建卫 等 编著

科学出版社

北京

内 容 简 介

本书是为大学物理实验的较高层次的实验训练,培养学生运用物理实验知识和技能解决实际问题和独立从事科学研究工作而设计的.为此,本书各实验与传统的"测量性验证性实验"不同,没有详细的实验步骤,只有实验背景及方法介绍、一系列的问题、实验要求和参考材料.学生要在查找和阅读参考材料的基础上回答这些问题,才能明确实验原理并设计实验来完成实验的要求.通过这样的实验训练,学生能深入理解物理原理,提高学习能力、实践应用能力、研究创新能力.

本书包含两类共29个实验项目,适合大学本科二年级到四年级学生阅读使用,适用于应用物理学专业及其他理工科各专业.每个实验需要的学时数从三学时到一学期,实验的要求从初步学习如何设计实验到研究一个全新的课题.其中,"物理实验设计与应用"特别注重运用物理实验知识与技术的应用,激发学生学习兴趣,培养学生将知识与技能转化为解决实际问题的能力;"物理实验创新研究"带有一些科学研究的性质,要求学生完成一个有创新意义的交叉性研究课题,培养学生独立从事科学研究能力.本书在第1章较为详细地介绍了物理实验研究方法,使学生更好地完成实验研究.

本书也可以作为研究生和相关研究人员的参考书.

图书在版编目(CIP)数据

创新性物理实验设计与应用/汪静等编著.—北京:科学出版社,2015.1
ISBN 978-7-03-042850-9

Ⅰ.①创⋯ Ⅱ.①汪⋯ Ⅲ.①物理学-实验 Ⅳ.①O4-33

中国版本图书馆 CIP 数据核字(2014)第 305017 号

责任编辑:昌　盛　龙嫚嫚 / 责任校对:钟　洋
责任印制:张　伟 / 封面设计:迷底书装

科 学 出 版 社 出版
北京东黄城根北街 16 号
邮政编码:100717
http://www.sciencep.com

北京凌奇印刷有限责任公司 印刷
科学出版社发行　各地新华书店经销

*

2015 年 1 月第　一　版　开本:720×1000 1/16
2023 年 2 月第十二次印刷　印张:15
字数:295 000
定价:69.00元
(如有印装质量问题,我社负责调换)

前　　言

　　培养大学生的创新能力是提高高等教育质量的核心问题.创新能力是教育培养和社会实践的结果,是人们后天形成和发展起来的一种特殊能力.物理实验是一门实验科学,它不仅为物理学概念和原理的建立做出了贡献,更重要的是,它体现了人类社会的创新发展过程和创新成果.大学物理实验引入高等教育已有100多年的历史,在培养学生创新能力方面发挥着日益重要的作用.物理实验实践教学是培养学生科学精神、创新能力和实践能力的重要环节.

　　长期以来,大学物理实验内容基本限于验证性和测量性的,大学物理实验教学过程中大都基于传统的模式,包括实验的目的要求、实验原理、实验的仪器设备、实验的方法和步骤等.学生阅读了教科书后,只要到实验室已安排好的仪器设备上进行调试、测量、记录,并进行适当的数据处理,就可以得出结果,完成实验.虽然这样的实验教科书,对学生初步学习如何进行物理实验、学会基本仪器的使用、加深对物理理论的了解,都是有益的,也是必要的.但只有这样的实验,对于学生解决实际问题的能力,特别是创新能力的培养,却是远远不够的.令人欣喜的是,近年来一些陆续出版的新教科书中添加了部分设计研究性物理实验项目,但项目数有限,且大都局限于物理学科范围内.

　　本书为满足大学物理实验的较高层次的实验训练,培养学生运用物理实验知识和技能解决实际问题和独立从事科学研究工作而设计.为此,本书各实验与传统的"测量性验证性实验"不同,没有详细的实验步骤,有的是实验背景及方法介绍、一系列的问题、实验要求和参考材料.学生要在查找和阅读参考材料的基础上回答这些问题,才能明确实验原理并设计实验来完成实验的要求.通过这样的实验训练,学生能深入理解物理原理,提高学习能力、实践应用能力、研究创新能力.本书通过科研内容提取移植、由企业生产和日常生活实际提升、由已有教学研究成果固化等多种渠道,研究开发出一批物理与海洋、物理与生物、物理与环境等多学科交叉的实验项目,强化设计性与应用性实验项目创新,使实验教学内容与科研、工程、社会应用实践密切联系,有利于培养学生的科学思维和创新意识.

　　本书包含两类共29个实验项目,适合大学本科二年级到四年级学生,适用于应用物理学专业及其他理工科各专业的科技创新实践活动.每个实验需要的学时数从三学时到一学期,实验的要求从初步学习如何设计实验到研究一个全新的课题.其中,"物理实验设计与应用"特别注重运用物理实验知识与技术的应用,激发学生学习兴趣,培养学生将知识与技能转化为解决实际问题的能力;"物理实验创新研究"带有一些科学研究的性质,要求学生完成一个有创新意义的交叉性研究课题,培养学生独立从事科学研究能力.本书在第 1 章较为详细地介绍了物理实验研究方法,使学生更好地完成实验研究.

本书是由大连海洋大学物理实验教学中心的部分骨干教师根据自己多年教学与科学研究成果创新性地撰写而成.汪静(第 1、2 章;第 3 章 3.1、3.2、3.6、3.7;第 4 章 4.8、4.9)、迟建卫(第 3 章 3.3~3.5、3.8、3.9、3.12、3.14~3.16)、曲冰(第 3 章 3.10、3.13;第 4 章 4.1、4.2、4.13)、潘超(第 3 章 3.11;第 4 章 4.7、4.10、4.11、4.12)、白亚乡(第 4 章 4.3~4.5)、胡玉才(第 4 章 4.6),全书由汪静统筹设计并修订.

限于编者水平,书中不当之处在所难免,希望使用本书的教师、同学和其他读者批评指正.

编 者
2014 年 6 月

目 录

前言

第1章　物理实验研究方法与论文写作 ··············· 1
　1.1　物理实验研究方法 ····························· 1
　1.2　论文报告的撰写 ······························· 4

第2章　物理实验数据处理方法 ····················· 6
　2.1　不确定度理论在物理实验中的应用 ··············· 6
　2.2　计算机处理物理实验数据的方法 ················· 12

第3章　物理实验设计与应用 ······················ 24
　3.1　鱼鳞片表面微观拓扑结构的测量与分析 ··········· 24
　3.2　毛发形态结构及拉伸性能分析 ··················· 28
　3.3　霍尔元件的应用 ······························· 31
　3.4　磁阻传感器与地磁场测量 ······················· 36
　3.5　可控硅调光灯设计 ····························· 42
　3.6　光盘表面沟槽结构润湿性研究 ··················· 46
　3.7　复制光栅的制作及光栅常数的测量 ··············· 50
　3.8　太阳镜的设计与应用 ··························· 54
　3.9　海水折射率测量 ······························· 58
　3.10　燃料电池特性的测量与分析 ···················· 62
　3.11　太阳能电池组装与光伏特性研究 ················ 70
　3.12　人耳听觉听阈的测量 ·························· 83
　3.13　电子温度计的设计及人体温度测量 ·············· 87
　3.14　压力传感器设计及心律与血压测量 ·············· 93
　3.15　人体反应时间测试 ···························· 98
　3.16　A类超声诊断与探伤 ·························· 101

第4章　物理实验创新研究 ······················· 110
　4.1　光密度法测量微藻生物量的实验研究 ············ 110
　4.2　强电磁场环境对水体的理化特性的影响 ·········· 116
　4.3　高压电场干燥特性研究 ························ 125
　4.4　高压脉冲电场干燥预处理海参实验研究 ·········· 136
　4.5　高压静电场保鲜海虾的实验研究 ················ 146

- 4.6 水生生物强电场环境生物效应研究 …………………………… 154
- 4.7 高压静电纺丝法制备纳米纤维的实验研究 …………………… 160
- 4.8 胶体光子晶体的制备与光特性研究 …………………………… 175
- 4.9 仿生微纳米表面的制备与表征 ………………………………… 184
- 4.10 纳米 TiO_2 光触媒制备及抗菌特性研究 ……………………… 192
- 4.11 纳米 MnO_2 电极材料制备及电容性能研究 ………………… 203
- 4.12 聚苯乙烯纳米纤维功能化及固定化生物酶的活性研究……… 214
- 4.13 仿生荷叶效应设计与表面性能研究…………………………… 223

第1章 物理实验研究方法与论文写作

物理学是以实验为本的科学.在物理学发展过程中,科学实验起到了十分重要的作用.所谓实验是人们根据研究的目的,运用科学仪器,人为地控制、创造或纯化某种自然过程,使之按预期的进程发展,同时在尽可能减少干扰的情况下进行观测(定量的或定性的),以探求该自然过程变化规律的一种科学活动.物理实验是一门实验科学,它不仅为物理学概念和原理的建立做出了贡献,更重要的是,它体现了人类社会的创新发展过程和创新成果.大学物理实验引入高等教育已有100多年的历史,在培养学生创新能力方面发挥着日益重要的作用.

研究性实验是模拟科学研究的过程进行的实验.在一定意义上说,一次研究性实验的过程就是一次科学研究的过程.科学研究并没有一成不变的方法.有些人埋头做科学实验,通过细心观察发现了新的现象,如伦琴发现X射线;有些人按照概念做实验,如居里夫人从大量的矿石里面提炼出放射性元素镭;有些人通过广泛收集资料和观察,悟出一些规律,如达尔文的进化论;也有些人提出了一些新概念,如麦克斯韦的电磁场理论和爱因斯坦的相对论;还有一些人是把不同的学科组织联系起来,如维纳提出来的控制论.本书力求引导和启发学生通过实验来学会如何剖析实验问题,制定最佳实验方案,独立操作,培养文献检索、科技写作与团队精神等综合素质和能力,并留给学生一些具有启发性的、开扩视野和思路的问题.

1.1 物理实验研究方法

1.什么是科学研究

科学研究是人们为了建立、填补和完善某一领域(如自然、社会、思维等)客观规律的科学知识体系而进行的活动和工作.科学研究的目的是要发展和深化人类的认识过程,发现客观世界的某一本质规律,发明创造物质财富的方法和手段.科学研究必须有一个新的结果作为衡量,这个新的结果可能是新的发现,可能是新的理论,可能是新的方法,也可能是一种器械或者是一种材料等.总而言之,科学研究就要求我们在前人研究基础上有所创新.

2.科学研究具有客观性、创新性、多学科综合与交叉性

科学研究的客观性就是实事求是、尊重客观事实.

科学研究的目的就是要有所创新,没有创新就没有科学进步.科学研究的创新应包括:①原创性的发现和发明,即发现前人未曾发现过的现象、规律,创造出别人还没有做出的新事物、新方法;②对原创性创新的整理和归纳,这种整理和归纳对于科学发展所做的贡献不亚于原创性的发现和发明,例如,门捷列夫正是在整理元素周期表的过程中发现元素周期律,并由此预言了新元素的存在及其性质;③原创性创新知识的集成和运用,知识创新成果的创造性传播、转化和规模产业化,也是一种很重要的创新,而且是一种把知识变成力量和物质财富的创新.弗兰西斯·培根说"知识就是力量",但是如果没有这种运用和转化,知识就永远只是知识而已.

科学研究具有多学科综合与交叉性.科学发展到今天,出现了高度分化和高度综合的两种不同的趋势,各门学科纵横交错、联系紧密,于是在当代科学研究中表现出学科交叉的综合研究的特点.

3.科学发展的一般顺序

(1)由科学思想形成的概念定义出一个确定的物理量;

(2)由此进一步确定此物理量的实验测定方法、仪器装置、实验配方等,从而得到大量的实验结果;

(3)总结这些实验结果,得出经验关系或定理;

(4)从理论上分析说明这些经验关系的本质,力求从理论上得出与实验结果相符的该物理量的计算方法,即人们一般所说的不仅要知其然还要知其所以然.

4.物理实验研究的基本程序

对于一个具体的研究课题,从开始选题到研究工作结束,整个过程必须按照一定的程序进行.不过科学实验过程中的许多工作都要经过反复修改甚至推翻重来的,即通过实践、修正、实践的多次反复,不断加以完善.

(1)确定研究课题.

选题不仅要有科学性、创新性、实用性,还要考虑实现的可能性.研究性实践活动的课题往往都是指导教师给定的,不仅要求教师把握科学需求和研究趋势,还要注意课题的难度,过难或过易的研究课题都可能给学生的研究性实践活动带来不利的影响.不过,该环节一般与调研环节是强耦合的,调研的结果可能会进一步修正研究课题的具体任务.

(2)课题调研.

针对给定的研究课题,通过实地或查阅文献等调查研究,回答下述问题:在该课题上国内外有哪些研究者,已经做了哪些工作,这些工作如何分类、有何优缺点,当前最好的方法已经做到了什么程度,还有什么问题没有解决,目前的发展趋势是什么等.这是科学研究中至关重要的一环.如果调研上出了问题,就会导致重复了别人的工作,或者解决了别人早已解决了的问题,或者做了远不及别人已完成的成果.在调查研究过程中,要坚持独立思考,不要被文献资料束缚了自己的思想.

在调研阶段,师生共进是非常重要的.学生有足够的时间和精力阅读大量的论文,从而能够把握更多的文献和细节,但可能因缺少全局观而判断力不足,因而难以形成有效的知识体系;而教师往往本就在相关领域具有一定的基础,而且知识体系更全面,可以形成更好的判断.因此,在这一阶段,学生与导师应该多交流,共同形成对研究方向的准确把握,从而提出真正有价值的学术问题.

(3)制定实验方案.

实验方案是完成课题的关键,在大量调研的基础上,作出研究全过程的蓝图,选择突破口和切实可行的技术路线,包括研究理论依据,建立物理模型,选择适当类型的实验和实验方法,设计正确的测量方法和路线,恰当的选择实验仪器设备等.在实验方案中还要探究最佳实验条件.实验方案还应兼顾数据处理的方法及误差的合理估计与制定方案的关系.实验方案应具有先进性、预见性和切实可行性.请教师对实验方案进行把关,避免研究性实践活动出现大的偏差.

①选择实验方法.

根据课题研究对象的性质与特点,收集各种可能的实验方法,在分析和比较各种实验方法的适用条件、可能达到的实验精度以及可行性和经济因素后,选择符合实验要求的最佳实验方法.

②选择最佳测量方法.

实验方法确定后,需要选择一种最佳测量方法,最充分发挥现有仪器设备的效能,使各物理量的测量结果误差最小.

测量中,产生误差的原因是复杂的,根据误差的性质和产生的原因,将误差分为系统误差、随机误差和粗大误差三类.

粗大误差的发生是由于实验者的过于疲劳或疏忽大意,或环境条件的突然变化而引起的.对于这类误差,首先要设法判断其是否存在,然后应用相应的法则将此类误差剔除.

在相同的条件下,对同一物理量进行多次重复的等精度测量,每次测量的误差绝对值时大时小,误差时正时负,任何一次测量值的误差都是随机的,这类误差称为随机误差.对于这类误差,主要是采用等精度多次测量的方法来尽量减小其影响.对于一些等间隔、线性变化的连续序列数据的处理,则可以采用逐差法和最小二乘法等.

在一定条件下,对同一物理量进行多次重复测量时,误差的绝对值和符号保持不变,或在条件改变时按某一确定规律变化的误差,称为系统误差.系统误差的来源主要有仪器误差、方法理论误差、环境误差、个人误差等.对于系统误差,应有针对性运用各种基本测量方法予以发现和减小.要仔细考察与研究对测量原理和方法的推演过程,检验或校准每一件仪器,分析每一个实验条件,考虑每一步调整和测量,注意每一种因素对实验的影响等.

③选用仪器设备.

根据实验目的和精度要求,选用最简单、最经济的符合要求的仪器.衡量仪器的主要技术指标是分辨率和精确度,即仪器能够测量的最小值和仪器误差.可以用误差分析来实现仪器的最佳选择.若实验中选用多种仪器,还应注意合理配套和仪器误差的合理分配.

(4)实验实施过程.

实验过程中要进行最佳实验条件的探索实验.实验中要注意运用理论指导实践,有针对性地运用各种测量方法减少实验的系统误差.在实验过程中必须严格遵守实验室规章制度和实验规程,仔细观察,认真、实事求是地记录实验数据和过程细节,养成良好的实验工作作风.

(5)结果分析与讨论.

对积累的大量实验数据进行认真的整理和综合分析.可以用表格、曲线、图解、照片等分析总结实验结果.对于主要的实验结果,通常要逐项探讨、判断分析;探讨所得结果与研究目的或假设的关系以及与他人研究结果的比较与分析;对研究结果的解释(是否符合原来的期望);重要研究结果的意义(推论).这是由表及里,从现象到规律,从感性到理性的提炼升华过程.

(6)得出结论.

上述实验结果如果足够充分而且对比丰富,则提供了宝贵的第一手资料,足以支撑一些基本的结论.更重要的是,所谓"实践出真知",就是这些结果和对比分析为我们提供了更为宝贵的经验,可以使我们更深刻地认识相关课题领域存在的真实问题是什么,什么样的思路可能是有效的,进而使我们可以进一步提出新问题或者新的解决思路,从而再次回到科研流程的第 4 个步骤上.在这样一个节点上,教师和学生的深入讨论是发现新问题、诞生新思路的法宝.

1.2 论文报告的撰写

科学论文和研究工作报告是科学研究的永久性记录和总结.通常由以下几部分组成:

1. 引言

引言(或绪论)简要说明研究工作的目的、范围、相关领域的前人工作和知识空白、理论基础和分析、研究设想、研究方法和实验设计、预期结果和意义等.引言应言简意赅,不要与摘要雷同,不要成为摘要的注释.一般教科书中已有的知识,在引言中不必赘述.比较短的论文可以只用小段文字起着引言的效用.学位论文需要反映作者已掌握了坚实的基础理论和系统的专门知识,具有开阔的科学视野,对研究方案作了充分论证,因此有关历史回顾和前人工作的综合评述以及理论分析等,可以单独成章,用足够的文字叙述.

引言的目的是给出作者进行本项工作的原因及目的,因此应给出必要的背景材料,让对这一领域并不特别熟悉的读者能够了解进行这方面研究的意义、前人已达到的水平、已解决和尚待解决的问题,最后应用一两句话说明论文的目的和主要创新之处.

2. 正文

正文是核心部分,占主要篇幅,可以包括调查对象、实验和观测方法、仪器设备、材料原料、实验和观测结果、计算方法和编程原理、数据资料、经过加工整理的图表、形成的论点和导出的结论等. 论文主体的内容应包括以下两部分：

(1) 材料和方法. 材料包括材料来源、性质、数量、选取和处理事项等. 方法包括实验仪器、设备、实验条件、测试方法等.

(2) 实验结果与分析讨论. 以图或表等手段整理实验结果,进行结果的分析和讨论,包括：通过数理统计和误差分析说明结果的可靠性、可重复性、范围等；进行实验结果与理论计算结果的比较(包括不正常现象和数据的分析)；实验结果部分的讨论. 值得注意的是：必须在正文中说明图表的结果及其直接意义；复杂图表应指出作者强调或希望读者注意的问题.

对研究内容及成果应进行较全面、客观的理论阐述,应着重指出本研究内容中的创新、改进与实际应用之处. 理论分析中,应将他人研究成果单独书写,并注明出处,不得将其与本人提出的理论分析混淆在一起. 对于将其他领域的理论、结果引用到本研究领域者,应说明该理论的出处,并论述引用的可行性与有效性.

3. 结论

结论是最终的、总体的结论,不是正文中各段的小结的简单重复. 结论应该准确、完整、明确、精练. 如果不可能导出应有的结论,也可以在没有结论的情况下进行必要的讨论,可以在结论或讨论中提出建议、研究设想、仪器设备改进意见、尚待解决的问题等.

4. 参考文献

列出撰写论文所参考引用的主要文献,参考文献应按照论文中引用出现的顺序列出,并加以序号. 需要注意的是,教材、产品说明书、各类标准、各种报纸上刊登的文章及未公开发表的研究报告等通常不宜作为参考文献引用；引用网上参考文献时,应注明该文献的准确网页地址.

第 2 章 物理实验数据处理方法

2.1 不确定度理论在物理实验中的应用

创新研究性实验的核心是设计实验方案,并在实验中检验方案的合理性. 在制定实验方案时,应考虑选择合理的实验方法,选择或设计最佳测量方法和测量路线,合理挑选实验仪器设备及选择有利的测量条件. 下面介绍用不确定度理论选择最佳实验方案,使测量量的相对不确定度达到最小,即达到实验方案的最优化.

一、不确定度的定义

不确定度是由于测量误差的存在而对被测量值不能肯定的程度,是用来表征被测量的真值以某种置信概率存在的范围. 不确定度可分为两类分量:一类是用统计方法估计的 A 类分量 U_A;另一类是用非统计方法估计的 B 类分量 U_B. 不同的误差来源对应着不同的不确定度,设测量量 x 的不确定度来源有 k 个,则合成不确定度采用方和根合成法,即

$$U(x) = \sqrt{\sum_{i=1}^{k} U_i^2(x)} \tag{2.1.1}$$

式中的 $U_i(x)$ 可以是 A 类分量,也可以是 B 类分量. 但值得特别注意的是,只有置信概率相同的 $U_i(x)$ 才能用上式合成,合成不确定度 $U(x)$ 的置信概率与参与合成的各分量的概率相同.

二、测量结果的正确表达与不确定度评定

(一) A 类不确定度

在相同的条件下,对某物理量 x 作 n 次独立测量,得到的 x 值为 $x_1, x_2, x_3, \cdots, x_n$,则测量结果的最佳值为平均值

$$\bar{x} = \frac{1}{n} \sum_{i=1}^{n} x_i \tag{2.1.2}$$

它的不确定度为

$$U_A(\bar{x}) = t \cdot \sqrt{\frac{\sum_{i=1}^{n}(x_i - \bar{x})^2}{n(n-1)}} \tag{2.1.3}$$

式中的 t 与测量次数和置信概率有关,如表 2.1.1 所示.

表 2.1.1　不同测量次数和置信概率下的 t 值

测量次数	3	4	5	6	7	8	9	10	20
$t_{0.683}$	1.32	1.20	1.14	1.11	1.09	1.08	1.07	1.06	1.03
$t_{0.95}$	4.30	3.18	2.78	2.57	2.45	2.36	2.31	2.26	2.09
$t_{0.95}/\sqrt{n}$	2.48	1.59	1.20	1.05	0.93	0.83	0.77	0.72	0.47

从表 2.1.1 中可以看出,当测量次数较多且置信概率为 0.683 时, $t \approx 1$,所以在一些普通物理实验教材中,为了简便,通常取 $t=1$,即 $U_A(\bar{x}) = \sqrt{\dfrac{\sum\limits_{i=1}^{n}(x_i - \bar{x})^2}{n(n-1)}}$;此时表示测量范围 $[\bar{x} - U_A(\bar{x}), \bar{x} + U_A(\bar{x})]$ 中包括真值的概率为 68.3%.

此外,当测量次数 $6 \leqslant n \leqslant 10$,且置信概率为 0.95 时, $t_{0.95}/\sqrt{n} \approx 1$,所以在一些物理实验教材中,通常取 $t_{0.95}/\sqrt{n} = 1$,即 $U_A(\bar{x}) = \sqrt{\dfrac{\sum\limits_{i=1}^{n}(x_i - \bar{x})^2}{(n-1)}}$. 此时测量范围 $[\bar{x} - U_A(\bar{x}), \bar{x} + U_A(\bar{x})]$ 扩大,真值处于此范围的概率为 95%.

(二)B 类不确定度

对某物理量 x 进行单次测量,则 B 类不确定度由测量不确定度 U_{B1} 和仪器不确定度 U_{B2} 两部分组成. 测量不确定度 U_{B1} 是由估读引起的,通常取仪器分度值的 $\dfrac{1}{10}$、$\dfrac{1}{5}$、$\dfrac{1}{2}$,视具体情况而定. 仪器不确定度 U_{B2} 是由仪器本身的特性决定的,它定义为

$$U_{B2} = K_P \dfrac{\Delta_{\text{ins}}}{C} \tag{2.1.4}$$

式中, Δ_{ins} 为仪器说明书上给出的不确定度限值(即最大误差); K_P 为一定置信概率下相应分布的置信因子; C 为相应分布的置信系数. 仪器不确定度 U_{B2} 的概率分布通常有正态分布、均匀分布、三角分布等. 如果仪器说明书上只给出 Δ_{ins},而没有关于不确定度概率分布的信息,一般按均匀分布处理. 此时,当置信概率为 0.683 时, $U_{B2} = \Delta_{\text{ins}}/\sqrt{3}$;当置信概率为 0.95 时, $U_{B2} \approx \Delta_{\text{ins}}$.

一般来说,多数仪器或量具都有生产厂家或计量机构按照国家标准给出的精确度等级或允许的误差范围,有的标明在仪器上,其不确定度限值可直接查出或由仪器的级别算出.

例如,通用游标卡尺的分度值有 0.02mm 和 0.05mm 两种,其仪器不确定度限值就分别取 ± 0.02mm,± 0.05mm;电表的不确定度限值为 $A_m \cdot a\%$,其中 A_m 为使用 m 挡的量程,a 为电表的精度等级.电表一般分为 0.1,0.2,0.5,1.0,1.5, 2.5 和 5.0 七个级别,数值越大精度越低.对于没有标定的测量仪器,其仪器不确定度限值取最小刻度的一半,甚至还可以根据实际情况再作估计.对于数字显示的仪器,其仪器不确定度限值取最小分度值.

(三)不确定度的合成

由正态分布、均匀分布、三角分布所求得的直接测量量不确定度可以按如下规则合成.

1. 多次测量量的不确定度合成

在相同条件下,对 x 进行多次测量时,待测量 x 的不确定度 $U(x)$ 由 $U_A(x)$ 和仪器不确定度 U_{B2} 合成,即

$$U(x) = \sqrt{U_A^2(x) + U_{B2}^2(x)} \tag{2.1.5}$$

2. 单次测量量的不确定度合成

对 x 进行单次测量时,待测量 x 的不确定度 $U(x)$ 由测量不确定度 $U_{B1}(x)$ 和仪器不确定度 U_{B2} 合成,即

$$U(x) = \sqrt{U_{B1}^2(x) + U_{B2}^2(x)} \tag{2.1.6}$$

(四)不确定度的传递

在很多实验中,进行的测量是间接测量.间接测量的结果是由直接测量量根据一定的数学公式计算出来的.这样一来,直接测量量的不确定度就必然要传递到间接测量结果.若 $y = f(x_1, x_2, x_3, \cdots, x_N)$,且各 x_i 相互独立,则测量结果 y 的绝对不确定度传递公式为

$$U(y) = \sqrt{\sum_{i=1}^{N} \left(\frac{\partial f}{\partial x_i}\right)^2 U^2(x_i)} \tag{2.1.7}$$

测量结果 y 的相对不确定度传递公式为

$$\frac{U(y)}{y} = \sqrt{\sum_{i=1}^{N} \left(\frac{\partial \ln f}{\partial x_i}\right)^2 U^2(x_i)} \tag{2.1.8}$$

如果函数形式是若干个直接测量量相加减,则先计算间接测量量的绝对不确定度比较方便;如果函数形式是若干个直接测量量相乘除,则先计算间接测量量的相对不确定度比较方便.常用函数的不确定度传递公式如表 2.1.2 所示.

表 2.1.2　常用函数的不确定度传递公式

函数表达式	不确定度传递公式
$y = x_1 \pm x_2$	$U(y) = \sqrt{U^2(x_1) + U^2(x_2)}$
$y = x_1 \cdot x_2$ $y = x_1/x_2$	$\dfrac{U(y)}{y} = \sqrt{\left(\dfrac{U(x_1)}{x_1}\right)^2 + \left(\dfrac{U(x_2)}{x_2}\right)^2}$
$y = kx$（k 为常数）	$U(y) = kU(x)$
$y = x^n$	$\dfrac{U(y)}{y} = n\dfrac{U(x)}{x}$
$y = \sqrt[n]{x}$	$\dfrac{U(y)}{y} = \dfrac{1}{n}\dfrac{U(x)}{x}$
$y = \sin x$	$U(y) = |\cos x|U(x)$
$y = \cos x$	$U(y) = |\sin x|U(x)$
$y = e^x$	$U(y) = e^x U(x)$
$y = \ln x$	$U(y) = \dfrac{U(x)}{x}$

三、测量结果的不确定度评定步骤

1. 直接测量量的不确定度评定步骤

(1) 修正测量数据中的可定系统误差；

(2) 计算多次测量列的算术平均值 $\bar{x} = \dfrac{1}{n}\sum\limits_{i=1}^{n} x_i$，将其作为测量结果的最佳值；对于单次测量，$x_{测}$ 即为测量结果的最佳值；

(3) 计算测量列中单次测量值的标准偏差 $s_D = \sqrt{\dfrac{\sum\limits_{i=1}^{n}(x_i - \bar{x})^2}{(n-1)}}$，审查各测量值，剔除坏值，然后对余下的测量值再求算术平均值 $\bar{x}$ 和单次测量值的标准偏差 s_D；

(4) 计算不确定度 $U(x)$；

(5) 写出最终测量结果，多次测量：$x = \bar{x} \pm U(x)$（单位），单次测量：$x = x_{测} \pm U(x)$（单位）；相对不确定度 $E(x) = \dfrac{U(x)}{x} \times 100\%$，注明置信概率 P.

2. 间接测量量的不确定度评定步骤

(1) 按照直接测量量不确定度评定的步骤，计算出各直接测量量的不确定度 $U(x_1)$，$U(x_2)$，$U(x_3)$，…，$U(x_n)$；

(2) 计算间接测量量的最佳值 $\bar{y} = f(\bar{x}_1, \bar{x}_2, \bar{x}_3, \cdots, \bar{x}_N)$；

(3) 计算不确定度 $U(y)$；

(4) 写出最终测量结果，$y = \bar{y} \pm U(y) = f(\bar{x}_1, \bar{x}_2, \bar{x}_3, \cdots, \bar{x}_N) \pm U(y)$；相对不确定度 $E(y) = \dfrac{U(y)}{\bar{y}} \times 100\%$，注明置信概率 P.

四、分析确定最有利的测量条件

所谓最有利条件是指按该条件测量,能使间接测量量的不确定度为最小. 由 $U(y) = \sqrt{\sum_{i=1}^{N} \left(\frac{\partial f}{\partial x_i}\right)^2 U^2(x_i)}$ 知,要使间接测量量的不确定度最小,则应使各传递系数 $\frac{\partial f}{\partial x_i}$ 都达到最小. 实际测量中,应尽可能使对总不确定度贡献最大的主要传递系数减小. 当各个主要传递系数都减小到最小限度时,即满足了最有利的测量条件.

五、分析和选择实验方案与测量方法

在间接测量中,每个独立测量量的不确定度都会对最终结果的不确定度有贡献,因此可用它来分析各独立的直接测量量值的不确定度对间接测量量结果的不确定度的影响,从而为最佳实验方案提供理论的依据.

对于同一个研究对象,当实验室可提供不同的实验条件设备时,可根据已有的实验设备设计出若干个不同的实验方案,为了使测量的最终结果最接近真值,也可根据不确定度的概念选择测量不确定度最小的方案为最佳方案.

例 2.1.1 若需测量某一电阻上所消耗的功率时,可采用如下三个方案:

(1) 直接测量 I、u,可由公式 $P = Iu$ 计算;

(2) 直接测量 u、R,可由公式 $P = \frac{u^2}{R}$ 计算;

(3) 直接测量 I、R,可由公式 $P = I^2 R$ 计算.

当实验室配用电流表、电压表、电阻的相对不确定度分别为 $E(u) = 0.5\%$,$E(I) = 1.0\%$,$E(R) = 1.5\%$ 时,问采用哪种方案最好?

解 由间接测量量的相对不确定度传递公式计算得

(1) $E(P_1) = \sqrt{\left(\frac{U(I)}{I}\right)^2 + \left(\frac{U(u)}{u}\right)^2} = \sqrt{E^2(I) + E^2(u)} = 1.1\%$

(2) $E(P_2) = \sqrt{\left(\frac{U(R)}{R}\right)^2 + \left(2\frac{U(u)}{u}\right)^2} = \sqrt{E^2(R) + 4E^2(u)} = 1.8\%$

(3) $E(P_3) = \sqrt{\left(\frac{U(R)}{R}\right)^2 + \left(2\frac{U(I)}{I}\right)^2} = \sqrt{E^2(R) + 4E^2(I)} = 2.5\%$

可见,在给定的实验条件下选用实验方案(1),通过测电压和电流来求功率,可使测量结果的不确定度最小,其测量结果最可靠.

六、挑选测量仪器

物理模型确定后,相应的函数关系 $y = f(x_1, x_2, x_3, \cdots, x_N)$ 就确立了. 根据函数关系可以导出不确定度的传递公式,从不确定度的传递公式可以看出直接测量量对测量结果的贡献. 如何合理确定各个直接测量量的不确定度来满足总不确定度的要求,实际上就是对各直接测量量的测量仪器进行选择,以保证间接测量量的测量精度. 由于各直接测量参数大小不一,重要性不同,测量难易程度也不一样,所以分配到的不确定度大小也不同.

根据不确定度传递公式

$$U(y) = \sqrt{\sum_{i=1}^{N} \left[\frac{\partial f}{\partial x_i}\right]^2 U^2(x_i)} \quad (2.1.9)$$

或

$$\frac{U(y)}{y} = \sqrt{\sum_{i=1}^{N} \left[\frac{\partial \ln f}{\partial x_i}\right]^2 U^2(x_i)} \quad (2.1.10)$$

和不确定度等作用原则

$$\left|\frac{\partial f}{\partial x_1}\right| U(x_1) = \left|\frac{\partial f}{\partial x_2}\right| U(x_2) = \left|\frac{\partial f}{\partial x_3}\right| U(x_3) = \cdots \quad (2.1.11)$$

或

$$\frac{\partial \ln f}{\partial x_1} U(x_1) = \frac{\partial \ln f}{\partial x_2} U(x_2) = \frac{\partial \ln f}{\partial x_3} U(x_3) = \cdots \quad (2.1.12)$$

如果间接测量量 $y = f(x_1, x_2, x_3, \cdots, x_N)$ 的绝对不确定度或相对不确定度已经确定,则按照 N 个分项对不确定度的贡献相同进行分配,求得各分项平均分得的不确定度的值,然后根据各量满足分项要求的难易程度,相互合理调配,但最后一定要满足总不确定度的要求.

例 2.1.2 测量一直径 $D=5$mm、高度 $H=40$mm 的圆柱体体积,要求体积的相对不确定度 $\dfrac{U(V)}{V}$ 不超过 0.5%,选用何种仪器来测量其直径和高度?

解 根据圆柱体体积公式

$$V = \frac{\pi}{4} D^2 H$$

$$\ln V = \ln \frac{\pi}{4} + 2\ln D + \ln H$$

由式(2.1.10),有

$$\frac{U(V)}{V} = \sqrt{\left(2\frac{U(D)}{D}\right)^2 + \left(\frac{U(H)}{H}\right)^2}$$

根据不确定度等作用原则

$$2\frac{U(D)}{D} = \frac{U(H)}{H} = \frac{1}{\sqrt{2}} \frac{U(V)}{V}$$

有

$$2\frac{U(D)}{D} \leqslant \frac{0.5\%}{\sqrt{2}}, \quad \frac{U(H)}{H} \leqslant \frac{0.5\%}{\sqrt{2}}$$

代入 D、H 估计值可得

$$U(D)=0.009\text{mm}, \quad U(H)=0.14\text{mm}$$

或

$$U(V) = \frac{\pi}{4}D^2 H \times 0.5\% = 3.92 \text{ mm}^3$$

由式(2.1.9),有

$$U(V)=\sqrt{\left(\frac{\partial V}{\partial H}\right)^2 U^2(H)+\left(\frac{\partial V}{\partial D}\right)^2 U^2(D)}=\sqrt{\left(\frac{\pi D^2}{4}\right)^2 U^2(H)+\left(\frac{\pi DH}{2}\right)^2 U^2(D)}$$

根据不确定度等作用原则

$$\left(\frac{\partial V}{\partial H}\right)U(H)=\left(\frac{\partial V}{\partial D}\right)U(D)=\frac{1}{\sqrt{2}}U(V)$$

将 $U(V)$、D、H 估计值代入上式得

$$U(D)=0.009\text{mm}, \quad U(H)=0.14\text{mm}$$

为便于分析,将 $U(D)$、$U(H)$ 视为测量 D、H 时使用测量仪器的不确定度限值(即最大误差)$\Delta_{\text{ins}D}$、$\Delta_{\text{ins}H}$。由结果可知,$\Delta_{\text{ins}D}$、$\Delta_{\text{ins}H}$ 相差约 15 倍,需采用两种不同精度的测量工具:需选用量程为 25mm、示值误差为 ±0.004mm 的螺旋测微计测量直径 D;选用量程为 125mm、示值误差为 ±0.10mm 的游标卡尺测量高度 H。但在实验中采用两种不同测量工具测量直径和高度,既不经济,也不方便.

现不按不确定度等作用原则,而根据具体情况进行不确定度分配:采用示值误差为 ±0.02mm 的游标卡尺测量高度 H 和直径 D,即 $U(D)=0.02\text{mm}$,$U(H)=0.02\text{mm}$,则

$$U(V)=\sqrt{\left(\frac{\pi D^2}{4}\right)^2 U^2(H)+\left(\frac{\pi DH}{2}\right)^2 U^2(D)}=1.01\text{mm}^3$$

满足测量要求.可见,测量高度 H 和直径 D 也可采用一种示值误差为 ±0.02mm 的游标卡尺.

2.2 计算机处理物理实验数据的方法

物理实验不仅要观察物理现象,更重要的是对某些物理量进行定量测量和分析.要进行定量测量,首先就要对测量数据进行一定的数学处理,使得出的结果接近真实值,然后才能通过结果得出评价结论,这也是数据处理与误差分析的主要内容.实验过程中涉及算术平均值、标准偏差以及不确定度的计算等,计算公式比较

复杂、计算过程繁琐、表示量较多.若使用传统人工结合计算器的方法计算,由于计算量较大、涉及变量较多,容易出现计算疏漏从而导致结果错误.利用计算机软件对数据进行计算和处理,同时对数据进行曲线绘制并拟合,可以大大节省人工处理数据的时间,减少中间环节的错误,从而提高效率.物理实验中通常可以使用微软(Microsoft)公司的 Excel 表格统计软件和 OriginLab 公司的 Origin 软件进行数据处理以及曲线绘制拟合等工作.

一、利用 Excel 软件处理实验数据

Excel 软件是微软公司出品的 Office 系列办公软件的一个组件,它可以进行各种数据的处理、统计分析、数据表格的制作和辅助决策操作,同时具有较强的图表制作、数据曲线拟合等功能.Excel 软件广泛地应用于管理、数据统计、金融等众多领域.Excel 内有大量的公式函数可以选择应用,可以执行计算、分析信息并管理电子表格或网页中的数据信息列表,利用这些函数可以准确、快捷、方便地对物理实验中的数据进行计算和分析.

(一)物理实验中常用的 Excel 函数

Excel 函数一共有 11 类,分别是数据库函数、日期与时间函数、工程函数、财务函数、信息函数、逻辑函数、查询和引用函数、数学和三角函数、统计函数、文本函数以及用户自定义函数.物理实验中通常使用的是数学函数和统计函数.

1. 求和函数 SUM:用于计算选定单元格区域中所有数值的和

求和函数的格式为 $SUM(X_1:X_n)$,表示计算第 X 列中的第 1 个数 X_1 到第 n 个数 X_n 的和,即 $\sum_{i=1}^{n} x_i$.

求和函数的使用有多种方式.以 Excel 2003 为例,第一种方式,点击任意空白区域,在菜单栏"插入"选项当中点击"f_x 函数"选项,弹出插入函数对话框,如图2.2.1 所示,选择求和函数"SUM"后点击确定弹出函数参数对话框,如图 2.2.2 所示,在对话框中 Number1 空白处输入 $X_1:X_{10}$ 后点击确定即可在该区域得到第 1个数 X_1 到第 10 个数 X_{10} 的数值之和;第二种方式,可以在 Excel 主界面当中的快捷按钮栏当中找到插入函数按钮:,在后面栏中直接输入"=SUM$(X_1:X_{10})$"回车后即可;第三种方式,可以将要计算和值的所有单元格全部选上,在主界面的快捷按钮中点击 Σ 后面的小三角打开下拉菜单,这里集合了常用的求和、平均、计数等常用函数,选择"求和"则自动将所有单元格的数值和计算出来显示到下一个空白处;第四种方式,可以直接在任意空白单元格中输入"=SUM$(X_1:X_{10})$"点击回车即可.

图 2.2.1 插入函数对话框

图 2.2.2 函数参数对话框

2. 求平均值函数 AVERAGE:用于计算选定单元格区域中所有数值的平均值

平均值函数的格式为 AVERAGE($X_1:X_n$),表示计算第 X 列中的第 1 个数 X_1 到第 n 个数 X_n 的算术平均值,即 $\overline{x} = \dfrac{1}{n}\sum\limits_{i=1}^{n} x_i$. 求平均值函数的使用和求和函数类似,可以使用多种方式完成.

3. 求标准偏差函数 STDEV:用于计算选定单元格区域内所有数值的标准偏差

标准偏差函数的格式为 STDEV($X_1:X_n$),表示计算第 X 列中的第 1 个数 X_1 到第 n 个数 X_n 的标准偏差值,即 $S_x = \sqrt{\dfrac{\sum (\Delta x_i)^2}{n-1}} = \sqrt{\dfrac{\sum (x_i - \overline{x})^2}{n-1}}$.

4. 求平均值的标准偏差 AVEDEV:用于计算选定单元格区域内所有数值与其平均值之间绝对差值的平均值

平均值的标准偏差的格式为 AVEDEV($X_1:X_n$),表示第 X 列中的第 1 个数 X_1 到第 n 个数 X_n 中每一个数值与其平均值 $\overline{x}$ 之间的绝对差值的平均值,即 AVEDEV($X_1:X_n$) = $\dfrac{1}{n}\sum\limits_{i=1}^{n} |x_i - \overline{x}|$.

5. 最大值(或最小值)函数 MAX(或 MIN):用于找到选定单元格区域内所有数值的最大(或最小)值

最大值(或最小值)函数的格式为 MAX($X_1:X_n$)(或 MIN($X_1:X_n$)),表示第 X 列中的第 1 个数 X_1 到第 n 个数 X_n 中的最大值(或最小值).

6. 方差函数 VAR(或 VARPA):用于计算选定单元格区域内数值的方差(或总体样本的方差)

方差函数的格式为 VAR($X_1:X_n$),表示计算第 X 列中的第 1 个数 X_1 到第 n 个数 X_n 的方差,即

$$\mathrm{VAR}(X_1:X_n) = \frac{\sum (x_i - \bar{x})^2}{n-1}$$

当计算总体样本的方差时使用 VARPA 函数,其格式为

$$\mathrm{VARPA}(X_1:X_n) = \frac{\sum (x_i - \bar{x})^2}{n}$$

例 2.2.1 用螺旋测微器测量小钢球的直径,分别从多个方向上多次测量小钢球的直径值,填到表 2.2.1 中,试计算小钢球直径的平均值、标准偏差以及不确定度,并把结果表示出来.

表 2.2.1

次数	1	2	3	4	5	6	7	8	9
直径/mm	2.513	2.515	2.511	2.512	2.513	2.516	2.514	2.512	2.515

解 用 Excel 中的函数来计算.

(1)新建 Excel 空白工作薄,将测量的数据输入到 A1~A9 指定的单元格中.

(2)利用平均值函数 AVERAGE 计算小钢球直径的平均值.在任意空白单元格(A10)处输入"=AVERAGE(A1:A9)",回车后得到平均值显示为 2.513 444 444,大学物理实验中对于仪器测量或结果的表示代表其测量的准确度,因此对于数值要有所取舍,右键单击显示菜单,选择"设置单元格格式",在"数值"栏中选择小数点后面保留 3 位小数,则得到了测量的平均值 $\bar{x} = 2.513$ mm(如果需要四舍六入五凑偶的取舍规则,则需要相应多保留一位).

(3)利用准偏差函数 STDEV 计算小钢球直径的标准偏差.选择任意空白单元格(A11),在插入函数快捷按钮后面的空白处输入"=STDEV(A1:A9)",得到标准偏差计算值 0.001 666 667,经小数位数修改后得到标准偏差 $S_x = 0.002$ mm.

(4)计算小钢球直径测量的不确定度.由式(2.15),已知螺旋测微计的仪器不确定度 $U_{B2} = 0.01/2 = 0.005$ mm,将数值 0.0005 输入到 A12 单元格处,在任意空白单元格(A13)处输入"=SQRT(A11^2+A12^2)",得到了不确定度的计算值

0.005 385 165，修改小数位数后得到小钢球直径测量的不确定度 $U(x)=0.005$mm.

(5)小钢球直径测量的表示结果为：$x=\bar{x}\pm U(x)=(2.513\pm 0.005)$mm.

(二)物理实验中 Excel 软件的曲线绘制和拟合

物理实验中常用最小二乘法处理数据，以求得到经验公式. 其原理是：利用一组已测量出的数据(x_i,y_i)，求出一个误差最小的最佳经验公式 $y_i=f(x_i)$，使得测量值 y_i 与经验公式计算值 $f(x_i)$ 之间的残差平方和最小，即 $\varphi=\sum_{i=1}^{k}[y_i-f(x_i)]^2$ 有最小值. 最小二乘法可以简便地求得未知的数据，并使得这些求得的数据与实际数据之间误差的平方和为最小，还可用于曲线拟合.

在物理实验中基于最小二乘法的(线性)回归分析是常用的数据处理手段. 回归也称为拟合，线性回归也称为直线拟合，即当两个变量之间具有线性相关关系时，可用一条理想直线来描述二者关系；而两个变量间具有非线性关系时，用一条理想曲线来描述称为一元非线性回归，又称曲线拟合.

1. 一元线性回归

当变量 y 和自变量 x 之间具有线性关系 $y=kx+b$，k、b 分别为斜率和截距，即方程中的回归系数，求回归方程实际上就是要确定回归系数 k、b. 另外，为了衡量变量之间线性相关的程度，还要引入相关系数 r 和变量的标准偏差 S_y.

在 Excel 中可以使用两种方式来进行线性回归，并得到回归系数、相关系数等参量.

一种方式是使用函数形式，设 $Y_1\sim Y_n$，$X_1\sim X_n$ 分别为实验中测量的变量和自变量的数值，并输入到相应单元格中，调用相应的函数就可求得回归直线方程的参数.

(1)斜率函数 SLOPE：用于计算线性回归的直线方程的斜率 k，其格式为 $k=$ SLOPE$(Y_1:Y_n,X_1:X_n)$.

(2)截距函数 INTERCEPT：用于计算线性回归的直线方程的截距 b，其格式为 $b=$INTERCEPT$(Y_1:Y_n,X_1:X_n)$.

相关系数函数 CORREL：用于计算线性回归的直线方程 x 和 y 的相关系数 R，其格式为 $R=$CORREL$(Y_1:Y_n,X_1:X_n)$.

(3)标准偏差函数 STEYX：用于计算线性回归的直线方程中变量 y 和标准偏差 S_y，其格式为 $S_y=$STEYX$(Y_1:Y_n,X_1:X_n)$.

另一种方式是直接插入图表再显示相关参数，设 $Y_1\sim Y_n$，$X_1\sim X_n$ 分别为实验中测量的变量和自变量的数值，将测量的数据输入到相应单元格中，选择菜单栏中的"插入"、"图表"选项，在图标类型中选择"XY 散点图"，在字图标类型中选择"平滑散点图"如图 2.2.3 所示，点击下一步并将相应数据区域选择为数据的单元格 $Y_1\sim Y_n$、

$X_1 \sim X_n$,最后选择图表选项中的坐标轴标注等选项即可得到回归的直线,如图 2.2.4 所示. 在得到的直线上点击"添加趋势线",在"趋势线格式"选项中勾选"显示公式"和"显示 R 平方值"两个选项即可得到回归的直线方程 $y = kx + b$ 和相关系数的平方值 R^2.

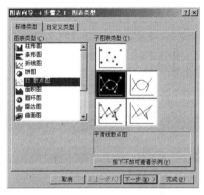

图 2.2.3　图表类型

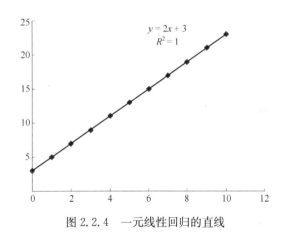

图 2.2.4　一元线性回归的直线

例 2.2.2　电表的改装实验中需将一支满量程为 1mA 的电流计改装为满量程为 5mA 的电流表,已通过替代法测得电流计的内阻 $R_G = 99\,\Omega$,如果采用并接分流电阻的方法,并使用 0.5 级的数字电流表来校准被改装表,测得的结果如表 2.2.2 所示,请作出标准表和被改装表之间的校准曲线,并试着给出回归方程.

表 2.2.2　电表改装校准

I_G/mA	0.5	1.0	1.5	2.0	2.5	3.0	3.5	4.0	4.5	5.0
$I_{标}$/mA	0.52	1.02	1.51	2.03	2.52	3.01	3.52	3.99	4.50	4.99

解　利用 Excel 软件来作出校准曲线,并给出回归方程.

(1)新建 Excel 工作薄,将实验得到的数据输入到相应的空白单元格中(A1:A10,B1:B10).

(2)插入图表,制作散点图.选定实验数据所在单元格,在菜单栏中选择"插入—图表",并选择散点图,就得到了 I_G-$I_标$ 的散点图.

(3)任意选择一个数值点,并选择"添加趋势线",类型为一元线性,确定后得到了具有回归曲线的图形.

(4)在"趋势线格式"选项中勾选"显示公式"和"显示 R 平方值"两个选项,即可得到回归的直线方程,如图 2.2.5 所示.

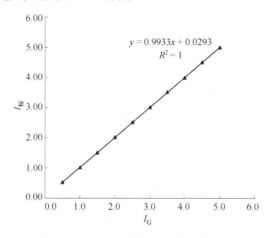

图 2.2.5　电表改装校准回归直线方程

2. 一元非线性回归

当变量 y 和自变量 x 之间的关系不是一元线性时,可以使用 Excel 软件中提供的非线性回归类型来进行数据的回归分析,并给出回归方程和拟合曲线.非线性回归的数据类型包括指数、对数、乘幂、多项式、移动平均等,可以根据实验中的需要选择相应类型进行回归分析.

例 2.2.3　实验中为测定某种铂热敏电阻的阻值随温度变化的曲线($0 \leqslant T \leqslant 200\ ℃$),现将一组测量数据填入表 2.2.3 中,试作出其温度-阻值特性曲线,并求出其温度特性方程.

表 2.2.3　热敏电阻阻值温度变化

$T_x/℃$	10	20	30	40	50	60	70	80	90	100
R_x/Ω	1.0039	1.0039	1.0034	1.0030	1.0020	1.0019	1.0011	1.0001	0.9992	0.9990
$T_x/℃$	110	120	130	140	150	160	170	180	190	200
R_x/Ω	0.9968	0.9955	0.9941	0.9920	0.9908	0.9892	0.9871	0.9850	0.9825	0.9806

解　用 Excel 软件作出温度-阻值曲线,并给出回归方程.

(1) 新建空白工作薄,将实验所得数据输入到空白单元格中(A1:A20,B1:B20).

(2) 插入图表,制作散点图. 选定实验数据所在单元格,在菜单栏中选择"插入—图表",并选择散点图,就得到了 T-R_T 的散点图.

(3) 任意选择一个数值点,并选择"添加趋势线",类型为多项式,阶数为 2,确定后得到了具有回归曲线的图形.

(4) 在"趋势线格式"选项中勾选"显示公式"和"显示 R 平方值"两个选项即可得到回归的直线方程,如图 2.2.6 所示.

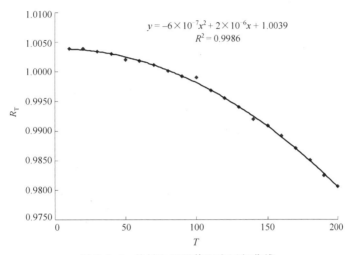

图 2.2.6 热敏电阻阻值温度回归曲线

(5) 通过回归曲线和方程得到热敏电阻的温度特性方程为

$$R_T = -6 \times 10^{-7} t^2 + 2 \times 10^{-6} t + 1.0039$$

二、利用 Origin 软件处理实验数据

Origin 是美国 OriginLab 公司(其前身为 Microcal 公司)开发的一种基于 Windows 平台的图形可视化和数据分析软件,是实验室科研人员和工程师常用的高级数据分析和制图工具. 它的最新的版本号是 9.0,分为普通版和专业版(Pro)两个版本(本书以 Origin7.5 为例).

Origin 具有两大主要功能:数据分析和绘图. Origin 的数据分析主要包括统计、信号处理、图像处理、峰值分析和曲线拟合等各种完善的数学分析功能. 准备好数据后,进行数据分析时,只需选择所要分析的数据,然后再选择相应的菜单命令即可. Origin 的绘图是基于模板的,Origin 本身提供了几十种二维和三维绘图模板而且允许用户自己定制模板. 绘图时,只要选择所需要的模板就行. 用户可以自定义数学函数、图形样式和绘图模板.

Origin 可以和各种数据库软件、办公软件、图像处理软件等方便地对口连接,可以导入包括 Excel 在内的多种数据(7.5 版本以上可以直接运行 Excel).另外,它可以把 Origin 图形输出到多种格式的图像文件,如 JPEG、GIF、EPS、TIFF 等. Origin 自问世以来,由于其操作简便,功能开放,很快就成为国际流行的分析软件之一,是公认的快速、灵活、易学的工程制图软件.

由于 Origin 具有强大的图形绘制和曲线拟合功能,所以在物理实验中通常使用 Excel 和 Origin 结合的方式进行数据的处理、图形绘制以及曲线拟合的工作,节省了人工操作的繁琐,从而减少错误的发生.

(一)Origin 软件基本介绍

Origin7.5 的界面如图 2.2.7 所示,和所有的 Windows 平台的软件类似,具有标题栏、菜单栏、快捷键栏等,Origin 7.5 中包括 Worksheet、Graph、Matrix、Layout、notes、Script、Results Log 和 Code Builder 几个子窗口,并可以直接调用 Excel 作为自己的一个子窗口.

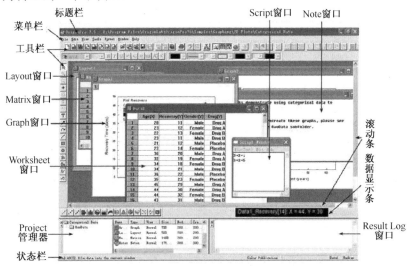

图 2.2.7 Origin7.5 界面

1.Worksheet(表格)窗口. Worksheet(表格)窗口是 Origin 7.5 最基本的子窗口之一,默认的标题是 Data1、Data2 等,其主要功能是组织处理数据,包括探测、统计、分析等功能.当第一次打开 Origin 7.5 界面时,由 Origin 7.5 模板自动生成一个 Worksheet 窗口,该窗口的特征包括页面颜色、列数、列宽、字体格式等,是由模板文件 Origin.otw 决定的.

2.Graph(图形)窗口. Graph(图形)窗口是 Origin 中最重要的窗口之一,默认的名称为 Graph1、Graph2 等,在这里可将 Worksheet、Matrix 等子窗口中的数据制图,实现数据可视化,也可以直接使用函数进行制图.用户也可以编辑生成图形,包括编辑 Graph 图层、坐标轴、数据点显示方式、文本等内容.

3. Excel 工作表. 在 Origin 7.5 界面中可以直接打开 Excel 工作表,这要求用户的计算机同时装有 Microsoft Excel 应用程序,在这里可以执行几乎所有 Excel 功能.

4. Layout(版面页)窗口. Layout(版面页)窗口用于创建图形外观,Project 文件中的任何组件如 Graph、Worksheet 都可以在 Layout 窗口中显示排列,同时还可以添加文本或注释,可以将 Layout 窗口中的内容保存为图形格式的文件.

(二)应用举例

例 2.2.4 改装电流表实验中,如果将电流计使用串接电阻的方式改装,则称为串接式欧姆表,使用外接电阻箱作为可变外接电阻,$U=1.0\text{V}$,$R=750\Omega$,经过多次测量得到 $I_x\text{-}R_x$ 的数据如表 2.2.4 所示,试作出 $I_x\text{-}R_x$ 的曲线,并标明误差线.

表 2.2.4 电表改装实验 $I_x\text{-}R_x$ 的数据

I_x/mA	$R_x/\Omega(1)$	$R_x/\Omega(2)$	$R_x/\Omega(3)$	$R_x/\Omega(4)$	$R_x/\Omega(5)$
1.0	0	0	0.5	0.6	0.5
0.9	51	50	50	55	60
0.8	99	98	94	91	90
0.7	131	129	119	131	130
0.6	173	188	170	160	141
0.5	198	189	170	171	169
0.4	251	249	230	252	231
0.3	281	295	270	277	290
0.2	350	359	349	340	339
0.1	401	390	388	379	366

解 使用 Excel 计算阻值的平均值和不确定度,并用 Origin 进行曲线的绘制.

(1)计算阻值平均值和不确定度.

新建 Excel 空白工作簿,将测得的阻值数据输入到空白单元格中,计算测量的平均值和标准偏差,用标准偏差代替不确定度得到的数据如表 2.2.5 所示.

表 2.2.5

I_x/mA	1.0	0.9	0.8	0.7	0.6	0.5	0.4	0.3	0.2	0.1
$\overline{R_x}/\Omega$	0.3	53.2	94.4	120	166.4	179.4	242.6	282.6	347.4	384.8
S_{RX}	0.3	4.3	4.0	5.1	17.4	13.3	11.1	10.0	8.2	13.1

(2)用 Origin 绘制 $I_x\text{-}R_x$ 曲线.

新建 Origin 方案,在 Worksheet 工作表中增加一列 $C(Y)$ 作为误差数值输入列,将上面计算好的 I_x、R_x 以及 S_{Rx} 数值转置粘贴到 Worksheet 的工作表中,如图 2.2.8 所示.

	A(X)	B(Y)	C(Y)
1	1	0.3	0.3
2	0.9	53.2	4.3
3	0.8	94.4	4
4	0.7	120	5.1
5	0.6	166.4	17.4
6	0.5	179.4	13.3
7	0.4	242.6	11.1
8	0.3	282.6	10
9	0.2	347.4	8.2
10	0.1	384.8	13.1
11			
12			
13			

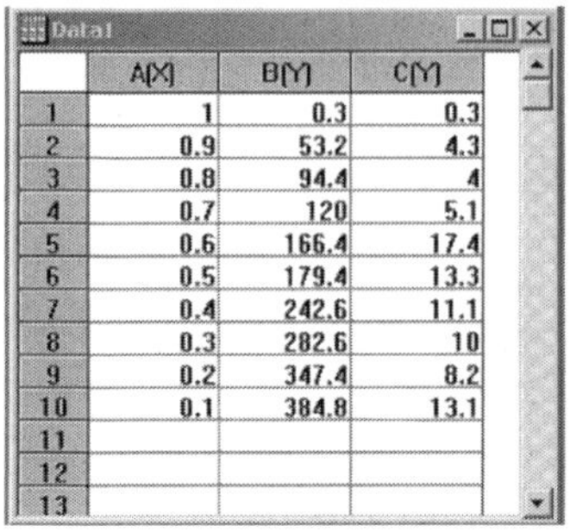

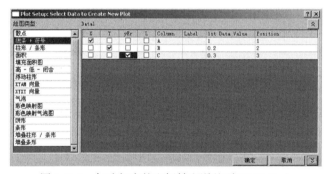

图 2.2.8　在 Worksheet 工作表中输入数值

在“Plot | Graph”(绘图)选项中选择“line+symbol”(线条符号)或直接选择下方快捷工具栏中的符号，弹出绘图类型选择窗口，根据工作表中数据的类型在窗口中勾选相应的坐标轴和误差项(X,Y,Y_{Er})，如图 2.2.9 所示.点击确定后，弹出 Graph(图形)窗口就是作出的曲线图形，如图 2.2.10 所示.

图 2.2.9　勾选相应的坐标轴和误差项(X,Y,Y_{Er})

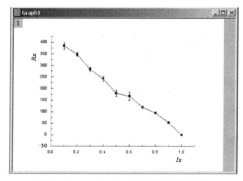

图 2.2.10　I_x-R_x的曲线和误差线

例 2.2.5　已知某实验中测得的数据如表 2.2.6 所示，请作出其曲线图形，并试着给出回归方程.

表 2.2.6　已知实验数据

X	10	20	30	40	50	60	70	80	90	100
Y	10	14	20	26	31	36	40	45	52	55

解 用 Origin 进行曲线的拟合.

(1)新建 Origin 方案,将表 2.2.6 中的数值粘贴到 Worksheet 的工作表中.

(2)在"Plot | Graph"(绘图)选项中选择"scatter"(散点),弹出绘图类型选择窗口,根据工作表中数据的类型在窗口中勾选相应的坐标轴(X,Y).

(3)点击确定后得到绘制的散点图.

(4)在菜单栏中选择"analysis"(分析),根据散点图的分布可以确定这是一个线性图形,因此选择拟合方式为"Linear Fit"(线性拟合),如图 2.2.11 所示

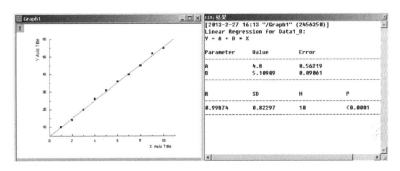

图 2.2.11 线性拟合和结果

可见在散点图中多出了一条拟合的直线,同时在拟合结果的窗口中显示了拟合的结果,其中

(1)A 为截距及其标准误;

(2)B 为斜率值及其标准误;

(3)R 为相关系数;

(4)N 为数据点数目;

(5)P 值为显著性水平;

(6)SD 为拟合的标准差.

第 3 章　物理实验设计与应用

3.1　鱼鳞片表面微观拓扑结构的测量与分析

一、鱼鳞片表面微观拓扑结构简介

　　天然生物材料中存在着许多巧妙的结构与原理,显示出极为精良的特性.鱼类的皮肤表面存在着结构不同的鳞片,鳞片对于鱼类体表的防污与减阻有着极为重要的作用.鱼类由于生长环境和种类的差异,鳞片的表面微观拓扑结构也会产生差异,根据鳞片表面微观拓扑结构可以鉴别出鱼的种类和年龄.鱼类的鳞片主要分为侧线上鳞、侧线下鳞和侧线鳞三部分,其结构直接反映出鱼类的分类特征和生长特征,是研究鱼类分类、生存环境和生长趋势的重要组成内容.鳞沟条数的变化与鱼类的生长年龄成正比,增加的鳞沟以年轮线为界限发出,不同鱼类鳞沟的年增加数量有所不同,同种鱼类由于生长环境(如水温和食物)的不同也有差异,鳞片的数目和形态特征是目前鱼类分类的主要特征之一,也是鱼类年龄鉴定和生长状态分析的重要依据.近年来,由于资源开发力度的不断提高,鱼群动态和渔业资源的可持续利用日益引起人们的关注,鱼类的年龄是研究鱼群动态和评估渔业资源的前提条件,在渔业生产上具有重要意义,对防污减阻的仿生设计也具有一定的意义.

　　鳞片表面微观拓扑结构分为上、下两层,如图 3.1.1 所示.上层薄,系骨质物;下层柔韧,由交错排列的纤维质构成.上、下两层的生长方式完全不同.上层是沿周缘一环一环增生,形成一完整的环片,其厚薄均一;下层是由一年一片的环片相互叠加而成.环纹在骨质环片上排列的特点及其显示出的季节性变化与鱼体生理状况的改变相一致,因而反映了鱼类在过去年份的生长情形.在生长季节内,由于温度适宜,饵料条件相对稳定,生长迅速且均衡,表现在环片上的环纹排列均匀而有规律;在不适宜于鱼类生长的秋末和冬季,生长缓慢甚至停滞,环片很少增生,环纹致密,由此形成典型的表面微观拓扑结构——年轮.

二、实验方法介绍

（一）实验方法

　　利用读数显微镜的放大和其移动距离可测的功能,实现对鱼鳞片表面微观结构的测量,主要测量鳞片由中心部位的鳞焦向外的不同部位鳞嵴之间的距离.

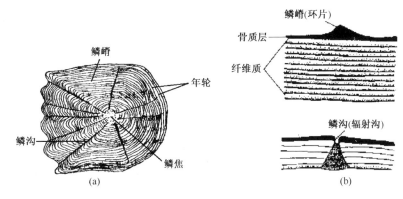

图 3.1.1 鳞片表面微观拓扑结构

(二)实验所用的设备及材料

读数显微镜、鱼鳞片(大黄鱼和鲈鱼)等.

(三)实验的构思及原理

鱼类的皮肤外面包围着不同的鳞片,这些鳞片是依靠身体组织中的钙质渐次沉积于真皮中形成的,鱼鳞片起到了保护皮肤的作用.依据鳞片的外形、构造和发生的特点,可以把鱼类的鳞片归纳为三种基本类型,即盾鳞、硬鳞和骨鳞.骨鳞发生于真皮,绝大多数真骨鱼的鳞都属这种类型,多为片状.骨鳞从外形上可以分为四个区,埋在真皮层内且被前部鳞片掩盖住的部分称为前区,也称基区;未被其他鳞片覆盖且外表可见到的部位称为后区,也称顶区;前、后区间的上、下两侧为侧区.在鳞表面看到的一圈圈近似为同心圆状排列的具有年轮特征的隆起线称为鳞嵴,或称环片,环片围绕的中心区称为鳞焦.由鳞焦向周边辐射开去的沟纹称为辐射沟,也称鳞沟.鳞沟多分布于鳞片的前区,有减少骨质层坚硬度、增加鳞片韧性的作用.图 3.1.2 所示为用光学显微镜(OLYMPUS IX51)拍摄到的大黄鱼(俗称黄花鱼)和鲈鱼的鳞片的显微镜照片.由于鳞片表面的鳞嵴呈近似为同心圆状排列,所以可以按照大学物理实验中的牛顿环测量方法,测量鱼鳞片一圈圈同心圆状排列的鳞嵴间距.

三、实验要求

(一)实验任务

(1)测量大黄鱼鳞片侧区鳞嵴;
(2)测量鲈鱼鳞片侧区鳞嵴.

图 3.1.2 大黄鱼和鲈鱼的鳞片的显微镜照片

(二)实验操作预习思考题

(1)鱼鳞片固定时是否需要考虑方向?
(2)测量过程中,十字叉丝对准何处读数较为精确?

(三)实验提示

(1)实验采用新鲜大黄鱼和鲈鱼,鳞片取自鱼体背鳍下方侧线上方的位置,此区鳞片形状典型,磨损少,鳞片表层通常有黏液及皮肤覆盖,用 5% NaOH 溶液浸泡 8h,使鳞片的深色颜色褪去,以达到脱色的目的,再由头部依次将鳞片按同方向夹入玻片内,用双面胶固定,如图 3.1.3 所示.

(2)由于鳞片只是近似为同心圆,而且也不平滑,因此选取没有鳞沟分布的鱼鳞侧区进行测量.在显微镜中找到鳞焦中心,调节显微镜的副尺轮(调微鼓轮)使十字叉丝中心对准鳞焦中心,为了使鳞嵴调到刻度尺的量程范围内,应使鳞焦中心位于刻度尺的中心部位.

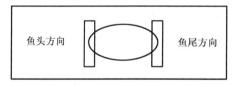

图 3.1.3 鱼鳞片固定方法示意图

(3)右手反转副尺轮,把十字叉丝中心移至鳞嵴 40 环外以后改为右手正转,使叉丝左移.分别记下鳞嵴由外向内的 40,35,25,20,10,5 环数的位置读数 $X_{40}, X_{35}, X_{25}, X_{20}, X_{10}, X_5$.

(4)用同样的方法测量 5 次取平均值,以减少误差.

(四)操作后思考题

(1)本实验的操作过程中,需要注意哪些问题?
(2)通过实验测量,鳞片的鳞嵴位置读数是否均匀排列?请分析原因.

(五)数据记录

1.测量大黄鱼鳞片侧区鳞嵴位置(表 3.1.1)

表 3.1.1 大黄鱼鳞片侧区鳞嵴位置读数

环数	X/mm				
	1	2	3	4	5
40					
35					
25					
20					
10					
5					

2.测量鲈鱼鳞片侧区鳞嵴位置(表 3.1.2)

表 3.1.2 鲈鱼鳞片侧区鳞嵴位置读数

环数	X/mm				
	1	2	3	4	5
40					
35					
25					
20					
10					
5					

3.数据处理参考公式

(1)设鱼鳞片外侧鳞嵴间距为 $D_外 = (X_{35} - X_{40})/5$;中部鳞嵴间距为 $D_中 = (X_{20} - X_{25})/5$;内侧靠近鳞焦附近鳞嵴间距为 $D_内 = (X_5 - X_{10})/5$.

(2)用标准偏差 S_D 表示测量的不确定度

$$S_D = \sqrt{\frac{\sum (D_i - \overline{D})^2}{n-1}}$$

(3)以相邻鳞嵴间距为纵坐标,作出大黄鱼和鲈鱼鳞片外侧、中部、内侧不同区域鳞嵴间距分布图.

参 考 文 献

[1] 汪静,李博,曲冰,等.鱼鳞片表面微观拓扑结构的测量与分析.物理实验,2010,30(9):35-37.

[2] 李忠炉,卢伙胜,凌文通,等.南海北部金线鱼和深水金线鱼的鳞片年轮特征比较研究.安徽农业科学,2008,36(8):3323-3326,3343.

[3] 刘昌利.浅析鱼鳞年轮的成因.六安师专学报,1995,2:71-74.

3.2 毛发形态结构及拉伸性能分析

一、毛发的作用及其形态结构简介

毛发作为哺乳动物所特有的皮肤衍生物,是由表皮的上皮滤泡状凹陷部分的基质细胞发育而成.毛发的微观结构主要是指毛纤维同心结构中的鳞片、皮质和髓质的微观结构.1920年,美国的 Hausman 发表了兽类被毛的微观特点,首次指出毛发的微观结构存在着种间差异性,有分类意义.20世纪80年代,关于毛发的微观结构的扫描电镜鉴定方法进一步完善,研究者比较系统地提出了毛发微观结构与遗传和环境的关系,将毛发研究引入到功能形态学领域.

动物毛发具有种间差异性,根据表面形态结构,可将其分为鳞状、波状、芽状和指状4类.

(1)鳞状结构.人发、马尾等毛发表面结构形似鳞片(图3.2.1),称为鳞状结构.它们通常具有比较清晰的界限轮廓,鳞片的大小及分布规则性不强.鳞片单元的轴向间距较大,鳞片之间排列紧密.

(2)波状结构.猫、狗等动物的毛发的表面结构具有波纹状(图3.2.2).波状鳞片宽度横绕毛干全周,每一波状单元轴向间距较小,波形不十分规则.猫毛的波纹鳞片之间存在较小的沟槽.

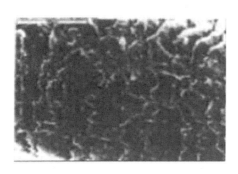 

图 3.2.1 鳞状结构毛发表面微观结构(人发)　图 3.2.2 波状结构毛发表面微观结构(猫毛)

(3)芽状结构.羊毛、兔毛表面具有芽孢状鳞片,称为芽状结构(图3.2.3).沿周长方向芽状鳞片分布数目为2～3个.芽孢鳞片的轴向间距较大,鳞片没有明显的尖峰,且尖部与底部宽度变化较缓,芽孢鳞片之间存在空隙.

(4)指状结构.狐狸毛发表面具有明显的指状结构(图3.2.4).指状鳞片呈尖

顶等腰三角形,每一指状鳞片长度约 $40\mu m$,底部宽度约为 $10\mu m$,排列方式为两排间错开.指状鳞片结构之间排列松散.

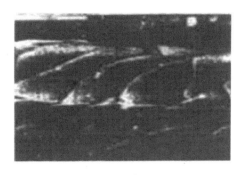 

图 3.2.3 芽状结构毛发表面微观结构(兔毛)　　图 3.2.4 指状结构毛发表面微观结构(狐狸毛)

二、实验方法介绍

(一)实验方法

利用等厚干涉法实现毛发直径的测量,运用光杠杆放大原理实现对毛发伸长率的测量.

(二)实验所用的设备及材料

生物显微镜、读数显微镜、钠光灯、劈尖、读数望远镜、毛发拉伸装置等.

(三)实验的构思及原理

毛发鳞片下的皮质层是毛发纤维的主要组成部分,决定着毛发的主要物理、机械和化学性能(如细度、长度、断裂伸长、强度、弹性等).毛发表面不同形态的鳞片结构对于其皮质层的保护程度存在差别,进而影响其拉伸性能.毛发受力拉伸时,会产生三种形变,当外力加到毛发上时,三种形变同时进行.一部分属于弹性形变,它是由于肽链大分子键长、键角微量变化所形成的;另一部分属于缓弹形变,它与肽链的内旋转有关,与高能量级氢键的解除及二硫键的拆散有关;还有一部分形变属于塑性形变,塑性形变是在外力作用下纤维大分子或大分子链段发生了不可逆的移动(即分子间产生相对滑移).

毛发纤维普遍具有极强的拉伸强度,伸长率为毛发受力拉伸的伸长量与毛发原长的比值,毛发的伸长率在很大程度上反映了毛发的拉伸强度.毛发的伸长率分为弹性伸长率和断裂伸长率,前者为毛发受力拉伸发生最大弹性形变时的伸长量与原长的比值;后者为毛发受力拉伸发生断裂时的伸长量与原长的比值.

毛发直径直接影响到杨氏弹性模量与抗拉强度.可利用等厚干涉法测量毛发直径.该方法测量结果精确,操作简便.对于毛发伸长量的测量,采用光杠杆放大原理来实现.

三、实验要求

(一)实验任务

(1)观察毛发样品的表面微观结构;
(2)测量4类毛发样品的直径;
(3)测量4类毛发样品的伸长率;
(4)完成一篇研究性实验报告.

(二)实验操作预习思考题

(1)等厚干涉法测量毛发直径需要注意哪些事项?
(2)弹性伸长率和断裂伸长率测量过程中各需要注意哪些问题?

(三)实验提示

(1)将样品毛发用载玻片和盖玻片固定好,放在生物显微镜载物台上,调节显微镜物镜及物镜焦距,直至能够观察到清晰的样品毛发图像时为止(最终观察时物镜倍数要达到40~50倍,目镜为10~16倍).可通过相机拍摄显微图片.

(2)等厚干涉法测量毛发直径原理如图3.2.5所示.毛发直径可表示为

$$d = \frac{L}{a} \cdot \frac{\lambda}{2} = N\frac{\lambda}{2} \tag{3.2.1}$$

式中,N为视场内观察到的从劈尖两接触边到头发丝之间的暗条纹的数目;d为毛发丝的直径;a为两相邻暗条纹的间距;L表示头发丝所在位置到劈尖两接触边的距离;$\lambda/2$为两相邻暗条纹对应的空气层厚度差,λ为两黄光波长均值.实验中先测量暗条纹的数目N,再用式(3.2.1)计算出毛发的直径.

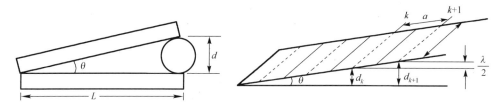

图3.2.5 等厚干涉劈尖及原理

(3)光杠杆放大的方法在"金属丝杨氏模量测量"的实验中使用过,详细过程不再赘述.需要注意的是,在本实验中,测量的是毛发的伸长率,因此测量出伸长量之后,要求出毛发伸长量与原长的比值,即伸长率.伸长量的计算公式为

$$\Delta l = \frac{B \cdot \Delta L}{2D} \tag{3.2.2}$$

伸长率的计算公式为

$$\sigma = \frac{\Delta l}{l} \tag{3.2.3}$$

式(3.2.2)和式(3.2.3)中,Δl 代表伸长量;B 为光杠杆后足尖到两前足尖的垂直距离;ΔL 为望远镜中观测到的变化量;D 为标尺与平面镜之间的距离;σ 代表伸长率;l 为毛发原长.

(四)操作后思考题

(1)考虑到实验中所用毛发的个体特异性,所得结果仅与该个体毛发有关,如果要得到同类毛发的伸长率数值区间,如何操作?

(2)通过本实验的测量结果,可否得到毛发的杨氏模量?如果可以,如何计算?

(五)数据记录

(1)测量毛发直径.自拟数据表格填写数据.

(2)测量毛发伸长率.自拟数据表格填写数据.

(3)数据处理参考方法:

①毛发直径及伸长量的计算均采用逐差法.

②代入公式中求出各类毛发的弹性伸长率和断裂伸长率.

③作图比较各类毛发伸长率的情况.

参 考 文 献

[1] 周笑辉,汪静,刘伟,等.毛发的形态结构及其拉伸性能.物理实验,2011,31(6):36-39.

[2] 杨晓东,任露泉.动物毛发的形态结构及其功能特性研究.农业工程学报,2002,18(2):21-23.

[3] 林琳.人发拉伸改性——兼羊毛拉伸改性的相关问题.东华大学博士学位论文,2003.

[4] 张伟,徐艳春.毛发微观结构研究的回顾与展望.兽类学报,2003,23(4):339-343.

[5] 马红,马延峰.综合设计性实验教学探讨——用等厚干涉法测量头发丝直径.物理与工程,2008,18(5):37-38,43.

3.3　霍尔元件的应用

一、霍尔效应及霍尔元件

霍尔效应是电磁效应的一种,这一现象是美国物理学家霍尔(A. H. Hall,1855~1938)于1879年在研究金属的导电机制时发现的.

1. 霍尔效应的本质

固体材料中的载流子在外加磁场中运动时,因为受到洛伦兹力的作用而使轨迹发生偏移,并在材料两侧产生电荷积累,形成垂直于电流方向的电场,最终使载流子受到的洛伦兹力与电场斥力相平衡,从而在两侧建立起一个稳定的电势差,即霍尔电压.正交电场和电流强度与磁场强度的乘积之比称为霍尔系数.平行电场和电流强度之比称为电阻率.大量的研究揭示:参加材料导电过程的不仅有带负电的电子,还有带正电的空穴.

2. 霍尔效应的应用

由于材料工艺的水平限制,霍尔效应在很长一段时间内并不实用,直到出现了高强度的恒定磁体和工作于小电压输出的信号调节电路,才逐渐得到大规模应用.根据设计和配置的不同,霍尔效应传感器可以作为开关传感器或者线性传感器,广泛应用于电力系统中.

霍尔效应在应用技术中特别重要.根据霍尔效应做成的霍尔器件,就是以磁场为工作媒体,将物体的运动参量转变为数字电压的形式输出,使之具备传感和开关的功能.

到目前为止,已在汽车上广泛应用的霍尔器件有:分电器上的信号传感器、ABS系统中的速度传感器、汽车速度表和里程表、液体物理量检测器、各种用电负载的电流检测及工作状态诊断、发动机转速及曲轴角度传感器、各种开关等.

例如,汽车点火系统,设计者将霍尔传感器放在分电器内取代机械断电器,用作点火脉冲发生器.这种霍尔式点火脉冲发生器随着转速变化的磁场在带电的半导体层内产生脉冲电压,控制电控单元(ECU)的初级电流.相对于机械断电器,霍尔式点火脉冲发生器无磨损免维护,能够适应恶劣的工作环境,还能精确地控制点火正时,能够较大幅度提高发动机的性能,具有明显的优势.

用作汽车开关电路上的功率霍尔电路,具有抑制电磁干扰的作用.轿车的自动化程度越高,微电子电路越多,就越容易受电磁干扰.而在汽车上有许多灯具和电器件,尤其是功率较大的前照灯、空调电机和雨刮器电机在开关时会产生浪涌电流,使机械式开关触点产生电弧,产生较大的电磁干扰信号.采用功率霍尔开关电路可以减小这些现象.

霍尔器件通过检测磁场变化,转变为电信号输出,可用于监视和测量汽车各部件运行参数的变化,如位置、位移、角度、角速度、转速等,并可将这些变量进行二次变换;可测量压力、质量、液位、流速、流量等.霍尔器件输出量直接与电控单元接口,可实现自动检测.如今的霍尔器件都可承受一定的振动,可在$-40 \sim 150℃$范围内工作,全部密封不受水油污染,完全能够适应汽车的恶劣工作环境.

3. 霍尔效应的研究发展

从霍尔效应发现以来,科学家们一直在不断地进行深入的研究.迄今为止,发展而来的相关效应研究有:量子霍尔效应、热霍尔效应(垂直磁场的导体会有温度差)、Corbino 效应(垂直磁场的薄圆碟会产生一个圆周方向的电流)、自旋霍尔效应、量子反常霍尔效应等.

在霍尔效应发现约 100 年后,德国物理学家克利青(Klaus von Klitzing,1943~)等在研究极低温度和强磁场中的半导体时发现了量子霍尔效应,这是当代凝聚态物理学令人惊异的进展之一,克利青为此获得了 1985 年的诺贝尔物理学奖.之后,美籍华裔物理学家崔琦(Daniel Chee Tsui,1939~)和美国物理学家劳克林(Robert B. Laughlin,1950~)、施特默(Horst L. Strmer,1949~)在更强磁场下研究量子霍尔效应时发现了分数量子霍尔效应,这个发现使人们对量子现象的认识更进一步,他们为此获得了 1998 年的诺贝尔物理学奖.

如今,复旦大学校友、斯坦福大学教授张首晟与母校合作开展了"量子自旋霍尔效应"的研究."量子自旋霍尔效应"最先由张首晟教授预言,之后被实验证实.这一成果是美国《科学》杂志评出的"2007 年十大科学进展"之一.如果这一效应在室温下工作,它可能导致新的低功率的"自旋电子学"计算设备的产生.工业上应用的高精度的电压和电流型传感器有很多就是根据霍尔效应制成的,误差精度能达到 0.1% 以下.

由清华大学薛其坤院士领衔,清华大学、中国科学院物理研究所和斯坦福大学研究人员联合组成的团队在量子反常霍尔效应研究中取得重大突破,他们从实验中首次观测到量子反常霍尔效应,这是中国科学家从实验中独立观测到的一个重要物理现象,也是物理学领域基础研究的一项重要科学发现.

二、实验方法介绍

(一)实验方法

利用霍尔效应的原理,采用霍尔元件安装、电路连接、参数设置、设备自选等方式,设计并实现相关量的测量(如位置等).

(二)实验所用的设备及材料

直流稳压电源、霍尔元件传感器、磁铁(永磁铁或电磁铁)、可变电阻(或小电机等)、电流表、电势差计、导线等.

(三)实验的构思及原理

当电流垂直于外磁场通过导体时,在导体的垂直于磁场和电流方向的两个端面之间会出现电势差,这一现象就是霍尔效应.这个电势差被称为霍尔电压(也称为霍尔电势差).霍尔效应和传统的电磁感应完全不同.当电流通过一个位于磁场中的导体时,磁场会对导体中的电子产生一个垂直于电子运动方向上的作用力,从而在垂直于电流与磁感线的两个方向上产生电势差.

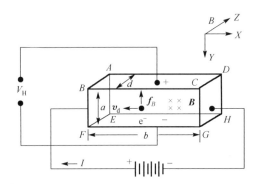

图 3.3.1 霍尔效应及霍尔电动势分析原理图

假设导体为一个长方体,如图 3.3.1 所示,长度分别为 a、b、d,磁场 B 垂直 $BCGF$ 平面向内.电流自 $ABFE$ 平面流向 $CDHG$ 平面,则电荷受到的洛伦兹力为

$$f_B = qv \times \boldsymbol{B} \tag{3.3.1}$$

f_B 的方向可以以右手定则 $v \times \boldsymbol{B}$ 决定,在 f_B 的作用下,电荷将在元件的导体上下两个面累积,形成电场,该电场会对载流子产生一静电力 f_E 为

$$f_E = q \cdot \boldsymbol{E}_H \tag{3.3.2}$$

f_E 的方向与洛伦兹力相反,阻止电荷继续累积.当 f_B 与 f_E 达到静电平衡后,则大小相等,有 $f_B = f_E$,即

$$qvB = qE_H = qV_H/a \tag{3.3.3}$$

于是堆积电荷两面之间的电势差为

$$V_H = avB \tag{3.3.4}$$

通过霍尔元件的电流可以表示为

$$I = nqv(ad) \tag{3.3.5}$$

式中,n 为电荷密度.可得

$$v = I/[nq(ad)] \tag{3.3.6}$$

将(3.3.6)式代入(3.3.4)式可得

$$V_H = I \cdot B/(nqd) = R_H IB/d = K_H IB \tag{3.3.7}$$

其中,R_H 为霍尔系数;K_H 为霍尔灵敏度.

本实验中,将以霍尔效应为基础,进行以下几方面的实验探索:

(1)依据霍尔效应原理,测量出霍尔元件传感器与电磁场、励磁电流、工作电流等参数之间的关系.

(2)设计电路(图 3.3.2 为设计的一种电路,仅供参考),将待测对象的元件接入电路中,使其待测参数与霍尔效应实验中的磁场或励磁电流、工作电流之间形成对应关系.

(3)测量待测元件接入电路前后的霍尔效应实验相关值,或者测量接入电路中的待测元件参数改变前后的霍尔效应实验相关值.

(4)通过测量结果得出待测元件的相关参数或参数变化量.

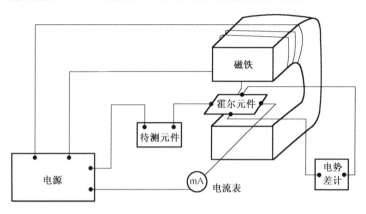

图 3.3.2 参考电路图

三、实验要求

（一）实验任务

(1)组装实验电路,完成霍尔元件传感器测量磁场实验；

(2)设计改装实验电路,利用霍尔效应及元件完成其他量(电阻或转速等)的测量；

(3)完成一篇研究性实验报告.

（二）实验操作预习思考题

(1)先进行霍尔效应测量磁场实验有无必要？为什么？

(2)实验前期设计电路图时,最关键的是什么？

（三）实验提示

(1)按照霍尔元件工作的原理连接工作电路(图 3.3.3),使霍尔元件传感器能在磁场中实现磁场的测量.可以参考基础物理实验课程中的"用霍尔元件测量磁场"实验.注意测量过程中各个电流值的设置,防止霍尔元件传感器被烧毁.

(2)测量数据,并作出相应的数据处理,注意数据处理的方式,要具有准确性、参考性、直观性.

(3)确定待测元件的待测参数类别,分析其连入霍尔效应实验电路中可能产生的影响,设计电路,使待测参数与霍尔效应实验中某数据产生对应关系.

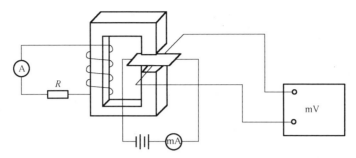

图 3.3.3　霍尔元件测量磁场工作原理图

(4)按照设计的电路连接线路,测量实验数据,根据实验数据与分析结果,得出待测参数,并将前后两次的测量进行对比,研究其中的规律.

(四)操作后思考题

(1)本实验的精确程度都与哪些量有关?
(2)利用本实验中的思路,还可以对哪些量进行监控和测量?

(五)数据记录

(1)测量并记录霍尔效应实验中的数据,并采用对本实验最有参考意义的数据处理方法进行数据处理.
(2)测量并记录待测元件的数据,并进行计算与处理.
(3)分析实验结果.

参 考 文 献

[1] 江铭波,阎旭东,徐国旺.霍尔效应及霍尔元件在物理量测量中的应用.湖北工业大学学报,2011,26(2):142-144.
[2] 陈永华.霍尔效应在无刷直流电机控制中的应用.实验科学与技术,2011,9(2):34-36.
[3] 乔华.汽车传感器及其发展趋势.襄樊职业技术学院学报,2007,6(6):6-8.
[4] 曲华,邹进和,董三壮.霍尔效应实验及数据处理.大学物理实验,1998,11(4):53-56.

3.4　磁阻传感器与地磁场测量

一、地磁场简介

地球本身具有磁性,所以地球和近地空间之间存在着磁场,称为地磁场.地磁场的强度和方向随地点不同(甚至随时间)而不相同.地磁场的北极、南极分别在地理南极、北极附近,彼此并不重合,如图 3.4.1 所示,而且两者间的偏差随时间不断地在缓慢变化.地磁轴与地球自转轴并不重合,大约有 11°交角.

在一个不太大的范围内,地磁场基本上是均匀的,可用三个参量来表示地磁场的方向和大小(图 3.4.2).

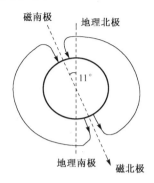
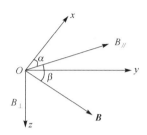

图 3.4.1　地理南、北极与地磁南、北极　　　图 3.4.2　地磁场的磁偏角、磁倾角和水平分量

(1)磁偏角 α:地球表面任一点的地磁场矢量所在垂直平面(图 3.4.2 中 $B_{//}$ 与 z 构成的平面,称为地磁子午面)与地理子午面(图 3.4.2 中 x、z 构成的平面)之间的夹角.

(2)磁倾角 β:磁场强度矢量 **B** 与水平面(图 3.4.2 的矢量 **B** 和 Ox 与 Oy 构成平面的夹角)之间的夹角.

(3)水平分量 $B_{//}$:地磁场矢量 **B** 在水平面上的投影.

测量地磁场的这三个参量,就可确定某一地点地磁场矢量 **B** 的方向和大小.当然,这三个参量的数值随时间不断地在改变,但这一变化极其缓慢,极为微弱.

二、实验方法介绍

(一)实验方法

利用磁阻传感器测量弱磁场的方法,实现地磁场水平分量的测量,并测出地磁场的大小与方向.

(二)实验所用的设备及材料

磁阻传感器与地磁场实验仪.

(三)实验的构思及原理

物质在磁场中电阻率发生变化的现象称为磁阻效应.对于铁、钴、镍及其合金等磁性金属,当外加磁场平行于磁体内部磁化方向时,电阻几乎不随外加磁场变化;当外加磁场偏离金属的内部磁化方向时,此类金属的电阻减小,这就是强磁金属的各向异性磁阻效应.

磁阻传感器由长而薄的玻莫合金(铁镍合金)制成一维磁阻微电路集成芯片(二维和三维磁阻传感器可以测量二维或三维磁场).它利用通常的半导体工艺,将铁镍合金薄膜附着在硅片上,如图 3.4.3 所示.薄膜的电阻率 $\rho(\theta)$ 依赖于磁化强度 M 和电流 I 方向间的夹角 θ,具有以下关系式:

$$\rho(\theta) = \rho_\perp + (\rho_\parallel - \rho_\perp) \cos^2\theta \tag{3.4.1}$$

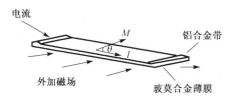

图 3.4.3 磁阻传感器的构造示意图

其中,$\rho_\parallel$、$\rho_\perp$ 分别是电流 I 平行于 M 和垂直于 M 时的电阻率.当沿着铁镍合金带的长度方向通以一定的直流电流,而垂直于电流方向施加一个外界磁场时,合金带自身的阻值会产生较大的变化,利用合金带阻值这一变化,可以测量磁场大小和方向.同时,制作时还在硅片上设计了两条铝合金电流带,一条是置位与复位带,该传感器遇到强磁场感应时,将产生磁畴饱和现象,也可以用来置位或复位极性;另一条是偏置磁场带,用于产生一个偏置磁场,补偿环境磁场中的弱磁场部分(当外加磁场较弱时,磁阻相对变化值与磁感应强度成平方关系),使磁阻传感器输出显示线性关系.

磁阻传感器是一种单边封装的磁场传感器,它能测量与管脚平行方向的磁场.传感器由四条铁镍合金磁电阻组成一个非平衡电桥,非平衡电桥输出部分接集成运算放大器,将信号放大输出.传感器内部结构如图 3.4.4 所示.图中由于适当配置的四个磁电阻电流方向不相同,当存在外界磁场时,引起电阻值变化有增有减,因而输出电压 U_{out} 可以用下式表示为

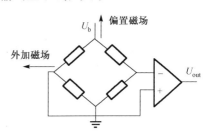

图 3.4.4 磁阻传感器内的惠斯通电桥

$$U_{\text{out}} = \frac{\Delta R}{R} \times U_b \tag{3.4.2}$$

对于一定的工作电压 U_b,磁阻传感器输出电压 U_{out} 与外界磁场的磁感应强度成正比关系,即

$$U_{\text{out}} = U_0 + KB \tag{3.4.3}$$

式中,K 为传感器的灵敏度;B 为待测磁感应强度;U_0 为外加磁场为零时传感器的输出电压.

由于亥姆霍兹线圈的特点是能在其轴线中心点附近产生较宽范围的均匀磁场区,所以常用作弱磁场的标准磁场.亥姆霍兹线圈公共轴线中心点位置的磁感应强度为

$$B = \frac{8\mu_0 \cdot N \cdot I}{5^{3/2} R} \tag{3.4.4}$$

式中，N 为单只线圈匝数；I 为线圈流过的电流强度；R 为亥姆霍兹线圈的平均半径；μ_0 为真空磁导率．

三、实验要求

（一）实验任务

(1) 掌握磁阻传感器的工作原理并测定其灵敏度；
(2) 测量地磁场的水平分量、总磁感强度和垂直分量．

（二）实验操作预习思考题

(1) 磁阻传感器和霍尔传感器在工作原理和使用方法方面各有什么特点和区别？
(2) 本实验中有哪些需要特别注意的操作要求？

（三）实验提示

(1) 亥姆霍兹线圈按串联方式连接，磁阻传感器放置在亥姆霍兹线圈公共轴线中点，使传感器的管脚和磁感应强度方向平行，即使传感器的感应面与亥姆霍兹线圈轴线垂直．用亥姆霍兹线圈产生的磁场作为已知的标准磁感应强度，测定并计算出（磁阻传感器）地磁场实验仪的灵敏度 K'．以上步骤完成后，拆除亥姆霍兹线圈的励磁电流连接线．测量过程中，采用测正向和反向二次测量，目的是消除地磁场水平分量对亥姆霍兹线圈磁场产生的影响．此外，采用正向、反向二次测量还可以在计算时抵消毫伏表初读数，从而消除毫伏表初读数对测量值的影响，也就是说毫伏表可以不必调零．正向输出电压 U_1 是指亥姆霍兹线圈励磁电流为正方向时测得的磁阻传感器产生的输出电压，而反向 U_2 是指励磁电流为反向时传感器输出电压，则

$$\overline{U} = (|U_1| + |U_2|)/2 \tag{3.4.5}$$

(2) 测量地磁场的水平分量 $B_{//}$，实验操作方法：

①将亥姆霍兹线圈与直流电源的连接线拆去，用水准仪仔细调节底板上螺丝使转盘达到水平，按一下复位按钮（复位按钮可消除磁阻传感器因剩磁而产生测量误差，在测量过程中，应记住经常反复使用该功能按钮）．

②把转盘刻度调节到角度 $\theta = 0°$，仔细左右调节底座方向，使磁阻传感器输出最大电压．目的是使磁阻传感器的感应面与地磁场水平分量方向垂直．

③测量出 $B_{//}$ 对应的电压 $U_{//}$，将磁阻传感器水平旋转 $180°$ 左右，再测出地磁场水平分量 $B'_{//}$ 对应的电压 $U'_{//}$（$U'_{//}$ 应该和 $U_{//}$ 符号相反，也就是一正一负），

如此重复测量5组实验数据,然后用平均值代入公式,计算出测量地点的地磁场水平分量

$$B_{//} = \overline{U}_{//}/K' = (|U_{//}| + |U'_{//}|)/(2K') \tag{3.4.6}$$

(3)测量地磁场的磁倾角 β,这时转盘平面方向即为地磁子午面方向,按顺、逆时针方向转动转盘,寻找出电压 $U_总$(mV)的最大值,该值即代表地磁场磁感应强度的 **B**,记录 $U_总$(mV)数值及对应的转盘的角度值即磁倾角 $\beta_正$,再把转盘转动 180°左右,寻找出 $U'_总$(mV)最大负电压值以及对应的磁倾角 $\beta_反$,由磁倾角 $\beta = (\beta_正 + \beta_反)/2$ 计算 β 的值.如此测量6组数据,记录数据.

(4)测量地磁场的总磁感应强度 $B_总$,地磁场的垂直分量 $B_\perp$.由 $|U_总 - U'_总|/2 = K'B_总$,计算地磁场磁感应强度 $B_总$ 的值,并计算地磁场的垂直分量

$$B_\perp = B_总 \cdot \sin\beta \tag{3.4.7}$$

(5)实验注意事项:

①测量地磁场水平分量,须将转盘调节至水平;测量地磁场 **B** 和磁倾角 β 时,须将转盘面处于地磁子午面方向.

②为了保证测量结果的准确性,实验时仪器周围一定范围内不应存在铁磁性金属物体.

③测量磁倾角应记录不同 β 时传感器输出电压 $U_总$,取不少于6组 β 值,求其平均值.这是因为测量时,偏差1°,$U'_总 = U_总 \cdot \cos1° = 0.9998U_总$ 变化很小,偏差4°,$U'_总 = U_总 \cdot \cos4° = 0.998U_总$,所以在偏差1°~4°范围内 $U_总$ 变化极小.实验中应测出 $U_总$ 变化很小时 β 角的范围,然后求得平均值 $\overline{\beta}$.

(四)操作后思考题

(1)如果在测量地磁场时,在磁阻传感器周围较近处放一个铁钉,对测量结果将产生什么影响?

(2)为何玻莫合金磁阻传感器遇到较强磁场时,其灵敏度会降低?用什么方法来恢复其原来的灵敏度?

(3)比较测量值与本地公认值之间的误差大小,并分析原因.

(五)数据记录

1.测量地磁场实验仪灵敏度 K'(标定)

励磁电流设置为 ± 10.0mA,± 20.0mA,$\cdots$,± 60.0mA 时,记录线圈磁场和毫伏表读数.以亥姆霍兹线圈磁场(标准磁场)为横坐标、毫伏表读数为纵坐标,作出实验仪定标曲线.用最小二乘法拟合,得到该地磁场实验仪灵敏度 K',相关系数为

$$r = \frac{\sum_{i=1}^{6}(X_i - \overline{X}) \cdot (Y_i - \overline{Y})}{\sqrt{\sum_{i=1}^{6}(X_i - \overline{X})^2} \cdot \sqrt{\sum_{i=1}^{6}(Y_i - \overline{Y})^2}} \quad (3.4.8)$$

按照 3mA 恒流工作电流计算，磁阻传感器本身的灵敏度约为 $K = 25\text{V/T}$，信号经仪器放大后，得到地磁场实验仪总的灵敏度(转换系数) K'。

2. 测量地磁场的水平分量 $B_{//}$

测量 $U_{//正}$ 和 $U_{//反}$，求出 $\overline{U}_{//}$，计算出 $B_{//}$。

3. 测量地磁场的磁倾角 β

测量 $\beta_正$ 和 $\beta_反$，求出 $\overline{\beta}$。

4. 根据公式计算地磁场的总磁感应强度 $B_总$ 和垂直分量 $B_\perp$

测量 $U_总$ 和 $U'_总$，求出 $\overline{U}$，计算出 $B_总$ 和 $B_\perp$。

我国一些城市的地磁参量（地磁三要素）

地名	地理位置		磁偏角 α（偏西）	磁倾角 β	地磁场水平分量 $B_{//}/\mu\text{T}$	测定年份
	北纬	东经				
齐齐哈尔	47°22′	123°59′	7°34′	64°27′	24.2	1916
长春	43°51′	126°36′	7°30′	60°20′	26.6	1916
沈阳	41°50′	123°28′	6°49′	58°43′	27.7	
北京	39°56′	116°20′	4°48′	57°23′	28.9	1936
天津	39°05′.9	117°11′	4°04′	56°21′	29.3	1916
太原	37°51′.9	112°33′	3°18′	55°11′	30.1	1932
济南	36°39′.5	117°01′	3°36′	53°06′	30.8	1915
兰州	36°03′.4	103°48′	1°15′	53°24′	31.2	
郑州	34°45′	113°43′	0°18′	50°43′	32.0	1932
西安	34°16′	108°57′	3°02′	50°29′	32.3	1932
南京	32°03′.8	118°48′	1°42′	46°43′	33.1	1922
上海	31°11′.5	121°26′	3°13′	45°25′	33.3	
成都	30°38′	104°03′	0°58′	45°06′	34.6	
武汉	30°37′	114°20′	2°23′	44°34′	34.3	
安庆	30°32′	117°02′		44°27′	34.1	1911
杭州	30°16′	120°08′	2°59′	44°05′	33.7	1917
南昌	28°42′.4	115°51′	1°51′	41°49′	34.9	1917
长沙	28°12′.8	112°53′	0°50′	41°11′	35.2	1907
福州	26°02′.2	119°11′	1°43′	27°28′	35.5	1917
桂林	25°17′.7	110°12′	0°05′	36°13′	36.6	1907
昆明	25°04′.2	102°42′	0°04′	35°19′	37.2	1911
广州	23°06′.1	113°28′	0°47′	31°41′	37.5	

参 考 文 献

[1] 贾玉润,王公治,凌佩玲. 大学物理实验. 上海:复旦大学出版社,1987.
[2] 鲁绍曾. 现代计量学概论. 北京:中国计量出版社,1987.
[3] 黄一菲,郑神,吴亮,等. 玻莫合金磁阻传感器的特性研究和应用. 物理实验,2002,22(4): 45-48.
[4] 沈元华,陆申龙. 基础物理实验. 北京:高等教育出版社,2003.
[5] 黄德星. 磁敏感器件及其应用. 北京:科学出版社,1987.

3.5 可控硅调光灯设计

一、可控硅简介

可控硅是可控硅整流元件的简称,是一种具有三个 pn 结的四层结构的大功率半导体器件,亦称为晶闸管(silicon controlled rectifier,SCR). 可控硅具有体积小、结构相对简单、功能强等特点,是比较常用的半导体器件之一,如图 3.5.1 所示. 可控硅有单向晶闸管、双向晶闸管、光控晶闸管、逆导晶闸管、可关断晶闸管、快速晶闸管等. 可控硅器件被广泛应用于各种电子设备和电子产品中,多用作可控整流、逆变、变频、调压、无触点开关等. 家用电器中的调光灯、调速风扇、空调机、电视机、电冰箱、洗衣机、照相机、组合音响、声光电路、定时控制器、玩具装置、无线电遥控、摄像机及工业控制等都大量使用了可控硅器件.

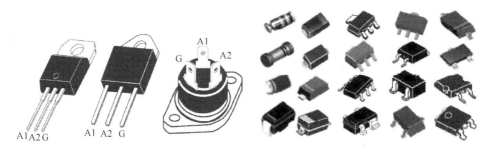

(a) 可控硅的三个端口　　　　　　　(b) 各类可控硅外观图

图 3.5.1　可控硅外观图

可控硅器件主要用在开关方面,使器件从关闭或是阻断的状态转换为开启或是导通的状态,反之亦然. 可控硅器件与双极型晶体管有密切的关系,二者的传导过程都牵涉到电子和空穴,但可控硅的开关机制和双极晶体管是不同的,且因为器件结构不同,可控硅器件有较宽广范围的电流、电压控制能力. 现今的可控硅器件的额定电流可以从几毫安到 5 000A 以上,额定电压可以超过 10 000V.

可控硅是 p1n1p2n2 四层三端结构元件,共有三个 pn 结,分析原理时,可以把它看成由一个 pnp 管和一个 npn 管所组成,其等效图解如图 3.5.2 所示.

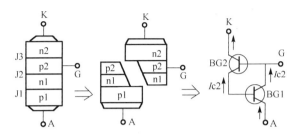

图 3.5.2 可控硅的等效图解

可控硅有多种分类:

(1)按关断、导通及控制方式分类可分为普通可控硅、双向可控硅、逆导可控硅、门极关断可控硅(GTO)、BTG 可控硅、温控可控硅和光控可控硅等多种.

(2)按引脚和极性分类可分为二极可控硅、三极可控硅和四极可控硅.

(3)按封装形式分类可分为金属封装可控硅、塑封可控硅和陶瓷封装可控硅三种类型.其中,金属封装可控硅又分为螺栓形、平板形、圆壳形等多种;塑封可控硅又分为带散热片型和不带散热片型两种.

(4)按电流容量分类可分为大功率可控硅、中功率可控硅和小功率可控硅三种.通常,大功率可控硅多采用金属壳封装,而中、小功率可控硅则多采用塑封或陶瓷封装.

(5)按关断速度分类可分为普通可控硅和高频(快速)可控硅.

二、实验方法介绍

(一)实验方法

采用电烙铁自行组件安装、焊接、装配可控硅调光灯,用示波器测量电路有关点的电压波形,了解可控硅的工作原理.

(二)实验所用的设备及材料

数字万用表 1 只,双踪示波器 1 台,交流调光灯制作模块套件(交流调光灯电路板成品 1 套、交流调光灯电路板半成品 1 套、电子元件 2 套、灯泡 2 只、电烙铁 1 支、烙铁架 1 个、焊锡丝 1 匝、起子 2 把、斜口钳 1 把、尖嘴钳 1 把).

(三)实验的构思及原理

图 3.5.3 中,L 为灯泡,BTA16 是双向可控硅,它有三个电极,即 A1、A2 和控

制极 G. 双向可控硅无阴极、阳极之分,而且正负触发电压 U_0 只要达到一定值便可触发使其导通,在可控硅导通时灯泡发光. 图中 D 为双向触发二极管,是配合双向可控硅工作用的一种二极管. 当二极管两端电压未达到触发电压时,它呈现高阻状态,一旦达到或超过触发电压便以低阻态呈现,电流迅速增大,R_W 为电位器,R_2 为保护电阻,以免 R_W 减小至零时,将触发二极管、电容器和可控硅等损坏. R_W 和 R_2 构成限流电阻给 C_2 充电,R_W 处于最大值时,电容器 C_2 充电达到二极管触发电压值时间最长,因此,在相同时间段内,使可控硅导通时间最短,从而使灯泡发光最暗;当 R_W 减小时,给电容器充电的电流加大,电容器电压上升到二极管触发电压值时间缩短,从而灯泡发光时间增长,灯泡逐渐变亮;当 R_W 值最小时,灯泡最亮.

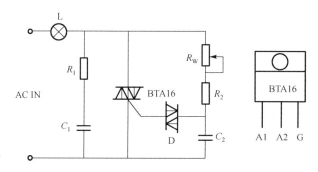

图 3.5.3 交流调光灯电路图及 BTA16 可控硅外观图

三、实验要求

(一)实验任务

(1)在半成品电路板上,按照元件位置依次插上元器件,利用工具将各个元件焊接好,不产生虚焊现象;

(2)测量可控硅引脚及电路中各关键点的波形及双向触发二极管两端的波形;

(3)测量灯泡 L 两端的电压范围并观察调光效果;

(4)完成一篇研究性实验报告.

(二)实验操作预习思考题

(1)可控硅的 A1 和 A2 极有无区别? 在焊接时是否需要考虑?

(2)如果实验中未提供灯泡,是否可以判定电路焊接的正确性? 如何做?

(三)实验提示

(1)电路的焊接. 先用废旧导线进行焊接技能练习,达到焊接要求(简要的焊接技术及要求介绍见本节附录).对照交流调光灯制作模块组件中的成品与半成品,将各元件插到半成品电路板上,依次焊好,检查有无虚焊现象.

(2)波形观察.通过示波器测量可控硅各个引脚、电路中各个关键点以及双向触发二极管两端的电压波形,并利用示波器初步测量特征值电压大小.

(3)灯泡两端电压测量.利用万用电表测量灯泡两端的电压范围,一边测量,一边观察调光效果,给出电压变化与调光效果的关系.

(四)操作后思考题

(1)如何判定电路上各个元件焊接的正确与否?如何检查是否有虚焊点?
(2)双向可控硅还可以应用到哪些地方?
(3)何为"虚焊"?虚焊有什么危害?

(五)数据记录

(1)测量关键点的电压波形,利用示波器进行估算,并将结果记录下来.
(2)记录灯泡两端电压的变化情况,并记录相关数据.

附录:电烙铁的相关知识及焊接的基本技术及要求

通用的电烙铁按加热方式可分为外加热式和内加热式两大类.

要根据焊接件的形状、大小以及焊点和元器件密度等要求来选择合适的烙铁头形状;烙铁头顶端温度通常应比焊锡熔点高 30~80℃,而且不应包括烙铁头接触焊点时下降的温度;所选电烙铁的热容量和烙铁头的温度恢复时间应能满足被焊工件的热要求;普通无特殊要求工序(如执锡、焊接普通元器件等),一般情况下选用 40~60W 的电烙铁.

1. 焊接常识

(1)操作姿势.正确的操作姿势是:挺胸端正直坐,不要弯腰,鼻尖至烙铁头尖端至少应保持 20cm 以上的距离,通常以 40cm 时为宜.

(2)电烙铁的握法.一般握电烙铁的姿势,像握钢笔那样,与焊接面约成 45°.

(3)焊锡丝与助焊剂.常用的焊锡线是一种包有助焊剂的焊锡丝,有直径 0.8mm,1.0mm,1.2mm 等粗细多种规格,可酌情使用;助焊剂,起清除被焊接金属表面的杂质、防止氧化、增加焊锡的浸润作用,从而提高焊接的可靠性.

2. 焊接操作

手工焊接作为一种操作技术,进行五工步施焊法(也叫五步操作法)训练,对于快速掌握焊接技术是非常有成效的.

(1)准备.准备好被焊工件,电烙铁加温到工作温度,烙铁头保持干净并吃好锡,一手握好电烙铁,一手抓好焊锡丝,电烙铁与焊锡丝分居于被焊工件两侧.

(2)加热.烙铁头接触被焊工件,包括工件焊接部位和焊盘在内的整个焊件全体要均匀受热,不要施加压力或随意拖动烙铁,时间在1~2s为宜.

(3)加焊锡丝.当工件被焊接部位升温到焊接温度时,送上焊锡丝并与工件焊接部位接触,熔化并润湿焊点.焊锡应从电烙铁对面接触焊件.送锡量要适当,一般以有均匀、薄薄的一层焊锡,能全面润湿整个焊点为佳.合格的焊点外形应呈圆锥状,没有拖尾,表面微凹,且有金属光泽,从焊点上面能隐约分辨出引线轮廓.

(4)移去焊锡丝.熔入适量焊锡后,迅速移去焊锡丝.

(5)移去电烙铁.移去焊锡丝后,在助焊剂(锡丝内含有)还未挥发完之前,迅速移去电烙铁,否则将留下不良焊点.电烙铁撤离方向与焊锡留存量有关,一般以与轴向成45°的方向撤离.撤离电烙铁时,应往回收,回收动作要迅速、熟练,以免形成拉尖;收电烙铁时,应轻轻旋转一下,这样可以吸除多余的焊料.以上从放电烙铁到焊件上至移去电烙铁,整个过程以2~3s为宜.

3. 焊接注意问题

(1)焊锡不能太多,能浸透接线头即可.

(2)焊锡冷却过程中不能晃动焊件,否则容易造成虚焊.

4. 手工焊接技术要领

(1)焊件表面须干净和保持烙铁头清洁.

(2)焊锡量要合适,不要用过量的焊剂.合适的焊剂是熔化时仅能浸湿将要形成的焊点,不要流到元件面或插孔里.

(3)采用正确的加热方法和合适的加热时间.加热时要让烙铁头与焊件形成面接触而不是点或线接触,还应让焊件上需要焊锡浸润的部分受热均匀.加热时还应根据操作要求选择合适的加热时间,整个过程以2~3s为宜.

(4)焊件要固定.焊锡凝固之前不要使焊件移动或振动,否则会造成"冷焊",使焊点内部结构疏松,强度降低,导电性差.

(5)烙铁撤离有讲究,不要用烙铁头作为运载焊料的工具.烙铁撤离要及时,而且撤离时的角度和方向对焊点的形成有一定的关系,一般烙铁轴向45°撤离为宜.

3.6 光盘表面沟槽结构润湿性研究

一、光盘结构

随着信息技术的发展,CD光盘和DVD光盘作为一种廉价、方便、高效的信息存储载体已经被人们所广泛利用.

CD光盘主要分为五层,其中包括基板、记录层、反射层、保护层、印刷层.CD光盘的结构示意图如图3.6.1所示.

1. 基板

基板是各功能性结构(如沟槽等)的载体,使用的材料是无色透明无毒的聚碳酸酯(PC),冲击韧性极好、使用温度范围大、尺寸稳定性好、耐候性好.在整个光盘中,基板不仅是沟槽等的载体,更是整个光盘的物理外壳.CD光盘的基板厚度为1.2mm、直径为120mm,中间有孔,呈圆形,它是光盘的外形体现.光盘之所以能够随意取放,主要取决于基板的硬度.光盘比较光滑的一面(激光头面向的一面)就是基板.

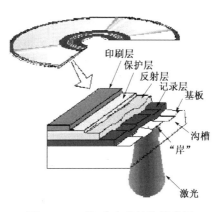

图3.6.1　CD光盘的结构示意图

2. 记录层(染料层)

记录层是烧录时刻录信号的地方,其主要的工作原理是在基板上涂抹上专用的有机染料,以供激光记录信息.由于烧录前后的反射率不同,经由激光读取不同长度的信号时,通过反射率的变化形成0与1信号,借以读取信息.

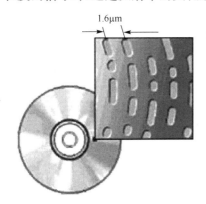

图3.6.2　预刻沟槽中的"坑"和"岸"结构

如图3.6.2所示,一次性记录的光盘在进行烧录时,激光就会对在基板上涂的有机染料进行烧录,沿着螺旋形预刻沟槽直接烧录成一系列不同长度尺寸的"坑","坑"深度约为激光光束波长的1/4,所以照到"坑"所反射回来的信号与照到"岸"(没有"坑")所反射回来的信号大约呈现180°的相位差.为了提高光盘记录的密度,光盘并不是用"坑"和"岸"来代表0或1,而是用"坑"的前沿和后沿(深度发生突变和相位发生突变的地方)代表1,"坑"和"岸"代表0,它们的长度代表0的个数.这一连串的"0"、"1"信息就组成了二进制代码,从而表示特定的数据.这一个接一个的"坑"是不能回复的,将永久性地保持现状,即光盘不能重复擦写.

对于可重复擦写的CD光盘,涂抹的是某种碳性物质,当激光在烧录时,只是改变碳性物质的极性,通过改变碳性物质的极性,来形成特定的"0"、"1"代码序列.这种碳性物质的极性是可以重复改变的,这也就表示此光盘可以重复擦写.

3. 反射层

反射层是反射激光光束的区域,借反射的激光光束读取光盘片中的资料,材料为纯度 99.99% 的纯银金属.

4. 保护层

保护层用来保护光盘中的反射层及染料层,防止信号被破坏. 材料为光固化丙烯酸类物质.

5. 印刷层

印刷层是印刷盘片的客户标识、容量等相关资讯的地方,是光盘的背面. 印刷层不仅可以标明信息,还可以起到一定的保护光盘的作用.

DVD 光盘的结构与 CD 光盘的结构类似,外观也很相似. DVD 光盘由两层基底组成,每片基底的厚度均为 0.6mm. CD 光盘的最小"坑"长度为 $0.834\mu m$,道间距为 $1.6\mu m$,采用波长为 780~790nm 的红外激光器读取数据;而 DVD 光盘的最小"坑"长度仅为 $0.4\mu m$,道间距为 $0.74\mu m$,采用波长为 635~650nm 的红外激光器读取数据. 由于基片上的"坑"更细、道间距更小,所以数据存储量比 CD 光盘大得多.

从 CD 光盘和 DVD 光盘信息记录层的记录信息方式上可以很容易得出:螺旋形预刻沟槽的沟槽间距及"坑"和"岸"的尺寸大小,直接决定光盘的信息容量,因此对光盘表面沟槽的研究具有实际的应用意义,它反映了光盘的信息存储能力.

二、实验方法介绍

(一)实验方法

采用静滴接触角法测量 CD 光盘或 DVD 光盘的表面润湿性,采用激光衍射法测量光盘的沟槽间距.

(二)实验所用的设备及材料

静滴接触角/界面张力测量仪、激光器、光具座、光屏、烧杯、浓硝酸等.

(三)实验的构思及原理

润湿各向异性是材料表面的重要特性之一. 润湿各向异性指的是:在化学成分或几何结构不均匀的表面上,液滴不再是球形,而呈现为不规则的形状,即这种表面上的润湿具有各向异性.

自然界中一些具有沟槽状微结构的生物体表面,会表现出润湿各向异性. 鲨鱼游泳速度快的秘诀不仅在于它具有适应流体力学的外形等宏观结构,还在于它拥有沟槽状微观体表形态.另外,在蜣螂头部也存在着沟槽状生物体表面.经实验验证,这些动物的沟槽状表面都存在着润湿各向异性.不仅在动物体表面,在水稻叶表面,也存在润湿各向异性.

由于润湿各向异性材料在自清洁、减小阻力等方面有着重要应用,因此有必要深入地探讨固体表面沟槽结构与润湿各向异性之间的关系.

光盘表面记录层存在着沟槽微结构,该结构的存在必然对光盘的润湿性产生影响.

润湿性与接触角之间存在着密切关系,从接触角的数值可看出液体对固体润湿的程度,如图3.6.3所示.

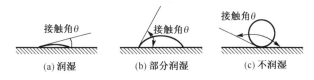

图 3.6.3 接触角与润湿性关系

光盘的沟槽结构间距用激光光栅衍射法测量,光盘表面的润湿性采用静滴接触角法进行测量.

三、实验要求

(一)实验任务

(1)测量未刻录 CD 盘(或 DVD 盘)和已刻录的 CD 盘(或 DVD 盘)的沟槽间距;
(2)用静滴接触角法测量 CD 盘(或 DVD 盘)表面的润湿性;
(3)对比未刻录 CD 盘(或 DVD 盘)和已刻录的 CD 盘(或 DVD 盘)的润湿性情况,完成一篇研究性实验报告.

(二)实验操作预习思考题

(1)在测量 CD 盘(或 DVD 盘)表面的润湿性之前,需要对光盘做哪些预处理?
(2)未刻录的光盘和已刻录的光盘在沟槽结构上有无区别?

(三)实验提示

1. 光盘及基片预处理

光盘及基片预处理:将光盘放置在浓硝酸中浸泡 3~5min,除去标签涂层和光盘表面的聚合物保护层,露出预刻沟槽,并用大量的去离子水冲洗烘干,备用.

2. 光栅常数测量

光栅常数的测量可以采用激光光栅衍射法,本教材中 3.7 节已有相关介绍.

利用接触角测量仪测量光盘表面沟槽面的接触角,并记录与沟槽平行方向、与沟槽平行方向成 45°、与沟槽平行方向成 90°(沟槽垂直方向)和与沟槽平行方向成 135°方向上的接触角,同时测量光盘材料的本征接触角.

(四)操作后思考题

(1)未刻录光盘和已刻录光盘的各项润湿性有无差异,为什么?
(2)光盘的本征接触角指的是什么?

(五)数据记录

(1)通过测量计算,得出未刻录 CD 盘(或 DVD 盘)和已刻录 CD 盘(或 DVD 盘)的沟槽间距.
(2)记录下光盘表面接触角度测量结果.
(3)作出未刻录 CD 盘(或 DVD 盘)和已刻录 CD 盘(或 DVD 盘)的接触角曲线图.

参 考 文 献

[1] 姜兰钰,汪静,周笑辉,等.聚二甲基硅氧烷光栅薄膜制备及光栅常量测量.物理实验,2010,30(5):5-7.
[2] 姜兰钰,汪静,潘超,等.聚二甲基硅氧烷润湿各向异性薄膜.物理实验,2011,31(3):4-7.
[3] 赵永刚.浅谈光盘结构.苏州市职业大学学报,2000,1:78-80.

3.7 复制光栅的制作及光栅常数的测量

一、光栅的种类及制作

光栅是指具有空间周期性的衍屏的光学元件,可分为透射光栅和反射光栅. 如果在一块镀铝的光学玻璃毛坯上刻出一系列等宽、等距而平行的狭缝,就是透射光栅;如果在一块镀铝的光学玻璃毛坯上刻出一系列等距而平行的剖面结构刻线,就是反射光栅.

现代光栅是一系列刻出在铝膜上的平行性很好的划痕的总和,为了加强铝膜与玻璃板的结构的结合力,在它们之间镀一层铬膜或钛膜.在光学光谱区采用光栅刻划密度为 0.5~2400 条/毫米.目前大量采用的 600 条/毫米,1200 条/毫米,2400 条/毫米.为了保持划痕间距 d 无变化,因此对衍射光栅的刻划条件要求很严.经验证明,对光栅刻划室的温度要求保持 0.01~0.0313℃变化范围;光栅刻划机工作台的水平振动不超过 1~3 μm;光栅刻划室应该清洁,要避免通风带来的灰尘;光栅刻划室的相对湿度不应超过 60%~70%. 光栅毛胚大多应为光学玻璃和熔融石英研磨制成，对毛胚的表面形状和局部误差要求很严，因为任何表面误差将使衍射光束的波前发生变形，从而影响成像质量和强度分布。为了提高真空紫外区反射率，铝膜上需要镀上一层氟化镁。

制造光栅的方法有机械刻划、光电刻划、光栅复制法和全息照相刻划法四种。

(1) 机械刻划是古老方法，间隙刻划技术比较成熟。但要刻划一块 100mm×100mm 的光栅(刻划机的刻划速度为 15～25 条/分)需要 4 个昼夜，因此要求机器、环境在长时间内保持精确恒定不变。

(2) 光电刻划是利用光电控制的方法，可以在某种程度上排除光栅刻划过程中机械变动和环境条件改变所产生的各种刻划误差。它一方面提高了光栅刻划质量，另一方面也能在一定程度上简化机械结构、降低个别零件的精度和对周围环境的要求。

(3) 光栅复制法可以解决光栅刻划法时间长、效率低、成本高、不能满足光谱仪器的需求等缺点。目前有两种：一次复制法和二次复制法。一次复制法就是真空镀膜法，是一次制成，而二次复制法是明胶复制法，是先复制母光栅的划痕，然后用该划痕印划在毛胚的明胶上。二次复制的工艺比较繁琐，但需要的设备和条件都比较简单，明胶法复制光栅质量比母光栅差些。

(4) 全息照相刻划法，其原理如下：二束相干光重叠会产生干涉条纹，其间距为

$$D = \lambda/2\sin\alpha \tag{3.7.1}$$

其中，λ 为光束波长；α 为两束光干涉前的夹角。激光射出的相干光束，通过发散物镜和针孔，再经抛物镜反射后落入两块平面反射镜。由于平面镜的反射使已分离的两束光成交，其交角为 2α。这两束光是相干的，所以在正面产生干涉条纹，条纹的间距为 d。若在面上放置一块预先涂上抗光蚀层的毛胚，则在蚀层获得干涉条纹的空间潜像，经显影后在毛胚上获得干涉条纹的立体像(全息像)，这就是透射衍射光栅。镀反射膜后可成为反射式衍射光栅。

二、实验方法介绍

(一) 实验方法

采用二次复制法，以 CD 或 DVD 光盘为母光栅，利用 PDMS 模板技术制作复制光栅；用分光计法或激光光栅衍射法测量光栅常数。

(二) 实验所用的设备及材料

激光器、光具座、光屏、分光计、钠光灯(或汞灯)、光学平行平板、烧杯、浓硝酸、刻刀、光栅支架装置等。

(三) 实验的构思及原理

(1) PDMS 是用模板技术复制微结构中常用的弹性高分子材料，具有低玻璃

化温度、低表面能、高透气性、极佳的绝缘性和稳定性等优良特性,因此制备PDMS沟槽结构在功能材料领域具有广泛的应用前景,利用PDMS模板技术可以实现光栅的复制.

(2)通常使用的母光栅的制作成本很高,而且如果保护不好,极易被破坏,在一般的实验课上使用会增加实验教学成本. CD或DVD光盘的沟槽结构其实与光栅结构相同,因此,以光盘为母光栅,既实现了实验的要求,又极大地降低了实验成本,同时可以加深学生对光盘沟槽结构的认知.

图 3.7.1 光盘取用区域示意图

(3)以光盘为母光栅,在取用时尽量取光盘的外侧部分,即图 3.7.1 中曲率半径相对较大的地方.

光栅的复制采用模板法,母光栅和复制光栅的常数利用分光计法或激光光栅衍射法进行测量.

三、实验要求

(一)实验任务

(1)复制光栅;
(2)测量母光栅的常数;
(3)测量复制光栅的常数;
(4)对比母光栅与复制光栅的常数,完成一篇研究性实验报告.

(二)实验操作预习思考题

(1)以光盘为母光栅,在复制之前需要对光盘做哪些预处理?
(2)以光盘为母光栅,在取用时为什么要取用曲率半径相对较大的地方?

(三)实验提示

1. 光盘及基片预处理和PDMS薄膜制备

光盘及基片预处理:将光盘放置在浓硝酸中浸泡3~5min,除去标签涂层和光盘表面的聚合物保护层,露出预刻沟槽,并用大量的去离子水冲洗烘干,备用.

玻璃基片依次经氯仿、丙酮、乙醇超声清洗,然后将其放入双氧水和浓硫酸体积比为3∶7的溶液中煮至无气泡为止,并用大量的去离子水冲洗烘干,备用.

PDMS薄膜制备:将PDMS预聚物和固化剂以质量比10∶1混合并搅匀,待混合物中的小气泡完全除去后,将混合物浇铸到光盘沟槽表面,如图 3.7.2(a)所示.

室温下静置约2h,让PDMS预聚体完全渗透到光盘沟槽中后,置于烘箱中以65℃固化1.5h左右,冷却至室温,将PDMS揭下放置在预先处理好的玻璃基片上,如图 3.7.2(b)所示,得到具有光盘沟槽负结构的PDMS薄膜.

(a) PDMS浇铸光盘表面　　　　　　　(b) PDMS光栅薄膜

图 3.7.2　利用 PDMS 复制光盘光栅

2. 光栅常数测量

光栅常数的测量可以采用分光计法或激光光栅衍射法.

分光计法与普通物理实验中测量方法相同,可以查找相关资料进行参考.

激光光栅衍射法实验装置如图 3.7.3 所示. 实验时先将氦氖激光器、实验材料和光屏放置在光学光具座上,然后调整实验材料和光屏的角度使之与激光光束绝对垂直. 利用光具座上的刻度尺或卷尺测量出 $k=0$ 级主极大到 $k=+1$ 级主极大之间的距离 OA 及实验材料到光屏之间的距离 PO,则

$$\sin\phi = \frac{OA}{PA} = \frac{OA}{\sqrt{OA^2+OP^2}} \tag{3.7.2}$$

根据光栅方程

$$d \cdot \sin\phi = k\lambda \tag{3.7.3}$$

可计算光栅常数 d

$$d = \frac{\lambda}{\sin\phi} = \frac{\lambda}{\dfrac{OA}{\sqrt{OA^2+OP^2}}} \tag{3.7.4}$$

式中,λ 为激光的波长.

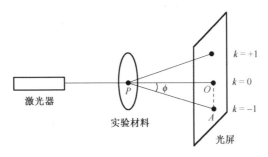

图 3.7.3　激光光栅衍射方法测量光栅常数

(四) 操作后思考题

(1) 利用分光计测量母光栅与复制光栅的常数时,需要做哪些调整?

(2) 通过本实验的测量结果,母光栅与复制光栅的光栅常数是否有差异? 是什么原因?

(五)数据记录

(1)采用分光计法,数据记录可参考"用衍射光栅测量光波波长"实验的数据记录及处理方法.

(2)采用激光光栅衍射法数据记录：

激光器的光波波长 $\lambda =$ _____ ;

母光栅的 OA 长度 $l_{OA} =$ _____ ;

母光栅的 OP 长度 $l_{OP} =$ _____ ;

复制光栅的 OA 长度 $l'_{OA} =$ _____ ;

复制光栅的 OP 长度 $l'_{OP} =$ _____ .

(3)数据处理参考公式

$$\text{光栅常数 } d = \frac{\lambda}{\dfrac{l_{OA}}{\sqrt{l_{OA}^2 + l_{OP}^2}}}$$

(4)作图分析.

参 考 文 献

[1] 姜兰钰,汪静,周笑辉,等.聚二甲基硅氧烷光栅薄膜制备及光栅常量测量.物理实验,2010, 30(5):5-7.

[2] 姜兰钰,汪静,潘超,等.聚二甲基硅氧烷润湿各向异性薄膜.物理实验,2011,31(3):4-7.

3.8 太阳镜的设计与应用

一、太阳镜分类及功用

太阳镜,也称遮阳镜.人在阳光下通常要靠调节瞳孔大小来调节光通量,当光线强度超过人眼调节能力,就会对人眼造成伤害.所以在户外活动场所,特别是在夏天,许多人都采用太阳镜来遮挡阳光,以减轻眼睛调节造成的疲劳或强光刺激造成的伤害.

由于到达地球表面的太阳光线中含有紫外线,人眼的角膜和晶体是最容易受到紫外线损害的眼部组织,而"白内障"是与之密切相关的眼部疾病.由于环境对臭氧层的破坏以及人们夏季户外活动的增加,紫外线对人眼的伤害已不容忽视.佩戴太阳镜是保护眼球免遭紫外线损伤的较好方式,但要特别注意太阳镜的选择.

按照国际标准的规定,太阳镜被列为个人眼部保护用品的范畴,因为太阳镜是在夏季戴,主要功能是为了遮挡刺眼阳光.然而,国际标准又把太阳镜细分为"时装镜"和"一般用途用镜".标准中对"时装镜"的质量要求比较低,因为"时装镜"主要突出的是款式,佩戴者注重的是装饰,而不是保护功能;标准中对"一般用途用镜"的质量要求则比较严,其中包括对防紫外线以及屈光度和棱镜度的指标要求.

太阳镜按镜片的种类可分为:抗反光防护镜片、彩色镜片、涂色镜片、偏光镜片和变色镜片等五种.

(1)抗反光防护镜片:这种镜片是在表面涂上一层薄薄的氟化镁,以防止强光反射,让你看东西更加清晰且不受强光干扰.要检测太阳眼镜是否真的采用抗反光防护镜片,可将眼镜对准光源,若看到紫色或绿色的反光,就表示镜片上确实涂有防反射的保护膜.

(2)彩色镜片:也称为"染色镜片",就是在镜片制作过程中加上一些化学物质,使镜片呈现色彩,用以吸收特定波长的光线.这是太阳眼镜最常使用的镜片类型.

(3)涂色镜片:这种镜片呈现的效果与彩色镜片相同,仅制成的方式不同,它是将颜色涂在镜片表面,最为大家熟知的就是"渐层式的涂色镜片",颜色是上面最深,然后往下渐浅,如图3.8.1(a)所示.一般有度数的太阳眼镜多是以涂色方式处理镜片.

(4)偏光镜片:为了过滤太阳照在水面、陆地或雪地上形成的平行方向的刺眼光线,在镜片上加入垂直向的特殊涂料,称为偏光镜片,如图3.8.1(b)所示,最适合户外运动(如海上活动、滑雪或钓鱼)时使用.

(5)变色镜片:也称为"感光镜片".因为在镜片上加入卤化银的化学物质,使原本透明无色的镜片遇上强光照射就会变成有色镜片,来做防护,所以适合于室内室外同时使用,如图3.8.1(c)所示.

(a) 染色太阳镜　　　　　(b) 偏光太阳镜　　　　　(c) 变色太阳镜

图 3.8.1　几种太阳镜

不同的人群,根据不同的喜好和不同的用途来选择太阳镜,但最根本的是要从能保障配戴者的安全及视力不受到损伤的基本原则出发.减少强光刺激、视物清晰不变形、防紫外、对颜色识别不失真、准确辨识交通信号,应是太阳镜的基本功能.若是上述功能有缺陷,轻则失去太阳镜的作用,重则会产生头晕、眼睛酸胀等自觉不适应症状,有时还会产生反应迟钝、辨色错觉及走路视物不平等症状且引发交通事故,所以选择太阳镜不能只注重款式而忽视其内在质量.

二、实验方法介绍

(一)实验方法

采用光强测试的方法测试几大类太阳镜的减弱光强效果、滤光效果、防眩效果等.

(二)实验所用的设备及材料

光强分布测试仪、太阳镜(染色镜、偏光镜、变色镜)、白光光源等.

(三)实验的构思及原理

有色太阳镜能阻挡令人不舒服的强光,同时可以保护眼睛免受紫外线的伤害. 所有这一切都归功于金属粉末过滤装置,它们能在光线射入时对其进行"选择". 有色眼镜能有选择地吸收组成太阳光线的部分波段,就是因为它借助了很细的金属粉末(铁、铜、镍等). 事实上,当光线照到镜片上时,基于所谓"相消干涉"过程,光线就被消减了. 也就是说,当某些波长的光线(这里指的是紫外线 a、紫外线 b,有时还有红外线)穿过镜片时,在镜片内侧即朝向眼睛的方向,它们就会相互抵消. 形成光波的相互重叠并非偶然现象:一个波的波峰同其靠近的波的波谷合在一起,就导致相互抵消. 相消干涉现象不仅取决于镜片的折射系数(即光线从空气中穿过不同物质时发生偏离的程度),还取决于镜片的厚度. 一般来讲,镜片的厚度变化不大,而镜片的折射系数则根据化学成分的差异而不同.

偏振眼镜是通过减少光线某一方向的光波矢量,从而减弱光强来实现对眼睛的保护. 光波是横波,即光波矢量的振动方向垂直于光的传播方向. 通常,光源发出的光波,其光波矢量的振动在垂直于光的传播方向上作无规则取向,但统计平均来说,在空间所有可能的方向上,光波矢量的分布可看成是机会均等的,它们的总和与光的传播方向是对称的,即光矢量具有轴对称性、均匀分布、各方向振动的振幅相同的特性,这种光称为自然光. 太阳光就是自然光的一种. 如果光波矢量的振动方向相对于传播方向出现不对称性,则称为偏振,具有偏振性的光则称为偏振光. 太阳光在柏油路面、玻璃表面或车漆表面的反射光一般是部分偏振光,并且这些散射光线多数是水平方向振动的. 因此,使用只能透射竖直方向偏振光的偏振太阳镜便可挡住部分散射光,实现保护眼睛和防眩目的功能.

变色眼镜的镜片能在太阳光线射来之后变暗,当照明减弱之后,它又重新变得明亮. 变色眼镜能够产生这样的变化是因为卤化银的结晶体在起作用. 正常情况下,卤化银晶体能使镜片保持较清晰的透明度,但是在太阳光的照射下,晶体中的银便分离出来,处于游离状的银便在镜片内部形成小的聚集体. 这些小的银聚集体呈犬牙交错的不规则块状,它们无法透射光线,只能吸收光线,结果导致镜片透明度下降而变暗.而在光线较暗的情况不,结晶体又重新形成,镜片便恢复到透明度较好的明亮状态.

针对以上几类太阳镜的原理特点设计实验,对太阳镜的减弱光强效果、滤光效果、防眩效果等进行实验研究.

三、实验要求

(一)实验任务

(1)设计实验,测试减弱光强的滤光效果;
(2)设计实验,测试防眩效果;
(3)完成一篇研究性实验报告.

(二)实验操作预习思考题

(1)滤光与防眩是否是一回事?
(2)实验中如何得到偏振光?

(三)实验提示

(1)测试减弱光强的滤光效果时,设计在外部光强相同的情况下,对接受光的影响.外部光强用照明灯代替,接受光用光功率计接收.如图3.8.2所示,通过光功率计的测试结果来确定三类太阳镜对光强的减弱效果.

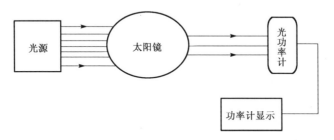

图3.8.2 测试光强减弱的光路示意图

(2)测试防眩效果时,需要使用偏振光,因此要先产生一组偏振光,如图3.8.3所示,然后进行测试,通过功率计的测试结果进行分析.

(四)操作后思考题

(1)本实验中,如何设计防眩的实验测试?需要注意哪些问题?
(2)利用本实验中的思路,还可以做哪些测试?

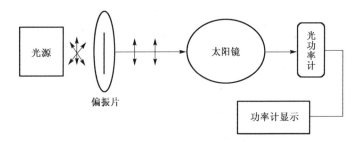

图 3.8.3　测试防眩效果的光路示意图

(五)数据记录

(1)测量并记录三类太阳镜的减弱光强的滤光效果数据.
(2)测量并记录三类太阳镜的防眩效果数据.
(3)分析实验结果.

3.9　海水折射率测量

一、海洋光学的发展及海水折射率测量的意义

海洋光学是光学与海洋学之间的交叉学科,主要研究海洋水体的光学性质、光在海中的传播规律、激光与海水的相互作用以及光学波段探测海洋的方法与技术.

19 世纪初,人们在进行海洋调查时,用一个直径为 30cm 的白色圆盘(透明度盘)垂直沉入海水中,直到刚刚看不见为止时的深度,这一深度叫海水的透明度.将透明度盘提升至透明度一半深度处,俯视透明度盘之上水柱的颜色,称为海水的水色.到了 19 世纪末,海洋学工作者把海水光学性质的研究和海洋初级生产力结合起来,并测量了海洋的辐照度.20 世纪 30~60 年代是海洋光学的形成阶段.随着光电池的研制成功和光学技术的发展,人们研制了水中辐照计、水中散射仪、海水透射率计、水中辐亮度计等海洋光学仪器,系统地测量了海水的衰减、散射和光辐射场的分布,积累了基本的海洋光学参数数据;对光在海洋中的传播规律,尤其是海洋辐射传递理论也进行了基本的研究.20 世纪 60 年代中期至 80 年代是海洋光学的发展阶段.近代光学、激光和光学遥感技术的发展大大开拓了海洋光学的研究领域,多光谱卫星遥感技术已成为探测海洋的重要手段.同时,不少海洋光学专家积极从事激光探测海洋的应用研究.海洋-大气系统的辐射传递、海水高分辨率激光光谱、海水光学传递函数等研究受到了较大的重视,并取得了较大的进展,使海洋光学成为一门内容丰富、有重要应用价值的分支学科.

海水是一种相对透明的介质.海水的成分较复杂,它含有可溶有机物、悬移质、浮游生物等. 这些物质对光有较强的吸收和散射. 由于海水对光的多次散射,海洋辐射传递的研究或光在海洋中传播规律的研究成为海洋光学基础研究的核心问题. 海洋光学调查的主要目的就是研究海洋的光学性质或光在海中的传播规律,同时由海洋光学参数的测量获取各类海洋学参数,以便进行海洋光学的各种研究,如辐照度、海-气交界面的光学性质(折射率等)、辐射能衰减、海水散射等.

海水折射率是海-气交界面的重要光学性质之一. 海水折射率实际上是指光波在真空中的传播速度与在海水中的传播速度之比. 我们知道,不同波长的光折射率是不相等的,这个规律对海水同样适用,而且海水折射率随温度的升高而减小,随盐度的增大而增大(表 3.9.1). 因此,通过对海水折射率的研究可以得到海水温度和盐度等参数. 同时,通过对海水折射率的研究,也可以对海洋生物仿生学的研究提供科学依据,如鱼眼视觉(图 3.9.1)等.

图 3.9.1 鱼眼图像

表 3.9.1 不同温度、盐度条件下海水折射率

盐度/‰	温度/℃					
	0	5	10	15	20	25
0	1.333 95	1.333 85	1.333 70	1.333 40	1.333 00	1.332 50
10	1.336 00	1.335 85	1.335 65	1.335 30	1.334 85	1.334 35
20	1.337 95	1.337 80	1.337 50	1.337 15	1.336 70	1.336 20
35	1.341 85	1.341 57	1.341 24	1.340 80	1.340 31	1.339 76

二、实验方法介绍

(一)实验方法

采用掠入射法(阿贝折射法)测量海水的折射率等.

(二)实验所用的设备及材料

分光计、三棱镜、低压钠(汞)灯、数字阿贝折射仪、盐度计、海水(经过处理的不同盐度的海水)、烧杯等.

(三)实验的构思及原理

不论是用掠入射法还是阿贝折射法,其实质都是利用全反射的原理进行折射率的测量.

将折射率为 n 的待测物质放在已知折射率为 n_1 的等边三棱镜的折射面 AB 上，且 $n \leqslant n_1$。若以单色的扩展光源照射分界面 AB 时，则从图 3.9.2 可以看出：入射角为 $90°$ 的光线 Ⅰ 将掠射到 AB 界面而折射进入三棱镜内。显然，其折射角 i_c 应为临界角，因而满足关系式

$$\sin i_c = n/n_1 \qquad (3.9.1)$$

当光线 Ⅰ 射到 AC 面，再经折射而进入空气时，设在 AC 面上的入射角为 θ，折射角为 φ，则有

$$\sin\varphi = n_1 \sin\theta \qquad (3.9.2)$$

除掠入射光线 Ⅰ 外，其他光线如光线 Ⅱ 在 AB 面上的入射角均小于 $90°$，因此经三棱镜折射最后进入空气时，都在光线 Ⅰ′ 的左侧。当用望远镜对准出射光方向观察时，视场中将看到以光线 Ⅰ′ 为分界线的明暗半荫视场，如图 3.9.2 所示。

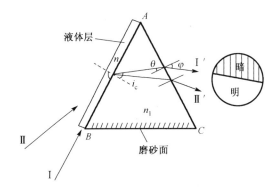

图 3.9.2　掠入法测量液体折射率原理图

当三棱镜的棱镜角 A 大于 i_c 时，A、i_c 和角 θ 有如下关系：

$$A = i_c + \theta \qquad (3.9.3)$$

由式(3.9.1)～式(3.9.3)消去 i_c 和 θ 后可得

$$n = \sin A \sqrt{n_1^2 - \sin^2\varphi} - \cos A \cdot \sin\varphi \qquad (3.9.4)$$

因此，当直角棱镜的折射率 n_1 为已知时，测出 φ 角后即可计算出待测物质的折射率 n。上述测定折射率的方法称为掠入射法，是基于全反射原理进行测量的。

三、实验要求

(一) 实验任务

(1) 设计实验，用分光计测量海水的折射率；
(2) 利用阿贝折射仪再次测量海水的折射率，与自行设计的实验结果进行比较；
(3) 利用盐度计测量不同海水的盐度，将盐度与折射率生成数据图表；

(4)完成一篇研究性实验报告.

(二)实验操作预习思考题

(1)实验中如何安置棱镜与海水,使海水不会流到仪器上?
(2)用分光计测量海水折射率需要知道三棱镜的相关数据吗?

(三)实验提示

(1)采用自准直的方法调整好分光计:望远镜聚焦无穷远;光轴与分光计的转轴垂直;棱镜的主截面和分光计的转轴垂直.

(2)采用掠入法测量出棱镜的折射率.

测量原理同测量液体折射率原理相同,具体步骤如下:

①点亮钠灯照亮毛玻璃屏,将它放在折射棱 B 的附近,先用眼睛在出射光的方向观察半明半暗视场.

②旋转棱镜台,改变光源和棱镜的相对方位,使半明半暗视场的分界线位于棱镜台近中心处,将棱镜台固定.

③转动望远镜,使望远镜叉丝的竖直准线对准明暗分界线,记下两游标读数,将望远镜转离明暗分界线再转回,重复测量几次,取其平均值.

④再次转动望远镜,利用自准直的调节方法,测出 AC 面的法线方向(使望远镜的光轴垂直于 AC 面,也就是绿色十字叉丝与望远镜测量叉丝重合),记下两游标读数. 重复测量几次,取其平均值.

⑤得到折射角 φ,代入式(3.9.4)中,注意此时式(3.9.4)中的 n 指空气的折射率(即 $n=1$),计算出棱镜折射率.

(3)测量海水折射率.

①按图 3.9.3 所示,将海水滴一滴在等边三棱镜的光面 AB 的一端上,再取一块棱镜并用该棱镜磨砂面从滴有海水棱镜的 AB 端沿 AB 面轻轻地推进并与 AB 面相合,使液体在两者接触面间形成一均匀液层,不能含有气泡,然后置于分光计棱镜台上(注意棱镜 ABC 的放置方法).

②接下来和掠入法测量棱镜折射率的方法相同,在明暗分界线位置和法线位置要重复测量几次,取平均值.

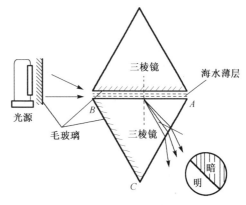

图 3.9.3 测量海水折射率的示意图

③根据测量值得到折射角 φ,代入式(3.9.4)中,计算出海水的折射率.

(4)利用阿贝折射仪测量海水的折射率,并与掠入射法测得的结果进行比较.具体使用方法参考仪器说明书.

(5)利用盐度计测量海水的盐度.盐度计是利用海水盐度与海水折射率之间的关系测量出盐度数据的,具体使用方法同样参考说明书.

(6)选取多种浓度的海水,测量不同浓度下海水的折射率和盐度,根据这些数据研究两者之间的关系.

(7)注意事项:

①待测海水薄层一定要均匀,不能含有气泡;

②滴入海水不宜太多,避免大量渗漏在仪器上;

③当改换另一种被测液体或实验结束时,必须将棱镜擦拭干净.

(四)操作后思考题

(1)盐度计的测量原理是什么?

(2)用分光计和阿贝折射仪测量的结果一致吗?为什么?

(3)还可以通过什么方法测量海水的折射率?

(4)本实验中,测得的液体折射率小于三棱镜的折射率,如果液体折射率大于三棱镜的折射率,会观察到什么现象?如何计算折射率?

(五)数据记录

(1)通过分光计测量并记录相关数据,计算出海水折射率.

(2)用阿贝仪测量海水折射率并记录相关数据.

(3)用盐度计测量海水的盐度值.

(4)作出图表并分析实验结果.

参 考 文 献

[1] 金清理,柯见洪.用掠入射法测量液体折射率和浓度.实验室研究与探索,2002,21(3):52-54,57.

[2] 程广涛,陈雪,孙月芳.基于几何模型的鱼眼图像校正.软件导刊,2010,9(4):192-193.

3.10 燃料电池特性的测量与分析

一、燃料电池知识简介

燃料电池(fuel cell)是一种将存在于燃料与氧化剂中的化学能直接转化为电能的发电装置.燃料和空气分别送进燃料电池,电就被生产出来.燃料电池从外表上看有正负极和电解质等,类似蓄电池,但实质上燃料电池不能"储电",而是一个"发电厂".

1839 年英国的 Grove 发明了燃料电池,并用这种以铂黑为电极催化剂的简单的氢氧燃料电池点亮了伦敦讲演厅的照明灯.1889 年 Mood 和 Langer 首先采用了燃料电池这一名称,并获得 $200\mathrm{mA/m^2}$ 电流密度.由于发电机和电极过程动力学的研究未能跟上,燃料电池的研究直到 20 世纪 50 年代才有了实质性的进展,英国剑桥大学的 Bacon 用高压氢氧制成了具有实用功率水平的燃料电池.20 世纪 60 年代,这种电池成功地应用于阿波罗(Appolo)登月飞船.从 20 世纪 60 年代开始,氢氧燃料电池广泛应用于宇航领域,同时,兆瓦级的磷酸燃料电池也研制成功.从 20 世纪 80 年代开始,各种小功率电池在宇航、军事、交通等各个领域中得到应用.

依据电解质或燃料的不同,燃料电池分为碱性燃料电池(AFC)、磷酸型燃料电池(PAFC)、熔融碳酸盐燃料电池(MCFC)、固体氧化物燃料电池(SOFC)及质子交换膜燃料电池(PEMFC)等.燃料电池不受卡诺循环限制,能量转换效率高,洁净、无污染、噪声低、模块结构、积木性强、比功率高,既可以集中供电,也适合分散供电.本实验所用的氢氧燃料电池属于质子交换膜燃料电池.

氢氧燃料电池以氢和氧为燃料,通过电化学反应直接产生电力,能量转换效率高于燃烧燃料的热机.燃料电池的反应生成物为水,对环境无污染,单位体积氢的储能密度远高于现有的其他电池.因此它的应用从最早的宇航等特殊领域,到现在人们积极研究将其应用到电动汽车、手机电池等日常生活的各个方面,各国都投入巨资进行研发.

能源为人类社会发展提供动力,长期依赖矿物能源使我们面临环境污染之害,资源枯竭之困.为了人类社会的持续健康发展,各国都致力于研究开发新型能源.未来的能源系统中,太阳能将作为主要的一次能源替代目前的煤、石油和天然气,燃料电池的燃料氢(反应所需的氧可从空气中获得)可电解水获得,也可由矿物或生物原料转化制成,环保清洁,因而燃料电池将成为取代汽油、柴油和化学电池的清洁能源.

二、实验方法介绍

(一)实验方法

在燃料电池工作的过程中,测量其输出特性,计算输出功率及效率;测量太阳能电池的特性,获取太阳能电池的特性参数;实现光能→太阳能电池→电能→电解池→氢能(能量储存)→燃料电池→电能的能量转换过程.

(二)实验所用的设备及材料

燃料电池、电解池、测试仪、风扇、气水塔、太阳能电池、负载、导线等.

(三)实验的构思及原理

本实验紧密结合科技发展热点与实际应用,从科学有效的新能源开发和利用方面入手,包含太阳能电池发电(光能-电能转换)、电解水制取氢气(电能-氢能转换)、燃料电池发电(氢能-电能转换)几个环节,形成了完整的能量转换、储存、使用的链条,将燃料电池和太阳能二者之间的能量转换、储存、使用的完整链条展现出来.

1. 燃料电池

质子交换膜(proton exchange membrane,PEM)燃料电池在常温下工作,具有启动快速、结构紧凑的优点,最适宜做汽车或其他可移动设备的电源,近年来发展很快,其基本结构如图3.10.1所示.

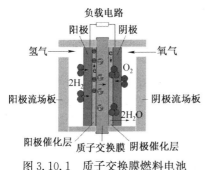

图3.10.1 质子交换膜燃料电池基本结构

目前广泛采用的全氟磺酸质子交换膜为固体聚合物薄膜,厚度0.05~0.1mm,它提供氢离子(质子)从阳极到达阴极的通道,而电子或气体不能通过.

催化层是将纳米量级的铂粒子用化学或物理的方法附着在质子交换膜表面,厚度约0.03mm,对阳极氢的氧化和阴极氧的还原起催化作用.

膜两边的阳极和阴极由石墨化的碳纸或碳布做成,厚度0.2~0.5mm,导电性能良好,其上的微孔提供气体进入催化层的通道,又称为扩散层.

商品燃料电池为了提供足够的输出电压和功率,需将若干单体电池串联或并联在一起,流场板一般由导电良好的石墨或金属做成,与单体电池的阳极和阴极形成良好的电接触,称为双极板,其上加工有供气体流通的通道.为直观起见,教学用燃料电池,采用有机玻璃做流场板.

进入阳极的氢气通过电极上的扩散层到达质子交换膜.氢分子在阳极催化剂的作用下解离为2个氢离子,即质子,并释放出2个电子,阳极反应为

$$H_2 = 2H^+ + 2e \tag{3.10.1}$$

氢离子以水合质子$H^+(nH_2O)$的形式,在质子交换膜中从一个磺酸基转移到另一个磺酸基,最后到达阴极,实现质子导电,质子的这种转移导致阳极带负电.

在电池的另一端,氧气或空气通过阴极扩散层到达阴极催化层,在阴极催化层的作用下,氧与氢离子和电子反应生成水,阴极反应为

$$O_2 + 4H^+ + 4e = 2H_2O \tag{3.10.2}$$

阴极反应使阴极缺少电子而带正电,结果在阴阳极间产生电压,在阴阳极间接通外电路,就可以向负载输出电能.总的化学反应如下:

$$2H_2+O_2 = 2H_2O \tag{3.10.3}$$

(阴极与阳极:在电化学中,失去电子的反应叫氧化,得到电子的反应叫还原.产生氧化反应的电极是阳极,产生还原反应的电极是阴极.对电池而言,阴极是电的正极,阳极是电的负极.)

2. 水的电解

将水电解产生氢气和氧气,与燃料电池中氢气和氧气反应生成水互为逆过程.

水电解装置同样因电解质的不同而各异,碱性溶液和质子交换膜是最好的电解质.若以质子交换膜为电解质,可在图 3.10.1 右边电极接电源正极形成电解的阳极,在其上产生氧化反应 $2H_2O = O_2+4H^++4e$. 左边电极接电源负极形成电解的阴极,阳极产生的氢离子通过质子交换膜到达阴极后,产生还原反应 $2H^++2e = H_2$. 即在右边电极析出氧,左边电极析出氢.

作燃料电池或作电解器的电极在制造上通常有些差别,燃料电池的电极应利于气体吸纳,而电解器需要尽快排出气体.燃料电池阴极产生的水应随时排出,以免阻塞气体通道,而电解器的阳极必须被水淹没.

3. 太阳能电池

太阳能电池利用半导体 pn 结受光照射时的光伏效应发电,太阳能电池的基本结构就是一个大面积平面 pn 结,图 3.10.2 为 pn 结示意图.

p 型半导体中有相当数量的空穴,几乎没有自由电子. n 型半导体中有相当数量的自由电子,几乎没有空穴.当两种半导体结合在一起形成 pn 结时,n 区的电子(带负电)向 p 区扩散,p 区的空穴(带正电)向 n 区扩散,在 pn 结附近形成空间电荷区与势垒电场.势垒电场会

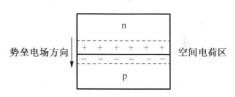

图 3.10.2 pn 结示意图

使载流子向扩散的反方向做漂移运动,最终扩散与漂移达到平衡,使流过 pn 结的净电流为零.在空间电荷区内,p 区的空穴被来自 n 区的电子复合,n 区的电子被来自 p 区的空穴复合,使该区内几乎没有能导电的载流子,又称为结区或耗尽区.

当光电池受光照射时,部分电子被激发而产生电子-空穴对,在结区激发的电子和空穴分别被势垒电场推向 n 区和 p 区,使 n 区有过量的电子而带负电,p 区有过量的空穴而带正电,pn 结两端形成电压,这就是光伏效应.若将 pn 结两端接入外电路,就可向负载输出电能.

4. 质子交换膜电解池的特性测量

理论分析表明,若不考虑电解器的能量损失,在电解器上加 1.48V 电压就可使水分解为氢气和氧气,实际由于各种损失,输入电压高于 1.6V 时电解器才开始工作.

电解器的效率为

$$\eta_{电解} = \frac{1.48}{U_{输入}} \times 100\% \tag{3.10.4}$$

输入电压较低时虽然能量利用率较高,但电流小,电解的速率低,通常使电解器输入电压在 2V 左右.

根据法拉第电解定律,电解生成物的量与输入电量成正比. 在标准状态下(温度为 0℃,电解器产生的氢气保持在 1 个大气压),设电解电流为 I,经过时间 t 生产的氢气体积(氧气体积为氢气体积的一半)的理论值为

$$V_{氢气} = \frac{It}{2F} \times 22.4\text{L} \tag{3.10.5}$$

式中,$F = eN = 9.65 \times 10^4$ C/mol 为法拉第常数,$e = 1.602 \times 10^{-19}$ C 为电子电量,$N = 6.022 \times 10^{23}$/mol 为阿伏伽德罗常量;$It/(2F)$ 为产生的氢分子的摩尔(克分子)数;22.4L 为标准状态下气体的摩尔体积.

若实验时温度 T 取摄氏温度,所在地区气压为 p,根据理想气体状态方程可对式(3.10.5)作修正

$$V_{氢气} = \frac{273.16 + T}{273.16} \cdot \frac{p_0}{p} \cdot \frac{It}{2F} \times 22.4\text{L} \tag{3.10.6}$$

式中,p_0 为标准大气压. 自然环境中,大气压受各种因素的影响,如温度和海拔高度等,其中海拔对大气压的影响最为明显. 由国家标准 GB4797.2-2005 可查到,海拔每升高 1000m,大气压下降约 10%.

由于水的分子量为 18,且每克水的体积为 1cm³,故电解池消耗的水的体积为

$$V_{水} = \frac{It}{2F} \times 18\text{cm}^3 = 9.33It \times 10^{-5} \text{cm}^3 \tag{3.10.7}$$

应当指出,式(3.10.6)和式(3.10.7)的计算对燃料电池同样适用,只是其中的 I 代表燃料电池输出电流,$V_{氢气}$ 代表燃料消耗量,$V_{水}$ 代表电池中水的生成量.

5. 燃料电池输出特性的测量

在一定的温度与气体压力下,改变负载电阻的大小,测量燃料电池的输出电压与输出电流之间的关系,如图 3.10.3 所示. 电化学家将其称为极化特性曲线,习惯用电压作纵坐标,电流作横坐标.

理论分析表明,如果燃料的所有能量都被转换成电能,则理想电动势为 1.48V. 实际燃料的能量不可能全部转换成电能,例如,总有一部分能量转换成热能,少量

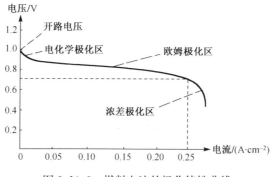

图 3.10.3　燃料电池的极化特性曲线

的燃料分子或电子穿过质子交换膜形成内部短路电流等,故燃料电池的开路电压低于理想电动势.

随着电流从零增大,输出电压有一段下降较快,主要是因为电极表面的反应速度有限,有电流输出时,电极表面的带电状态改变,驱动电子输出阳极或输入阴极时,产生的部分电压会被损耗掉,这一段被称为电化学极化区.

输出电压的线性下降区的电压降,主要是电子通过电极材料及各种连接部件,离子通过电解质的阻力引起的,这种电压降与电流成比例,所以被称为欧姆极化区.

输出电流过大时,燃料供应不足,电极表面的反应物浓度下降,使输出电压迅速降低,而输出电流基本不再增加,这一段被称为浓差极化区.

综合考虑燃料的利用率(恒流供应燃料时可表示为燃料电池电流与电解电流之比)及输出电压与理想电动势的差异,燃料电池的效率为

$$\eta_{电池} = \frac{I_{电池}}{I_{电解}} \cdot \frac{U_{输出}}{1.48} \times 100\% = \frac{P_{输出}}{1.48 \times I_{电解}} 100\% \quad (3.10.8)$$

某一输出电流时燃料电池的输出功率相当于图 3.10.3 中虚线围出的矩形区,在使用燃料电池时,应根据伏安特性曲线选择适当的负载匹配,使效率与输出功率达到最大.

三、实验要求

(一)实验任务

(1)质子交换膜电解池的特性测量;
(2)燃料电池输出特性的测量.

(二)实验操作前思考题

(1)燃料电池的环保主要体现在哪些方面?

(2)本实验中有哪些需要特别注意的操作要求?

(3)PEM 电解池的最高工作电压为 6V,最大输入电流为 1000mA,如果超过这一范围将会对 PEM 电解池有何影响?

(三)实验提示

1. 质子交换膜电解池的特性测量

确认气水塔水位在水位上限与下限之间.将测试仪的电压源输出端串联电流表后接入电解池,将电压表并联到电解池两端.将气水塔输气管止水夹关闭,调节恒流源输出到最大(旋钮顺时针旋转到底),让电解池迅速地产生气体.当气水塔下层的气体低于最低刻度线时,打开气水塔输气管止水夹,排出气水塔下层的空气.如此反复 2~3 次后,气水塔下层的空气基本排尽,剩下的就是纯净的氢气和氧气了.根据表 3.10.1 中的电解池输入电流大小,调节恒流源的输出电流,待电解池输出气体稳定后(约 1min),关闭气水塔输气管.测量电压及产生一定体积的气体的时间,记入表 3.10.1 中.

2. 燃料电池输出特性的测量

实验时分别使电解池输入电流在 0.1A、0.2A 和 0.3A,关闭风扇.将电压测量端口接到燃料电池输出端,打开燃料电池与气水塔之间的氢气、氧气连接开关,等待约 10min,让电池中的燃料浓度达到平衡值,电压稳定后分别记录开路电压值.

设置电解池输入电流为 0.2A,在燃料电池输出端接入可调电阻作为负载,依次改变负载电阻的大小,观察负载两端电压和电流变化情况,记录输出电压和电流值并计算燃料电池的效率,填入表 3.10.2.

负载电阻突然调得很低时,电流会突然升到很高,甚至超过电解电流值,这种情况是不稳定的,重新恢复稳定需较长时间.为避免出现这种情况,输出电流高于 210mA 后,每次调节减小电阻 0.5Ω,输出电流高于 240mA 后,每次调节减小电阻 0.2Ω,每测量一点的平衡时间稍长一些(约需 5min),稳定后记录电压电流值.

实验完毕,关闭燃料电池与气水塔之间的氢气氧气连接开关,切断电解池输入电源.

3. 注意事项:

(1)该实验系统必须使用去离子水或二次蒸馏水,容器必须清洁干净.

(2)PEM 电解池的最高工作电压为 6V,最大输入电流为 1000mA.

(3)PEM 电解池所加的电源极性必须正确,否则将毁坏电解池并有起火燃烧的可能.

(4) 绝不允许将任何电源加于 PEM 燃料电池输出端,否则将损坏燃料电池.

(5) 气水塔中所加入的水面高度必须在上水位线与下水位线之间,以保证 PEM 燃料电池正常工作.

(6) 该系统主体系有机玻璃制成,使用中需小心,以免打坏和损伤.

(7) 太阳能电池板和配套光源在工作时温度很高,切不可用手触摸,以免被烫伤.

(8) 绝不允许用水打湿太阳能电池板和配套光源,以免触电和损坏该部件.

(9) 配套"可变负载"所能承受的最大功率是 1W,只能在该实验系统中使用.

(10) 电流表的输入电流不得超过 2A,否则将烧毁电流表.

(11) 电压表的最高输入电压不得超过 25V,否则将烧毁电压表.

(12) 实验时必须关闭两个气水塔之间的连通管.

(四) 操作后思考题

(1) 该燃料电池最大输出功率是多少?最大输出功率时对应的效率是多少?

(2) 该太阳能电池的开路电压 U_{oc}?最大输出功率 p_m 是多少?最大工作电压 U_m,最大工作电流 I_m 是多少?

(3) 根据实验中的能量转换及燃料电池的电能输出情况,试展望该电池在今后的民用生活中的应用前景.

(五) 数据记录

1. 质子交换膜电解池的特性测量(表 3.10.1)

表 3.10.1 电解池的特性测量

输入电流 I/A	输入电压/V	时间 t/s	电量 It/C	氢气产生量测量值/L	氢气产生量理论值/L
0.10					
0.20					
0.30					

由式(3.10.6)计算氢气产生量的理论值,与氢气产生量的测量值比较. 若不管输入电压与电流大小,氢气产生量只与电量成正比,且测量值与理论值接近,即验证了法拉第定律.

2. 燃料电池输出特性的测量(表 3.10.2)

电解电流＝0.1A,开路电压＝_____V;

电解电流＝0.2A,开路电压＝_____V;

电解电流＝0.3A,开路电压＝_____V.

表 3.10.2　燃料电池输出特性的测量（$I_{电解}=0.2A$）

负载电阻/Ω	100	90	80	70	60	50	40	30	20	10
输出电压 U/V										
输出电流 I/mA										
燃料电池效率 η										

注：作出所测燃料电池的极化曲线.

参 考 文 献

[1] 苏亚欣、毛玉如、赵敬德. 新能源与可再生能源概论. 北京：化学工业出版社，2006.
[2] 肖钢. 燃料电池技术. 北京：电子工业出版社，2009.

3.11　太阳能电池组装与光伏特性研究

一、太阳能电池知识简介

太阳能电池（solar cells），也称为光伏电池，是将太阳光辐射能直接转换为电能的器件. 由这种器件封装成太阳能电池组件，再按需要将一块以上的组件组合成一定功率的太阳能电池方阵，经与储能装置、测量控制装置及直流、交流变换装置等相配套，即构成太阳能电池发电系统，也称为光伏发电系统. 它具有不消耗常规能源、无转动部件、寿命长、维护简单、使用方便、功率大小可任意组合、无噪声、无污染等优点. 世界上第一块实用型半导体太阳能电池是美国贝尔实验室于 1954 年研制的. 经过人们 40 多年的努力，太阳能电池的研究、开发与产业化已取得巨大进步. 目前，太阳能电池已成为空间卫星的基本电源和地面无电、少电地区及某些特殊领域（如通信设备、气象台站、航标灯等）的重要电源.

1. 太阳能电池基本结构

太阳能电池用半导体材料制成，多为面结合 pn 结型，靠 pn 结的光生伏特效应产生电动势（图 3.11.1）.

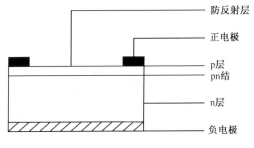

图 3.11.1　太阳能电池的基本结构

在纯度很高、厚度很薄(0.4mm)的 n 型半导体材料薄片的表面,采用高温扩散法把硼扩散到硅片表面极薄一层内形成 p 层,位于较深处的 n 层保持不变,在硼所扩散到的最深处形成 pn 结.从 p 层和 n 层分别引出正电极和负电极,上表面涂有一层防反射膜.

2. 太阳电池的基本原理

太阳能电池工作原理的基础是半导体 pn 结的光生伏特效应.所谓光生伏特效应就是当物体受到光照时,物体内的电荷分布状态发生变化而产生电动势和电流的一种效应.当太阳光或其他光照射半导体 pn 结时,会在 pn 结两端产生电压,称为光生电动势.在各种半导体光电池中,硅光电池具有光谱响应范围宽、性能稳定、线性响应好、使用寿命长、转换效率较高、耐高温辐射、光谱灵敏度与人眼灵敏度相近等优点,在光电技术、自动控制、计量检测、光能利用等许多领域都被广泛应用.我们知道,原子是由原子核和电子所组成的.原子核带正电,电子带负电,当电子在外来能量的激发下,如受到太阳光辐射时,就会摆脱原子核的束缚而成为自由电子,同时在它原来的地方留出一个空位,即半导体学中所谓的"空穴".由于电子带负电,按照电中性原理,这个空穴就表现为带正电.电子和空穴就是单晶硅中可以运动的电荷,即所谓的"载流子".如果在硅晶体中掺入能够俘获电子的三价杂质元素,就构成了空穴型半导体,简称 p 型半导体;如果掺入能够释放电子的五价杂质元素,就构成了电子型半导体,简称 n 型半导体.把这两种半导体结合在一起,由于电子和空穴的扩散,在交界面处便会形成 pn 结,并在结的两边形成内电场.硅光电池的基本原理图如图 3.11.2 所示.

当太阳光或其他光照射 pn 结时,如果照射光子能量大于材料的禁带宽度——导带(晶体中没有被电子占满的能带)和价带(完全被电子占据的能带)之间的空隙,那么在半导体内的原子由于获得光能会释放电子,同时产生电子-空穴对,即光生电子和光生空穴,并扩散到 pn 结中.由于 pn 结本身存在内电场,方向从 n 区指向 p 区,扩散的光生电子会被电场加速而驱向 n 区,而光生空穴扩散到 pn 结中后,会被电场驱向 p 区,

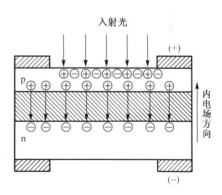

图 3.11.2 硅太阳能电池的基本工作原理

于是就在 pn 结的附近形成了与内电场方向相反的光生电场.光生电场一部分抵消内电场,其余部分使 p 型区带正电,n 型区带负电,于是在 pn 结的两端就出现一个稳定的电势差.这种电势差就是光生电动势,这种效应就称为光生伏特效应.为

防止表面反射光,提高转换效率,通常在器件受光面上进行氧化,形成二氧化硅保护膜.

如果 pn 结与外电路连接,在光照射下,就成了能够持续提供电能的电源,构成一个电池——光电池.这就是太阳能电池发电的基本原理.若把多个太阳能电池单体串联、并联起来,组成太阳能电池组件,在光的照射下,可获得输出功率相当可观的电能.光电池的电路符号、等效电路和负载电路如图 3.11.3 所示,由光产生的光电流 I_p 从光电池的负极经 pn 结流向正极;当光电池与负载电阻 R 联成回路时,光电流便分流为结电流 I_j 和负载电流 I.

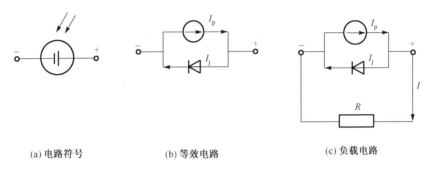

(a) 电路符号　　　(b) 等效电路　　　(c) 负载电路

图 3.11.3　光电池的电路符号与等效电路

单体太阳电池在阳光照射下,其电动势为 0.5~0.6V,最佳负荷状态工作电压为 0.4~0.5V,根据需要可将多个太阳电池串并联使用.

二、实验方法介绍

(一) 实验方法

在太阳能电池工作的过程中,测量太阳能电池的特性,获取太阳能电池的特性参数.

(二) 实验所用的设备及材料

太阳能电池应用实验仪(ZKY-SAC-Ⅰ+Y 型).

(三) 实验的构思及原理

1. 离网型太阳能电源系统

太阳能光伏电源系统,如图 3.11.4 所示.

控制器又称充放电控制器,起着管理光伏系统能量,保护蓄电池及整个光伏系统正常工作的作用.当太阳能电池方阵输出功率大于负载额定功率或负载不工作时,太阳能电池通过控制器向储能装置充电;当太阳能电池方阵输出功率小于负载

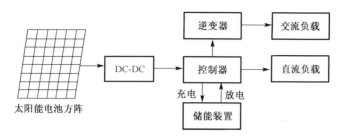

图 3.11.4　太阳能光伏电源系统

额定功率或太阳能电池不工作时,储能装置通过控制器向负载供电.蓄电池过度充电和过度放电都将大大缩短蓄电池的使用寿命,需控制器对充放电进行控制.

DC-DC 为直流电压变换电路,相当于交流电路中的变压器,起着当电源电压与负载电压不匹配时,通过 DC-DC 调节负载端电压,使负载能正常工作的作用.最基本的 DC-DC 变换电路如图 3.11.5 所示.

图 3.11.5 中,U_i 为电源,T 为晶体闸流管,u_C 为晶闸管驱动脉冲,L 为滤波电感,C 为电容,D 为续流二极管,R_L 为负载,u_o 为负载电压.调节晶闸管驱动脉冲的占空比,即驱动脉冲高电平持续时间与脉冲周期的比值,即可调节负载端电压.

光伏系统常用的储能装置为蓄电池与超级电容器.蓄电池是提供和存储电能的电化学装置.光伏系统使用的蓄电池多为铅酸蓄电池,充放电时的化学反应式为

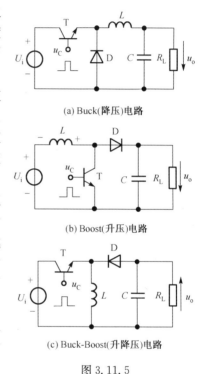

图 3.11.5

$$\underset{\text{正极}}{PbO_2} + 2H_2SO_4 + \underset{\text{负极}}{Pb} \underset{\text{充电}}{\overset{\text{放电}}{\rightleftharpoons}} \underset{\text{正极}}{PbSO_4} + 2H_2O + \underset{\text{负极}}{PbSO_4} \quad (3.11.1)$$

蓄电池放电时,化学能转换成电能,正极的氧化铅和负极的铅都转变为硫酸铅;蓄电池充电时,电能转换为化学能,硫酸铅在正负极又恢复为氧化铅和铅.

图 3.11.6(a)为蓄电池恒压充电时的充电特性曲线.OA 段电压快速上升,AB 段电压缓慢上升且延续较长时间,接近 13.7V 可停止充电.

蓄电池充电电流过大,会导致蓄电池的温度过高和活性物质脱落,影响蓄电池

的寿命. 在充电后期,电化学反应速率降低,若维持较大的充电电流,会使水发生电解,正极析出氧气,负极析出氢气. 理想的充电模式是,开始时以蓄电池允许的最大充电电流充电,随电池电压升高逐渐减小充电电流,达到最大充电电压时立即停止充电.

图 3.11.6(b)为蓄电池放电特性曲线. OA 段电压下降较快,AB 段电压缓慢下降且延续较长时间,C 点后电压急速下降,此时应立即停止放电.

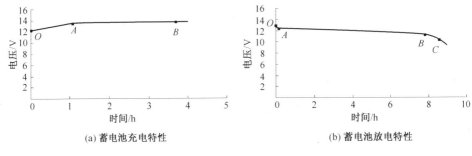

(a) 蓄电池充电特性　　(b) 蓄电池放电特性

图 3.11.6

蓄电池的放电时间一般规定为 20h. 放电电流过大和过度放电(电池电压过低)会严重影响电池寿命.

2. 太阳能电池的基本特性与主要参数

在没有光照时太阳能电池可视为一个理想二极管,测量太阳能电池伏安特性的电路原理图如图 3.11.7 所示,其正向伏安特性即正向偏压 U 与通过电流 I_j 的关系式为

$$I_j = I_o(e^{\beta U} - 1) \quad (3.11.2)$$

式(3.11.2)表示了无光照(全暗)时光电池的伏安特性,其中,I_o 和 β 为常数.

$$\beta = \frac{K_B T}{e} = \frac{1.38 \times 10^{-23} \times 300}{1.602 \times 10^{-19}} = 2.6 \times 10^{-2} \mathrm{V}^{-1} \quad (3.11.3)$$

在一定的光照下太阳能电池的光电流 I_p 与光照强度 J 有关;流过负载电阻 R 的外电流为 I,在负载电阻上产生的电压降为 U,该电压为 pn 结二极管的正向偏压. 在电压 U 的作用下产生结电流 I_j,所以流过负载电阻的外电流为

图 3.11.7　无光照测量的电路原理图

$$I = I_p - I_j = I_p - I_o(e^{\beta U} - 1) \qquad (3.11.4)$$

式(3.11.4)表示了一定光照时光电池的输出电压与输出电流的关系,即伏安特性,其中$U=IR$.短路电流和开路电压是太阳能电池的两个非常重要的工作状态.

(1)短路电流.

当负载短路时,即$R=0$、$U=0$时,输出外电流为短路电流I_{sc},即

$$I_{sc} = I_p = SJ \qquad (3.11.5)$$

式中,S为光电流灵敏度.因此,短路电流I_{sc}与光照强度J成正比,如图3.11.8所示.

(2)开路电压.

当负载开路时,即$R=\infty$、$I=0$时,输出的端电压为开路电压U_{oc}.这时,光电流与结电流处在动态平衡状态,由式(3.11.4)有

$$I_p = I_o(e^{\beta U_{oc}} - 1) \qquad (3.11.6)$$

所以,开路电压为

$$U_{oc} = \frac{1}{\beta}\ln\left(1 + \frac{I_p}{I_o}\right) \qquad (3.11.7)$$

即

$$U_{oc} = \frac{1}{\beta}\ln\left(1 + \frac{I_{sc}}{I_o}\right) \qquad (3.11.8)$$

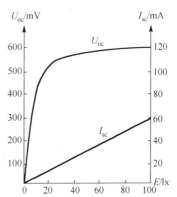

图3.11.8 短路电流、开路电压与光照强度的关系

式(3.11.8)表示了太阳能电池的开路电压和短路电流之间的关系.当光照强度增加到很大时,开路电压几乎与光照强度无关,如图3.11.8所示.

(3)光电池的内阻.

从理论上可以推导出光电池的内阻R_S等于开路电压除以短路电流,即

$$R_S = \frac{U_{oc}}{I_{sc}} \qquad (3.11.9)$$

根据图3.11.8可知,开路电压和短路电流随光照强度不同而不同,因此,光电池的内阻随光照强度的变化而变化.

(4)最佳负载电阻与最大输出功率.

当输出端接一负载电阻时,则有对应的端电压、负载电流和输出功率;负载电阻不同,对应的端电压、负载电流和输出功率也不同.只有当R为某一定值时,输出功率最大,这就是最佳负载电阻R_{opt},此时能量转换效率最高.在一些应用中,必须考虑最佳负载电阻R_{opt}的选取.最佳负载电阻取决于光电池的内阻,由测定最大输出功率所对应的最佳负载电阻可得到光电池的内阻值,此值一般只有几十欧姆.最佳负载电阻的大小和光照面积及入射光强有关.输出电压、输出电流、输出功率与负载电阻的关系如图3.11.9所示.

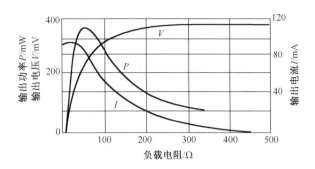

图 3.11.9 输出电压、电流、功率与负载电阻的关系

根据图 3.11.9 可知:当 $R<R_{opt}$ 时,二极管的结电流可以忽略不计,负载电流近似等于短路电流(光电流),光电池可视为恒流源;当 $R>R_{opt}$ 时,二极管的结电流按指数函数形式增加,负载电流近似地按指数形式减小;当 $R=R_{opt}$ 时,最大输出功率最大. 最大输出功率 P_{max}、最佳负载电阻 R_{opt} 与对应的输出电压 U_m 和输出电流 I_m 之间的关系为

$$R_{opt} = \frac{U_m}{I_m} \tag{3.11.10}$$

$$P_{max} = U_m I_m \tag{3.11.11}$$

在一定光照条件下,不同负载电阻时光电池的伏安特性曲线,如图 3.11.10 所示,在电流轴上的截距就是短路电流,在电压轴上的截距就是开路电压.

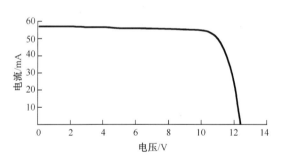

图 3.11.10 太阳能电池输出伏安特性

(5)填充因子.

太阳能电池的主要技术参数除了短路电流、开路电压、最大输出功率和最佳负载电阻之外,还有填充因子. 填充因子 F_f 定义为

$$F_f = \frac{P_{max}}{U_{oc} I_{sc}} \tag{3.11.12}$$

根据式(3.11.12)可知,填充因子表示在一定光照条件下太阳能电池的最大输出效

率,是代表太阳能电池性能优劣的一个重要参数.F_f值越大,说明太阳能电池对光的利用率越高.填充因子一般在 0.5~0.8.

三、本实验的要求

(一)实验任务

(1)学会伏安特性测试仪的操作;

(2)掌握太阳电池伏安特性曲线的分析方法,并会根据伏安特性曲线计算相关性能参数(如太阳电池的最大功率、开路电压、短路电流、填充因子、转换效率等).

(二)实验操作前思考题

(1)什么是光生伏特效应?什么是光伏器件?什么是太阳能电池?
(2)太阳能电池的基本工作原理是什么?
(3)太阳能电池的基本特性和主要参数有哪些?

(三)实验提示

1. 实验前准备

由于蓄电池充电时间需要约 4h,实验前用测试仪上的电压表测量蓄电池电压,若电压低于 11.5V,用配置的充电器给蓄电池充电,充电与使用蓄电池可同时进行,电压充至 13.5V 时停止充电.

2. 测量太阳能电池输出伏安特性

光源调节至离电池最远.在光照不变的条件下,改变负载电阻的阻值,太阳能电池输出的电压电流随之改变.

在实际应用中,应使负载功率与太阳能电池匹配,以便输出最大功率,充分发挥太阳能电池功效.

按图 3.11.11 接线,以负载组件作为太阳能电池的负载.实验时先将负载组件逆时针旋转到底,然后顺时针旋转负载组件旋钮,记录太阳能电池的输出电压 U 和电流 I,并计算输出功率 $P_0=UI$,填于表 3.11.1 中.

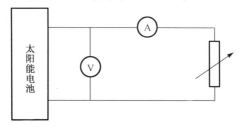

图 3.11.11 测量太阳能电池输出伏安特性接线

3. 失配及遮挡对太阳能电池输出的影响实验

太阳能电池在串、并联使用时,由于每片电池电性能不一致,使得串、并联后的输出总功率小于各个单体电池输出功率之和,称为太阳能电池的失配.

太阳能电池由于云层、建筑物的阴影或电池表面的灰尘遮挡,使部分电池接收的辐照度小于其他部分,这部分电池输出会小于其他部分,也会对输出产生类似失配的影响.

太阳能电池并联连接时,总输出电流为各并联电池支路电流之和.在有失配或遮挡时,只要最差支路的开路电压高于组件的工作电压,则输出电流仍为各支路电流之和.若有某支路的开路电压低于组件的工作电压,则该支路将作为负载而消耗能量.

太阳能电池串联连接时,串联支路输出电流由输出最小的电池决定.在有失配或遮挡时,一方面会使该支路输出电流降低,另一方面,失配或被遮挡部分将消耗其他部分产生的能量,这样局部的温度就会很高,产生热斑,严重时会烧坏太阳能电池组件.

由于部分遮挡也会对整个串联电路输出产生严重影响,在应用系统中,常在若干电池片旁并联旁路二极管,如图 3.11.12 中虚线所示.这样,若部分面积被遮挡,其他部分仍可正常工作.本实验所用电池未加旁路二极管.

由太阳能电池的伏安特性可知,太阳能电池在正常的工作范围内,电流变化很小,接近短路电流,电池的最大输出功率与短路电流成正比,故在测量遮挡对输出的影响时,可按图 3.11.13 测量遮挡对短路电流的影响.

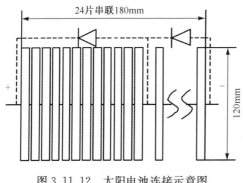

图 3.11.12 太阳电池连接示意图

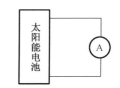

图 3.11.13 测量遮挡对短路电流的影响

4. 太阳能电池对储能装置两种方式充电实验

本实验对比太阳能电池直接对超级电容充电和在太阳能电池后加 DC-DC 再对超级电容充电,说明不同充电方式下充电特性的不同及充电方式对超级电容充电效率的影响.

本实验所用DC-DC采用输入反馈控制，在工作过程中保持输入端电压基本稳定. 若太阳能电池光照条件不变，调节DC-DC使输入电压等于太阳能电池最大功率点对应的输出电压，即可实现在太阳能电池的最大功率输出下的恒功率充电.

理论上，采用最大功率输出下的恒功率充电，太阳能电池一直保持最大输出，充电效率应该最高. 在目前系统中，由于太阳能电池输出功率不大，而DC-DC本身有一定的功耗，致使两种方式充电效率（以从同一低电压充至额定电压所需时间衡量）差别不大，但从测量结果可以看出充电特性的不同.

按图3.11.14(a)，将负载组件接入超级电容放电，控制放电电流小于150mA，使电容电压放至低于1V.

按图3.11.14(b)接线，做太阳能电池直接对超级电容充电实验. 充电至11V时停止充电.

将超级电容再次放电后，按图3.11.14(c)接线，先将电压表接至太阳能电池端，调节DC-DC使太阳能电池输出电压为最大功率电压；然后将电压表移至超级电容端（此时不再调节DC-DC旋钮），进行超级电容充电实验，充电至11V时停止充电.

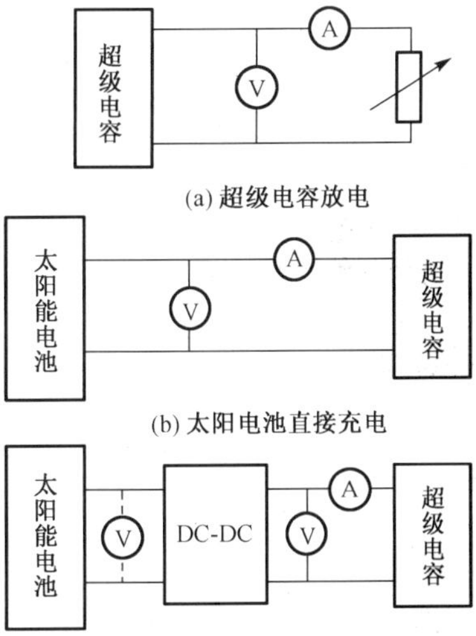

(a) 超级电容放电

(b) 太阳电池直接充电

(c) 加DC-DC充电

图3.11.14

5. 太阳能电池直接带负载实验

太阳能电池输出电压与直流负载工作电压一致时，可以将太阳能电池直接连接负载.

若负载功率与太阳能电池最大输出功率一致，则太阳能电池工作在最大输出功率点，最大限度输出能量.

若负载功率小于太阳能电池最大输出功率，则太阳能电池工作电压大于最佳工作电压，实际输出功率小于最大输出功率. 此时，控制器会将太阳能电池输出的一部分能量向储能装置充电，使太阳能电池回归最佳工作点.

若负载功率大于太阳能电池最大输出功率，则太阳能电池工作电压小于最佳工作电压，实际输出功率小于最大输出功率. 此时，控制器会由储能装置向负载提供部分电能，使太阳能电池回归最佳工作点.

本实验模拟负载功率大于太阳能电池最大输出功率的情况，观察并联超级电容前后太阳能电池输出功率和负载实际获得功率的变化，说明上述控制过程.

按图 3.11.15,断开超级电容,记录并联超级电容前太阳能电池输出电压、电流,计算输出功率 $P=UI$,数据填入表 3.11.4.

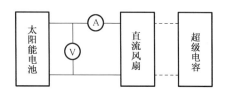

图 3.11.15 太阳电池直接连接负载接线图

将充电至约 11V 的超级电容并联至负载,由于超级电容容量较小,我们可看到负载端电压从 11V 一直下降,在实际应用系统中,只要储能器容量足够大,下降速率会非常慢.当超级电容电压降至接近太阳能电池最佳工作电压时,记录太阳能电池的相应参数并填入表 3.11.4.

6. 加 DC-DC 匹配电源电压与负载电压实验

太阳能电池输出电压与直流负载工作电压不一致时,太阳能电池输出需经 DC-DC 转换成负载电压,再连接至负载.

本实验比较太阳能电池输出电压与直流负载工作电压不一致时,DC-DC 对负载获得功率的影响,说明若不加 DC-DC,负载无法正常工作.

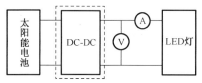

测量未加 DC-DC(不接入图 3.11.16 中虚线部分)时负载的电压、电流,计算负载获得的功率,记入表 3.11.5.

接入 DC-DC 后,调节 DC-DC 的调节旋钮使输出最大(电压、电流表读数达到最大),测量此时负载的电压、电流,计算负载

图 3.11.16 加 DC-DC 匹配电压接线图

获得的功率,记入表 3.11.5.

7. DC-AC 逆变与交流负载实验

当负载为 220V 交流时,太阳能电池输出必需经逆变器转换成交流 220V,才能供负载使用.

由于节能灯功率远大于太阳能电池输出功率,由太阳能电池与蓄电池并联后给节能灯供电.

按图 3.11.17 接线,节能灯点亮.用电压表测量逆变器输入端直流电压,用示波器测量逆变器输出端电压及波形,记入表3.11.6.

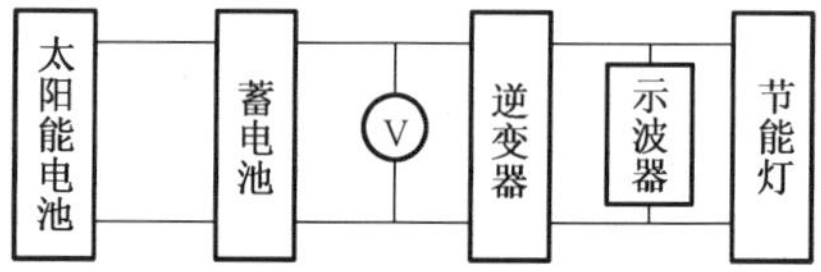

图 3.11.17 交流负载实验接线图

8.注意事项：

(1)连接电路时,保持太阳能电池无光照条件.

(2)连接电路时,保持电源断开.

(四)操作后思考题

(1)太阳能电池的短路电流受哪些因素影响?

(2)测量的短路电流与光照强度不能完全成正比的原因是什么?

(3)太阳能电池在使用时正负极能否短路?普通电池在使用时正负极能否短路?为什么?

(4)填充因子的物理意义是什么?如何通过实验方法测量填充因子?

(五)数据记录

1.测量太阳能电池输出伏安特性

按表3.11.1数据绘制所用太阳能电池的输出伏安特性曲线.

表 3.11.1　太阳能电池输出伏安特性

输出电压 V/V	1	2	3	4	5	6	7	8	9	10	10.5	11	11.5	12
输出电流 I/mA														
输出功率 P_0/mW														

以输出电压为横坐标,输出功率为纵坐标,作太阳能电池输出功率与输出电压关系曲线.在实验的光照条件下,该太阳能电池最大输出功率多少?最大功率点对应的输出电压和电流是多少?

2.失配及遮挡对太阳能电池输出的影响实验(表3.11.2)

表 3.11.2　遮挡对太阳能电池输出的影响

遮挡条件	无遮挡	纵向遮挡			横向遮挡		
遮挡面积	0	10%	20%	50%	25%	50%	75%
短路电流/mA							

纵向遮挡(遮挡串联电池片中的若干片)对输出影响如何?工程上如何减小这种影响?

横向遮挡(遮挡所有电池片的部分面积,等效于遮挡并联支路)对输出影响如何?

3. 太阳能电池对储能装置两种方式充电实验

由表 3.11.3 数据绘制两种充电情况下超级电容的 U-t、I-t、P-t 曲线,了解两种方式的充电特性,根据所绘曲线加以讨论.

表 3.11.3 两种充电情况下超级电容的充电特性

时间/min	直接对超级电容充电			加 DC-DC 后对超级电容充电		
	充电电压/V	充电电流/mA	充电功率/mW	充电电压/V	充电电流/mA	充电功率/mW
0.0						
0.5						
1.0						
1.5						
2.0						
2.5						
3.0						
3.5						
4.0						
4.5						
5.0						
5.5						
6.0						
6.5						
7.0						
7.5						
8.0						
8.5						
9.0						

4. 太阳能电池直接带负载实验(表 3.11.4)

表 3.11.4 太阳能电池直接带负载实验

并联超级电容前太阳能电池输出情况			并联超级电容后太阳能电池输出情况		
电压 U_1/V	电流 I_1/mA	功率 P_1/mW	电压 U_2/V	电流 I_2/mA	功率 P_2/mW

并联超级电容后太阳能电池输出是否增加?计算太阳能电池输出增加率 $(P_2-P_1)/P_1$,试以太阳能电池输出伏安特性解释输出增加的原因.

若负载电阻不变,负载获得功率与电压平方成正比.计算负载功率增加率$(V_{22}-V_{12})/V_{12}$,若该增加率大于太阳能电池输出增加率,多余的能量由哪部分提供?

5. 加 DC-DC 匹配电源电压与负载电压实验(表 3.11.5)

表 3.11.5 加 DC-DC 匹配电源电压与负载电压实验

加 DC-DC 前负载获得功率			加 DC-DC 后负载获得功率		
电压 U_1/V	电流 I_1/mA	功率 P_1/mW	电压 U_2/V	电流 I_2/mA	功率 P_2/mW

比较加 DC-DC 前后负载获得的功率变化并加以讨论.

6. DC-AC 逆变与交流负载实验(表 3.11.6)

表 3.11.6 交流负载时太阳能电池输出与总输出

逆变器输入直流电压/V	逆变器输出交流电压/V	逆变器输出波形

画出逆变器输出波形,根据实验原理部分所述,判断该逆变器类型.

7. 对实验结果进行分析讨论,写一篇关于太阳能发电与中国能源现状分析的课程小论文

参 考 文 献

[1] 熊绍珍,朱美芳. 太阳能电池基础与应用. 北京:科学出版社,2009.
[2] 滨川圭弘. 太阳能光伏电池及其应用. 北京:科学出版社,2008.
[3] 杨贵恒. 太阳能光伏发电系统及其应用. 北京:化学工业出版社,2011.

3.12 人耳听觉听阈的测量

一、人耳的听觉听阈

人耳听觉系统非常复杂,人耳对不同强度、不同频率声音的听觉范围称为声域. 在人耳的声域范围内(20~20 000 Hz),声音听觉心理的主观感受主要有响度、音高、音色等特征. 响度,又称声强或音量,它表示的是声音能量的强弱程度,主要取决于声波振幅的大小. 声音的响度一般用声压(帕)或声强(瓦特/平方厘米)来计量,它与基准声压比值的对数值称为声压级,单位是分贝(dB). 对于响度的心理感受,一般用单位宋(sone)来度量,并定义 1000 Hz、40 dB 的纯音的响度为 1 sone. 响度的相对量称为响度级,它表示的是某响度与基准响度比值的对数值,单位为方(phon),即当人耳感到某声音与 1000 Hz 单一频率的纯音同样响时,该声音声压

级的分贝数即为其响度级.可见,无论在客观还是在主观上,这两个单位的概念是完全不同的,除1000Hz纯音外,声压级的值一般不等于响度级的值,使用中要注意.

响度是听觉的基础.正常人听觉的强度范围为0~140dB(也有人认为是-5~130dB).固然,超出人耳的可听频率范围(即频域)的声音,即使响度再大,人耳也是无法听到的.在人耳可听频域内,若声音弱到或强到一定程度,人耳同样是听不到的.当声音减弱到人耳刚刚可以听见时的声音强度称为"听阈".一般以1000Hz纯音(标准正弦波)为准进行测量,人耳刚能听到的声压为0dB(通常大于0.3dB即有感受)时的响度级定为0phon.而当声音增强到使人耳感到疼痛时,这个阈值称为"痛阈".仍以1000Hz纯音为准来进行测量,使人耳感到疼痛时的声压级约达到140dB.实验表明,听阈和痛阈是随声压、频率变化的.听阈和痛阈随频率变化的等响度曲线(弗莱彻-芒森曲线)之间的区域就是人耳的听觉范围.通常认为,对于1000Hz纯音,0~20dB为宁静声,30~40dB为微弱声,50~70dB为正常声,80~100dB为响音声,110~130dB为极响声.而对于1000Hz以外的可听声,在同一级等响度曲线上有无数个等效的声压-频率值,例如,200Hz的30dB的声音和1000Hz的10dB的声音在人耳听起来具有相同的响度,这就是所谓的"等响".小于0dB听阈和大于140dB痛阈时为不可听声,人耳听不出来(即响度为零),即使是在人耳最敏感频率范围内,人耳也觉察不到.人耳对不同频率的声音听阈和痛阈不一样,灵敏度也不一样.人耳的痛阈受频率的影响不大,而听阈随频率变化相当剧烈.人耳对3000~5000Hz声音最敏感,幅度很小的声音信号都能被人耳听到,而在低频区(如小于800Hz)和高频区(如大于5000Hz),人耳对声音的灵敏度要低得多.响度级较小时,高、低频声音灵敏度降低较明显,而低频段比高频段灵敏度降低更加剧烈,故调音师在调音时一般应特别重视加强低频音量.通常200~3000Hz语音声压级以60~70dB为宜,频率范围较宽的音乐声压以80~90dB最佳.

二、实验方法介绍

(一)实验方法

利用声波方面的声强、声强级、响度、响度级和听觉曲线等物理量定义,完成对人耳听阈曲线的测量.

(二)实验所用的设备及材料

人耳听觉听阈测量实验仪:声频范围标准正弦波发生器、频率计、功放电路、数字声强指示表(dB表)、全密封头戴耳机(监听级)、示波器等.

(三) 实验的构思及原理

声强级、响度级和等响曲线(包含听阈曲线和痛阈曲线).

能够在听觉器官引起声音感觉的波动称为声波.其频率范围通常为 20～20 000Hz.描述声波能量的大小常用声强和声强级两个物理量.声强是单位时间内通过垂直于声波传播方向的单位面积的声波能量,用符号 I 表示,其单位为 W/m². 而声强级是声强的对数标度,它是根据人耳对声音强弱变化的分辨能力来定义的,用符号 L 来表示,其单位为 dB. L 与 I 的关系为

$$L = \lg \frac{I}{I_0}(\text{dB}) = 10 \times \lg \frac{I}{I_0}(\text{dB}) \tag{3.12.1}$$

式(3.12.1)中规定,频率为 1000Hz.

在医学物理学中,选取频率为 1000Hz 的纯音为基准声音,并规定它的响度级在数值上等于其声强级数值(注意:单位不相同),然后将被测的某一频率声音与此基准声音比较,若该被测声音听起来与基准音的某一声强级一样响,则该基准音的响度级(数值上等于声强级)就是该声音的响度级.例如,频率为 100Hz、声强级为 72dB 的声音,与频率为 1000Hz、声强级为 60dB 的基准声音等响,则频率为 100Hz、声强为 72dB 的声音,其响度级为 60phon;1000Hz、40dB 的声音,其响度为 40phon. 以频率的常用对数为横坐标,声强级为纵坐标,绘出不同频率的声音与 1000Hz 的标准声音等响时的声强级与频率的关系曲线,得到的曲线称为等响曲线. 图 3.12.1 表示正常人耳的等响曲线.

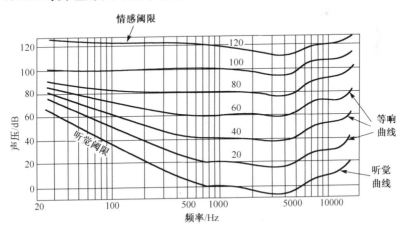

图 3.12.1 人耳听力测量等响度(分贝刻度)曲线

引起听觉的声音,不仅在频率上有一范围,而且在声强上也有一定范围.对于在人耳听觉范围内的任意频率如 20～20 000Hz 的频率,声强必须达到某一数值才能引起人耳听觉.能引起听觉的最小声强叫做听阈,对于不同频率的声波,听阈不

同,听阈与频率的关系曲线叫做听阈曲线.随着声强的增大,人耳感到声音的响度也提高了,当声强超过某一最大值时,声音在人耳中会引起痛觉,这个最大声强称为痛阈.对于不同频率的声波,痛阈也不同,痛阈与频率的关系曲线叫做痛阈曲线.由图 3.12.1 可知,听阈曲线即响度级为 0phon 的等响曲线,痛阈曲线则为响度级为 120phon 的等响曲线.

在临床上常用听力计测定患者对各种频率声音的听阈值,与正常人的听阈进行比较,借以诊断患者的听力是否正常.

三、实验要求

(一)实验任务

(1)测定人耳的听阈曲线;

(2)完成一篇研究性实验报告.

(二)实验操作预习思考题

(1)实验中选择的信号源频率范围应该满足什么条件?

(2)响度和声强有什么区别?

(三)实验提示

(1)熟悉听觉实验仪面板上的各键功能,接通电源,打开电源开关,指示灯亮,预热 5min.

(2)在面板上将耳机插入,把仪器各选择开关按到选定位置.

(3)被测者戴上耳机,背向主试人(医生)和仪器(或各人自行测试).

(4)测量:

①按说明要求选择测量频率(仪器初始为 1000Hz).

②调节"衰减"旋钮(衰减粗调和微调两个旋钮),使声强指示为 0dB.调节"校准"旋钮,使被测者刚好听到 1000Hz 的声音(整个听阈测量实验内"校准"旋钮不能再调节).

③选定一个测量频率,用渐增法测定:将衰减旋钮调至听不到声音开始,逐渐减小衰减量(可交替调节粗调和微调),当被测人刚听到声音时主试人(或自己)停止减小衰减量,此时的声强(或声强级)为被测人在此频率的听觉阈值,其衰减分贝数用 L_1 表示.

④同一个频率用渐减法测定:步骤基本同(3),只是将衰减旋钮先调在听得到声音处,然后再开始逐渐增大衰减量,直到刚好听不到声音时为止,与步骤(3)一样,对相应同一频率的声音,可得到相同的听觉阈值,其衰减分贝数用 L_2 表示.

⑤令 $L_{测}=(L_1+L_2)/2$（负值）为所测频率衰减分贝数的平均值（相对声强）.

⑥改变频率，重复（1）～（6）步骤，分别对 64Hz，128Hz，256Hz，…等 9 个不同的频率进行测量，就可以得到右耳或左耳 9 个点的听觉阈值.

（5）作听阈曲线.

以频率的常用对数为横坐标（并分别注明测试点的频率值），声强级值为纵坐标，在计算纸上将上面所得数据定点连起来便为听阈曲线.

（6）了解痛阈的测量.

一般不做，要做可参考听阈测量，且必须要有教师指导. 仪器已对输出到耳机的声功率进行了衰减，仪器不能输出达到测痛阈时的声强（保护实验学生耳朵不受到损伤），一般调到耳朵感到受不了就可以了（主要是掌握测量原理）.

（7）诊断：对照正常曲线（图 3.12.1）给被给测者听力进行鉴定.

（四）操作后思考题

通过本实验的测量过程，如何减小实验中的误差？

（五）数据记录（表 3.12.1）

表 3.12.1　听阈测量参考数据表格

频率/Hz	64	128	256	512	1k	2k	4k	8k	16k
L_1/dB									
L_2/dB									
$L_{测}=(L_1+L_2)/2$									

参 考 文 献

[1] 付妍，侯若莹，王丽红，等. 人耳听阈曲线的测定实验设计. 大学物理实验，2011，24(4)：48-49.

3.13　电子温度计的设计及人体温度测量

一、人体的温度

"温度"是一种重要的热学物理量，不仅和我们的生活环境密切相关，在科研及生产过程中，温度的变化对实验及生产的结果至关重要. 在医学上，体温的测量对疾病的判断相当重要.

体温是指机体内部的温度. 正常人腋下温度为 36～37℃，口腔温度比腋下高 0.2～0.4℃，直肠温度又比口腔温度高 0.3～0.5℃. 人体的温度是相对恒定的，正常人在24h内体温略有波动,一般相差不超过1℃.生理状态下,早晨体温略低,下午略高.运动、进食后,妇女月经期前或妊娠期体温稍高,而老年人体温偏低.体温高于正常称为发热,37.3～38℃为低热,38.1～39℃为中度发热,39.1～41℃为高热,41℃以上为超高热.人体温度相对恒定是维持人体正常生命活动的重要条件之一,如体温高于41℃或低于25℃时将严重影响各系统(特别是神经系统)的机能活动,甚至危害生命.机体的产热和散热是受神经中枢调节的,很多疾病都可使体温正常调节机能发生障碍而使体温发生变化.临床上对患者检查体温,观察其变化对诊断疾病或判断某些疾病的预后有重要意义.

正常平均体温37℃,来自1868年乌德利希对2500名成年人腋下温度平均值.美国马里兰州医学院麦克维克检测148人的口腔温度平均值为36.8℃,测定结果表明:个体之间正常体温变动范围可达2.7℃,每个人一天内不同时间体温可相差0.6℃,正常人早晨6点体温最低,下午4点最高.体温38℃以下一般认为是低热,38℃以上认为是高热.

机体内营养物质代谢释放出来的化学能,其中50%以上以热能的形式用于维持体温,其余不足50%的化学能则载荷于ATP,经过能量转化与利用,最终也变成热能,并与维持体温的热量一起,由循环血液传导到机体表层并散发于体外.因此,机体在体温调节机制的调控下,使产热过程和散热过程处于平衡,即体热平衡,维持正常的体温.如果机体的产热量大于散热量,体温就会升高;散热量大于产热量则体温就会下降,直到产热量与散热量重新取得平衡时才会使体温稳定在新的水平.

机体的总产热量主要包括基础代谢、食物特殊动力作用和肌肉活动所产生的热量.

人体的主要散热部位是皮肤.当环境温度低于体温时,大部分的体热通过皮肤的辐射、传导和对流散热.一部分热量通过皮肤汗液蒸发来散发,呼吸、排尿和排粪也可散失一小部分热量.

体温测量最常用腋下测量法.操作如下:先将体温计的水银汞柱甩到35°以下,再将体温计头端置于受测者腋窝深处,用上臂将体温计夹紧,5～10min后读数.读数方法是一手拿住体温计尾部,即远离水银柱的一端,使眼与体温计保持同一水平,读出水银柱右端所对的数字.读数时注意千万不要触碰体温计的头端,因为手会影响水银柱而造成测量不准;眼睛不要高于或低于体温计.测量时要注意腋窝处没有保暖或者降温的物品,并且应该将腋窝的汗液擦干.另外注意,测量后30min再测量体温较为准确.

目前,还可以利用温度传感器测量体温.温度传感器是利用一些金属、半导体等材料与温度相关的特性制成的.一般把金属热电阻简称为热电阻,把半导体热电阻称为热敏电阻.

二、实验方法介绍

(一)实验方法

采用 pn 结温度传感器、电压型集成温度传感器、负温度系数热敏电阻温度传感器以及水银体温计等对体温进行测量和研究.

(二)实验所用的设备及材料

温度传感器特性及人体温度测量实验仪、可控温数显干井式恒温加热系统、pn 结温度传感器、可调整放大器、数字电压表、插接线、医用级体温计等.

(三)实验的构思及原理

1. pn 结温度传感器

pn 结温度传感器是利用半导体 pn 结的正向结电压对温度依赖性,实现对温度检测的. 实验证明,在一定的电流通过情况下,pn 结的正向电压与温度之间有良好的线性关系. 通常将硅三极管 b、c 极短路,用 b、e 极之间的 pn 结作为温度传感器测量温度. 硅三极管基极和发射极间正向导通电压 U_{be} 一般约为 600mV(25℃),且与温度成反比. 线性良好,温度系数约为 -2.3mV/℃,测温精度较高,测温范围可达 -50~150℃.

通常 pn 结组成二极管的电流 I 和电压 U 满足

$$I = I_S[e^{qU/(kT)} - 1] \tag{3.13.1}$$

在常温条件下,且 $U>0.1V$ 时,式(3.13.1)可近似为

$$I = I_S e^{qU/(kT)} \tag{3.13.2}$$

式中,电子电量 $q = 1.602 \times 10^{-19}$C;玻尔兹曼常量 $k = 1.381 \times 10^{-23}$J/K;$T$ 为热力学温度;I_S 为反向饱和电流.

正向电流保持恒定且电流较小条件下,pn 结的正向电压 U 和热力学温度 T 近似满足下列线性关系:

$$U = BT + U_g(o) \tag{3.13.3}$$

式中,$U_g(o)$ 为半导体材料在 $T=0K$ 时的禁带宽度;B 为 pn 结的结电压温度系数.

实验测量如图 3.13.1 所示. 图中用 +5V 恒压源使流过 pn 结的电流约为 400μA(25℃). 测量 U_{be} 时用 U_{be1}、U_{be2} 两端,作传感器应用时从 U_{be2}/U_r 输出.

2. 集成电压型温度传感器

LM35 温度传感器,标准 T0-92 工业封装,由于

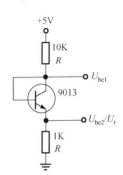

图 3.13.1 pn 结温度传感器电路图

其输出的是与温度对应的电压(10mV/℃),且线性极好,故只要配上电压源,数字式电压表就可以构成一个精密数字测温系统.输出电压的温度系数 $K = 10.0$ mV/℃,利用式(3.13.4)可计算出被测温度 t(℃),即

$$U_\circ = Kt = (10\text{mV/℃}) \cdot t$$

即
$$t = U_\circ / K \tag{3.13.4}$$

LM35 温度传感器的电路符号如图 3.13.2 所示,$U_\circ$ 为输出端.测量时只要直接测量其输出端电压 $U_\circ$,即可知待测量的温度.

3. 负温度系数热敏电阻(NTC 1K)温度传感器

热敏电阻是利用半导体电阻阻值随温度变化的特性来测量温度的,按电阻阻值随温度升高而减小或增大,分为 NTC 型(负温度系数热敏电阻)、PTC 型(正温度系数热敏电阻)和 CTC(临界温度热敏电阻).NTC 型热敏电阻阻值与温度的关系成指数下降关系,但也可以找出热敏电阻某一较小的、线性较好的范围加以应用(如 35~42℃).如需对温度进行较准确的测量,则需配置线性化电路进行校正测量(本实验没进行线性化校正).以上三种热敏电阻特性曲线如图 3.13.3 所示.

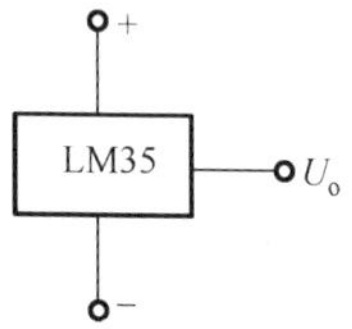

图 3.13.2 LM35 温度传感器的电路符号

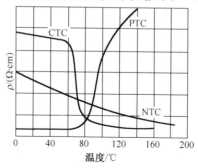

图 3.13.3 热敏电阻特性曲线

在一定的温度范围内(小于 150℃),NTC 热敏电阻的电阻 R_T 与温度 T 之间有如下关系:

$$R_T = R_0 e^{B\left(\frac{1}{T} - \frac{1}{T_0}\right)} \tag{3.13.5}$$

式中,R_T、R_0 是温度为 T、T_0 时的电阻值(T 为热力学温度,单位为 K);B 是热敏电阻材料常数,一般情况下 B 为 2000~6000K.对一定的热敏电阻,B 为常数,对式(3.13.5)两边取对数,则有

$$\ln R_T = B\left(\frac{1}{T} - \frac{1}{T_0}\right) + \ln R_0 \tag{3.13.6}$$

由(3.13.6)式可见,$\ln R_T$ 与 $1/T$ 成线性关系,作 $\ln R_T$-$(1/T)$ 直线图,用直线拟合,由斜率即可求出常数 B.

针对以上三种温度传感器的原理特点,设计实验组装成数字式温度表,对人体温度进行实验研究.

三、实验要求

(一)实验任务

(1)设计实验,用 pn 结温度传感器组装数字式温度表进行体温的测量及应用;

(2)设计实验,用电压型集成温度传感器组装数字式温度表进行体温的测量及应用;

(3)设计实验,用负温度系数热敏电阻温度传感器组装数字式温度表进行体温的测量及应用.

(二)实验操作预习思考题

如何在实验室复现冰点温度?

(三)实验提示

1. pn 结温度传感器温度特性的测量及应用

(1)将控温传感器 Pt100 铂电阻插入干井式恒温加热炉中心井,pn 结温度传感器插入干井式恒温加热炉另一个井内. 按要求插好连线. 从室温开始测量,然后开启加热器,每隔 10.0℃ 控温系统设置温度并进行 pn 结正向导通电压 U_{be} 的测量.

(2)制作电子温度计:将 U_r 作为信号通过放大电路放大为 10mV/℃ 的电压输出,并将输出电压与标准温度进行对比校准,即可制成电子温度计. 插上 pn 结实验电路电源(+5V),将控温传感器 Pt100 铂电阻(A 级)插入干井炉中心井,用水银体温表对控温传感器 Pt100 铂电阻进行 37.0℃ 的校正,控温仪作 37.0℃ 的自适应整定. 调整电路的校正与调零电位器,使输出电压与温度变化同步(即温度每变化 1℃ 输出电压变化 10mV). 测量电子温度计的线性度(从 35.0~42.0℃),每隔 0.5℃ 测量一次,到 42.0℃ 止.

(3)进行人体各部位(腋下、眉心、手掌内)的温度测量(除口腔外),并与水银体温表测量的温度进行比较,了解人体各部位温差的原因.

2. 集成温度传感器 LM35 温度特性的测量及应用

(1)插接好电路,将控温传感器 PT100 铂电阻(A 级)插入干井式恒温加热炉中心孔,开始从环境温度起测量,然后开启加热器,每隔 10℃ 控温系统设置一次,控温后,恒定 2min 测试传感器 LM35 的输出电压.

(2)制作电子温度计:将电压输出型 LM35 的输出电压通过放大电路,并将输出电压与标准温度进行对比校准,即可制成电子温度计.插上 LM35 实验电路电源(+5V),将控温传感器 Pt100 铂电阻(A 级)插入干井式恒温加热炉中心井,用标准水银温度计对控温传感器 Pt100 铂电阻(A 级)进行 37.0℃的校正,控温仪作 37.0℃的自适应整定.调整电路的校正电位器,使输出电压与温度变化同步(即每 1℃变化 10mV).测量电子温度计的线性度(从 35.0~42.0℃),每隔 0.5℃测量一次,到 42.0℃止.

(3)进行人体各部位(腋下、眉心、手掌内)的温度测量(除口腔外)并与水银体温表测量的温度进行比较,了解人体各部位温差的原因.

3. 热敏电阻温度特性的测量及电子温度计的制作

(1)恒压源电流法测量热敏电阻的阻值.

图 3.13.4 为测量热敏电阻阻值所用恒压源实验电路,测量热敏电阻时插上 +5V 恒压电源、热敏电阻. 在一定的温度时(温度不变)检测 1kΩ 电阻上的电压即可知流过 R_t 的电流,即 $I = U_R/R_{1K}$,则测量热敏电阻上的电压即可知它的阻值 ($R_t = U_{Rt}/I$).

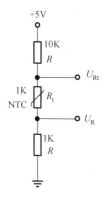

图 3.13.4 恒压源法测热敏电阻的原理图

每改变一次温度都要重新测量流过 R_t 的电流(R_t 的阻值已经变化了).将控温传感器 Pt100 铂电阻(A 级),插入干井式恒温加热炉的中心井,另一只待测试的 NTC 1K 热敏电阻插入干井式恒温加热炉另一井,从室温起开始测量,然后开启加热器,每隔 10.0℃控温系统设置一次,控温稳定 2min 后,用式(3.13.5)测量、计算 NTC 1K 热敏电阻的阻值,到 80.0℃止.将测量结果用最小二乘法直线拟合,求出结果.

(2)制作电子温度计.

将 U_{Rt} 作为信号进入放大电路进行放大和调整,使电路得到 10mV/℃的输出,并将输出电压与标准温度进行对比校准,即可制成电子温度计.将控温传感器 Pt100 铂电阻(A 级)插入干井式恒温加热炉中心井,用水银体温表对控温传感器 Pt100 铂电阻(A 级)进行 37.0℃的校正(注意水银体温表如再次测量温度比前次测量温度低,则必须将体温表温度指示水银柱甩下来,以下实验相同).控温仪作 37.0℃的自适应整定.调整电路的校正与调零电位器,使输出电压与温度变化同步(即温度每变化 1℃,输出电压变化 10mV).测量电子温度计的线性度(从 35.0~42.0℃),每隔 0.5℃测量一次,到 42.0℃止.

(3)进行人体各部位(腋下、眉心、手掌内、下肢)的温度测量(除口腔外),并与水银体温表测量的温度进行比较,了解人体各部位温差的原因.

(四)操作后思考题

利用本实验中的思路,还可以做哪些测试?

(五)数据记录

(1)自拟表格测量并记录数据.
(2)分析实验结果.

参 考 文 献

[1] 沈元华,陆申龙.基础物理实验.北京:高等教育出版社,2003.
[2] 吕斯骅,段家忯.全国中学生物理竞赛实验指导书.北京:北京大学出版社,2006.

3.14 压力传感器设计及心律与血压测量

一、人体的心律与血压

1. 心律与心率

心律就是指心跳的节奏.心率是用来描述心动周期的专业术语,是指心脏每分钟跳动的次数,以第一声音为准.

正常人的心脏跳动是由窦房结发出信号刺激心脏跳动,这种来自窦房结信号引起的心脏跳动,就称为正常的"窦性心律",频率每分钟为60~100次.

健康的心律应该是十分均匀的,是窦性心律,很规则,类似打鼓.健康成人的心率为60~100次/分,大多数为60~80次/分,女性稍快;3岁以下的小儿常在100次/分以上;老年人偏慢.成人每分钟心率超过100次(一般不超过160次/分)或婴幼儿超过150次/分者,称为窦性心动过速,常见于正常人运动、兴奋、激动、吸烟、饮酒和喝浓茶后.心率低于60次/分者(一般在40次/分以上),称为窦性心动过缓,可见于长期从事重体力劳动和运动员.

如果心律不整齐,就叫心律失常.例如,心率在160~220次/分,常称为阵发性心动过速;心率低于40次/分,应考虑有房室传导阻滞等.心脏病或心脏神经调节功能不正常时,均可出现心律不齐或心律失常.心率过快超过160次/分,或低于40次/分,大多见于心脏病患者,患者常有心悸、胸闷、心前区不适等症状.

2. 血压

血压指血管内的血液对于单位面积血管壁的侧压力,即压强.由于血管分动脉、毛细血管和静脉,所以也就有动脉血压、毛细血管压和静脉血压.通常所说的血压是指动脉血压.当血管扩张时,血压下降;血管收缩时,血压升高.

心血管系统内血压的形成是由心血管系统内充满血液而产生.这在封闭型循环系统的动物最为明显.

当这种动物心搏停止时,心血管系统各部仍有比大气压高 7mmHg 的血压.这种由于血液充满心血管系统的压力叫体循环平均压,是一种充盈压,由心脏的射血力产生.心搏周期心室肌收缩所释放的能量,一部分成为推动血液迅速流动的动能,另一部分转化为位能,表现为动脉血压,它使主动脉骤行扩张,存储部分输出血量成为心室舒张时继续推动血液流动的动力.这使动脉系统无论在心脏的收缩期和舒张期都能保持稳定的血压,来推动血液循环.如果用 T 形动脉插管接动脉再连以测压计,则由 T 形管侧管测得的血压是该部的侧压,关闭侧管,将血压计与直管相连所测的血压为终端压.终端压即侧压与血液流动动能之和的压力.人在静息时心输出量约 5L/min,主动脉血流速度约 20cm/s,主动脉侧压与终压之差仅 0.3mmHg.大小动脉血流速逐步减慢,二者之差更小,侧压的位能比流动能量大得更多,因此血液的动能因素可以忽略不计.通常所说的血压即所测部位血管内的侧压,在静息状态下是适用的,但在剧烈运动时,心输出量大增,此时心脏收缩产生的动能便成为血流总能量不可忽视的组成部分.

3. 血压变动的临床意义

(1)血压升高:血压测值受多种因素的影响,如情绪激动、紧张、运动等;若在安静、清醒的条件下采用标准测量方法,至少 3 次非同日血压值达到或超过收缩压 140mmHg、(或)舒张压 90mmHg,即可认为有高血压,如果仅收缩压达到标准则称为单纯收缩期高血压.高血压绝大多数是原发性高血压,约 5% 继发于其他疾病,称为继发性或症状性高血压,如慢性肾炎等.高血压是动脉粥样硬化和冠心病的重要危险因素,也是心力衰竭的重要原因.

(2)血压降低:凡血压低于 90/60mmHg 时称低血压.持续的低血压状态多见于严重病症,如休克、心肌梗死、急性心脏压塞等.低血压也可有体质的原因,患者自诉一贯血压偏低,患者口唇黏膜,使局部发白,当心脏收缩和舒张时,则发白的局部边缘发生有规律的红、白交替改变即为毛细血管搏动征.

二、实验方法介绍

(一)实验方法

用压力传感器把压强转换成电量,用数字电压表测量和监控实现对人体血压的测量和研究.

(二)实验所用的设备及材料

压力传感器特性及人体心律血压测量实验仪,包含:指针式压力表、MPS3100

气体压力传感器、数字电压表、100mL 注射器气体输入装置、压阻脉搏传感器、智能脉搏计数器、血压袖套和听诊器血压测量装置等.

(三)实验的构思及原理

压力(压强)是一种非电量的物理量,它可以用指针式气体压力表来测量,也可以用压力传感器把压强转换成电量,用数字电压表测量和监控.本实验所用气体压力传感器为 MPS3100,它是一种用压阻元件组成的桥,其原理如图 3.14.1 所示.

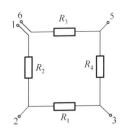

图 3.14.1 气体压力传感器原理图

给气体压力传感器加上+5V 的工作电压,气体压强范围为 0~40kPa,则它随着气体压强的变化能输出 0~75mV(典型值)的电压,在 40kPa 时输出 40~100mV. 由于制造技术的关系,传感器在 0kPa 时,其输出不为零(典型值 ±25mV),故可以在 1、6 脚串接小电阻来进行调整. MPS3100 传感器的线性度极好(典型值为 0.3%SF).

1. 理想气体定律

气体的状态可用如下三个量来确定:体积 V,压强 p,温度 T. 在通常大气环境条件下,气体可视为理想气体,理想气体遵守以下定律.

一定量气体的压强 p 和气体的体积 V 的乘积除以自身的热力学温度 T 为一个常数,即

$$\frac{p_1 V_1}{T_1} = \frac{p_2 V_2}{T_2} = \cdots = \frac{p_\gamma V_\gamma}{T_\gamma} = 常数 \qquad (3.14.1)$$

2. 心律和血压的测量

人体的心率、血压是人的重要生理参数,心跳的频率、脉搏的波形和血压的高低是判断人身体健康的重要依据. 故测量人体的心率、血压也是医学院学生必须掌握的重要内容.

(1)心律、脉搏波与测量.

心脏跳动的频率称为心律(次/分钟),心脏在周期性波动中挤压血管引起动脉管壁的弹性形变,在血管处测量该应力波得到的就是脉搏波(PPG).因为心脏通过动脉血管、毛细血管向全身供血,所以离心脏越近测得的脉搏波强度越大,

反之则相反.在脉搏波强的血管处,用手指在体外就能感应到脉搏波.随着电子技术与计算机技术的发展,脉搏测量不再局限于传统的人工测量法或听诊器测量法.利用压阻传感器对脉搏信号进行检测,并通过单片机技术进行数据处理,实现智能化的脉搏测试,同时可通过示波器对检测到的脉搏波进行观察,通过脉搏波形的对比来进行心脏的健康诊断.这种技术具有先进性、实用性和稳定性,同时也是生物医学工程领域的发展方向.但考虑到脉搏波不仅有脉搏频率参数,其中更有间接的血压、血氧饱和度等参数,所以脉搏波的观察在医学诊断中非常重要.

(2)血压与测量.

人体血压指的是动脉血管中脉动的血流对血管壁产生的侧向垂直于血管壁的压力.主动脉血管中垂直于管壁的压力的峰值为收缩压,谷值为舒张压.血压是反映心血管系统状态的重要的生理参数.特别是近年来,高血压在中老年人群中的发病率不断上升(据统计已达15%～20%),而且常是引起心血管系统一些疾病的重要因素,因此血压的准确检测在临床和保健工作中变得越来越重要.临床上血压测量技术可分为直接法和间接法两种.间接法测量血压不需要外科手术,测量简便,因此在临床上得到广泛的应用.血压间接测量方法中,目前常用的有两种,即听诊法(柯氏音法,Auscultatory method)和示波法(oscillometric method).听诊法由俄国医生Kopotkoc在1905年提出,迄今仍在临床中广泛应用.但听诊法存在其固有的缺点:一是在舒张压对应于第四相还是第五相问题上一直存在争论,由此引起的判别误差很大;二是通过听柯氏音来判别收缩压、舒张压,其读数受使用者听力影响,易引入主观误差,难以标准化.近年来许多血压监护仪和自动电子血压计大都采用了示波法间接测量血压.示波法测量血压的过程与柯氏音法是一致的,都是将袖带加压至阻断动脉血流,然后缓慢减压,其间手臂中会传出声音及压力小脉冲.柯氏音法是靠人工识别手臂中传出的声音,并判读出收缩压和舒张压;而示波法则是靠传感器识别从手臂中传到袖带中的小脉冲,并加以差别,从而得出血压值.考虑到目前医院常规血压测量还是用柯氏音法,所以本实验要求掌握的也是用柯氏音法测量人体血压.

三、实验要求

(一)实验任务

(1)用气体压力传感器、放大器和数字电压表来组装数字式压力表,并用标准指针式压力表对其进行定标,完成数字式压力表的制作.

(2)了解人体心律、血压的测量原理,利用压阻脉搏传感器测量脉搏波形、心跳频率,用自己组装的数字压力表采用柯氏音法测量人体血压.

(二)实验操作预习思考题

实验中,需要注意哪些问题?

(三)实验提示

1. 实验前的准备工作

仪器实验前要开机 5min,待仪器稳定后才能开始做实验.注意实验时严禁加压超过 20kPa.

2. 气体压力传感器 MPS3100 的特性测量

(1)气体压力传感器 MPS3100 输入端加上实验电压(+5V),输出端接数字电压表,通过注射器改变管路内气体压强.

(2)测出气体压力传感器的输出电压(4~18kPa 测 8 点).

(3)画出气体压力传感器的压强 p 与输出电压 U 的关系曲线(直线,非线性≤0.3%FS),计算出气体压力传感器的灵敏度及相关系数.

3. 数字式压力表的组装及定标

(1)将气体压力传感器 MPS3100 的输出与定标放大器的输入端连接,再将放大器输出端与数字电压表连接.

(2)反复调整气体压强为 4kPa 和 18kPa 时放大器的零点和放大倍数,使放大器输出电压在气体压强为 4kPa 时为 40mV,在气体压强为 18kPa 时为 180mV.

(3)将放大器零点与放大倍数调整好后,按键开关按在 kPa 挡,组装好的数字式压力表可用于人体血压或气体压强的测量及数字显示.

4. 心律的测量

(1)将压阻式脉搏传感器放在手臂脉搏最强处,插口与仪器脉搏传感器插座连接,接上电源(+5V),绑上血压袖套,稍加些压力(压几下压气球,压强以示波器能看到清晰脉搏波形为准,如不用示波器则要注意脉搏传感器的位置,调整到计次灯能准确跟随心跳频率).

(2)按下"计次、保存"按键,仪器将会在规定的 1min 内自动测出每分钟脉搏的次数并以数字显示测出的脉搏次数.

5. 血压的测量

(1)采用典型柯氏音法测量血压,将测血压袖套绑在上手臂脉搏处,并把医用听诊器插在袖套内脉搏处.

(2)血压袖套连接管用三通接入仪器进气口,用压气球向袖套压气至 20kPa,打开排气口缓慢排气,同时用听诊器听脉搏音(柯氏音),当听到第一次柯氏音时,记下压力表的读数为收缩压,若排气到听不到柯氏音时,则最后一次听到柯氏音时所对应的压力表读数为舒张压.

(3)如果舒张压读数不太肯定时,可以用压气球补气至舒张压读数之上,再次缓慢排气来读出舒张压.

(四)操作后思考题

利用本实验中的思路,试验证理想气体的玻意耳(Boyle)定律.

(五)数据记录

(1)自拟表格测量并记录数据.
(2)分析实验结果.

参 考 文 献

[1] 梁路光,赵大源. 医用物理学. 北京:高等教育出版社,2004.
[2] 陆申龙,马世红,冀敏. 医药类物理实验教育改革的探讨与实践. 物理实验,2005(12):20-22.

3.15 人体反应时间测试

一、人类的反应时间

反应时间(reaction time,RT)是心理实验中使用最早、应用最广的反应变量之一.

反应并不能在给予刺激的同时就发生. 反应时间是指从刺激的呈现到反应的开始之间的时距,即刺激施于有机体之后到明显反应开始所需要的时间.

反应时间包括三个时段:

(1)刺激使感受器产生了兴奋,其冲动传递到感觉神经元的时间;

(2)神经冲动经感觉神经传至大脑皮质的感觉中枢和运动中枢,从那里经运动神经到效应器官的时间;

(3)效应器接受冲动后开始效应活动的时间.

刺激的呈现引起一种过程的开始,此过程在机体内部的进行是潜伏的,直至此过程到达肌肉这一效应器时,才产生一种外显的、对环境的效应为止. 因而,反应时间往往也被称为"反应的潜伏期".

在反应的潜伏期中包含着感觉器官、大脑加工、神经传入传出所需的时间以及肌肉效应器反应所需的时间,其中大脑加工所消耗的时间最多.

一般人的反应时间应该在 0.2s 以上,正常人最快的反应时间也不应短于 0.1s,经过训练的运动员应该也不会低于 0.1s.

2005年9月在上海举行的国际田径黄金大奖赛男子110m栏的比赛中,刘翔的起跑反应时间是0.155s,排在八位选手的第二,值得注意的是,美国的阿诺德因抢跑被罚下,根据当时的解说表明:现在抢跑的概念已经不是简单的"在枪响之前起跑",凡是在枪响后0.1s以内起跑的,说明该运动员在枪响前有预判(也就是在赌何时枪响),也算抢跑.可以得出这样的结论:科学研究公认的人类的反应时间极限是0.1s.

二、实验方法介绍

(一)实验方法

从视觉、听觉两个角度来对人的反应时间进行测量和研究.

(二)实验所用的设备及材料

人体反应时间测试实验仪,包括主机、汽车喇叭、信号灯等.

(三)实验的构思及原理

感受器从接收刺激到效应器发生反应所需要的时间称为反应时间.通过测量反应时间可以了解和评定人体神经系统反射弧不同环节的功能水平.机体对刺激的反应越迅速,反应时间越短,灵活性越好.在引发交通事故的诸多因素中,骑车人与驾驶员的身心素质尤为重要,特别是其对信号灯及汽车喇叭的反应速度,往往决定了交通事故的发生与否以及严重程度.因此,研究骑车人与汽车驾驶员在不同生理、心理状况下的反应速度,对减少交通事故的发生,保障自己和他人生命的安全有着重要意义.

本实验通过模拟骑车人的手刹或驾驶员的脚刹的动作,分别从视觉、听觉两个角度来研究人的反应时间,同时可以分析酒后驾驶行为的反应特性,另外,还可以分组测试不同年龄段的人的反应时间.

三、实验要求

(一)实验任务

(1)研究信号灯转变时骑车人或驾驶员的刹车反应时间;
(2)研究听到汽车喇叭声时骑车人的刹车反应时间.

(二)实验操作预习思考题

如何在实验中提高实验结果的准确程度?

(三)实验提示

1. 汽车测试

(1)在主菜单上按"向上"或"向下"键,选择"汽车测试";
(2)按"确定"键进入测试页面;
(3)按"确定"键开始测试;
(4)根据屏幕提示踩下油门,在红灯点亮之前放开油门将被视为犯规操作;
(5)根据提示在红灯点亮后踩下刹车;
(6)屏幕显示本次测试反应时间,按"确定"键可返回步骤(3)再次测试;
(7)按"向上"键进入统计信息界面,屏幕显示平均反应时间与犯规次数;
(8)按"确定"键进入历史记录界面,屏幕显示最近20次测试成绩,按"向上"或"向下"键可进行翻页,按"返回"键则回到测试界面;
(9)按"向下"键清空历史记录,按"确定"键可返回步骤(3)再次测试;
(10)按"返回"键结束测试,返回主菜单.

2. 自行车测试

(1)在主菜单上按"向上"或"向下"键选择"自行车测试";
(2)按"确定"键进入测试页面;
(3)按"确定"键开始测试;
(4)根据屏幕提示在红灯点亮之后捏紧刹车,提前刹车将被视作犯规操作;
(5)屏幕显示本次测试反应时间,按"确定"键可返回步骤(3)再次测试;
步骤(6)~(10)与汽车测试相同.

3. 声音测试

(1)在主菜单上按"向上"或"向下"键选择"自行车测试";
(2)按"确定"键进入测试页面;
(3)按"确定"键开始测试;
(4)根据屏幕提示在喇叭响后捏紧刹车,提前刹车将被视作犯规操作;
(5)屏幕显示本次测试反应时间,按"确定"键可返回步骤(3)再次测试;
步骤(6)~(10)与汽车测试相同.

(四)操作后思考题

通过实验测试的结果,分析一下应该如何科学地设置路口信号灯的换灯时间.

(五)数据记录

(1)自拟表格测量并记录数据.
(2)分析实验结果.

3.16　A类超声诊断与探伤

一、超声波应用

超声波是指频率高于人耳听觉上限(20kHz)的声波.超声技术是声学领域中发展最迅速、应用最广泛的现代声学技术.其中超声检测已成为保证设备质量的重要手段,B超仪器已是人类健康的有利助手,工业超声提高了处理工业产品的能力,并能完成一般技术不能完成的工作.

1. 超声与物质作用效应

(1)机械效应.

机械效应是超声在介质中前进时所产生的效应(超声在介质中传播是由反射而产生的机械效应).它可引起机体若干反应.超声振动可引起组织细胞内物质运动,由于超声的细微按摩,使细胞浆流动,细胞振荡、旋转、摩擦,从而产生细胞按摩的作用,也称为"内按摩".超声波治疗所独有的特性可以改变细胞膜的通透性,刺激细胞半透膜的弥散过程,促进新陈代谢,加速血液和淋巴循环,改善细胞缺血缺氧状态,改善组织营养,改变蛋白合成率,提高再生机能等,使细胞内部结构发生变化,导致细胞的功能变化,从而使坚硬的结缔组织延伸,松软.

(2)温热效应.

人体组织对超声能量有比较大的吸收本领,因此超声波在人体组织传播过程中,其能量不断地被组织吸收而变成热量,其结果是组织的自身温度升高.产热过程是机械能在介质中转变成热能的能量转换过程,即内生热.超声温热效应可增加血液循环,加速代谢,改善局部组织营养,增强酶活力.一般情况下,超声波的热作用以骨和结缔组织为显著,脂肪与血液为最少.

(3)理化效应.

超声的机械效应和温热效应均可促发若干物理化学变化.实践证明,一些理化效应往往是上述效应的继发效应.通过理化效应继发出下列五大作用:

①弥散作用.超声波可以提高生物膜的通透性,超声波作用后,细胞膜对钾、钙离子的通透性发生较强的改变,从而增强生物膜弥散过程,促进物质交换,加速代谢,改善组织营养.

②触变作用.超声作用下,可使凝胶转化为溶胶状态,对肌肉、肌腱的软化作用,以及对一些与组织缺水有关的病理改变(如类风湿性关节炎病变和关节、肌腱、韧带的退行性病变)的治疗.

③空化作用.空化形成,或保持稳定的单向振动,或继发膨胀以致崩溃,细胞功能改变,细胞内钙水平增高,成纤维细胞受激活,蛋白合成增加,血管通透性增加,血管形成加速,胶原张力增加.

④聚合作用与解聚作用.水分子聚合是将多个相同或相似的分子合成一个较大的分子过程.大分子解聚是将大分子的化学物变成小分子的过程.可使关节内增加水解酶和原酶活性增加.

⑤消炎,修复细胞和分子.超声作用下,可使组织 pH 向碱性方面发展,缓解炎症所伴有的局部酸中毒.超声可影响血流量,产生致炎症作用,抑制并起到抗炎作用.使白细胞移动,促进血管生成,胶原合成及成熟,促进或抑制损伤的修复和愈合过程,从而达到对受损细胞组织进行清理、激活、修复的过程.

2. 超声效应的应用

(1)超声检验.

超声波的波长比一般声波要短,具有较好的方向性,而且能透过不透明物质,这一特性已被广泛用于超声波探伤、测厚、测距、遥控和超声成像技术.超声成像是利用超声波呈现不透明物内部形象的技术.把从换能器发出的超声波经声透镜聚焦在不透明试样上,从试样透出的超声波携带了被照部位的信息(如对声波的反射、吸收和散射的能力),经声透镜会聚在压电接收器上,所得电信号输入放大器,利用扫描系统可把不透明试样的形象显示在荧光屏上.上述装置称为超声显微镜.超声成像技术已在医疗检查方面获得普遍应用,在微电子器件制造业中用来对大规模集成电路进行检查,在材料科学中用来显示合金中不同组分的区域和晶粒间界等.声全息术是利用超声波的干涉原理记录和重现不透明物的立体图像的声成像技术,其原理与光波的全息术基本相同,只是记录手段不同而已.用同一超声信号源激励两个放置在液体中的换能器,它们分别发射两束相干的超声波:一束透过被研究的物体后成为物波,另一束作为参考波.物波和参考波在液面上相干叠加形成声全息图.用激光束照射声全息图,利用激光在声全息图上反射时产生的衍射效应而获得物的重现像,通常用摄像机和电视机作实时观察.

(2)超声处理.

利用超声的机械作用、空化作用、热效应和化学效应,可进行超声焊接、钻孔、固体的粉碎、乳化、脱气、除尘、去锅垢、清洗、灭菌、促进化学反应和进行生物学研究等,在工矿业、农业、医疗等领域获得了广泛应用.

(3)基础研究.

超声波作用于介质后,在介质中产生声弛豫过程.声弛豫过程伴随着能量在分子各自电度间的输运过程,并在宏观上表现出对声波的吸收.通过物质对超声的吸收规律可探索物质的特性和结构,这方面的研究构成了分子声学这一声学分支.普通声波的波长远大于固体中的原子间距,在此条件下可把固体当成连续介质.但对频率在 10^{12} Hz 以上的特超声波,波长可与固体中的原子间距相比拟,此时必须把固体当成是具有空间周期性的点阵结构.点阵振动的能量是量子化的,称为声子.特超声对固体的作用可归结为特超声与热声子、电子、光子和各种准粒子的相互作用. 对固体中特超声的产生、检测和传播规律的研究,以及量子液体——液态氦中声现象的研究构成了近代声学的新领域.

因此,超声波被广泛应用于诊断学、治疗学、工程学、生物学等多个领域,应用前景十分广阔. 例如:

①工程学方面的应用:水下定位与通信、地下资源勘查等;
②生物学方面的应用:剪切大分子、生物工程及处理种子等;
③诊断学方面的应用:A型、B型、M型、D型、双功及彩超等;
③治疗学方面的应用:理疗、治癌、外科、体外碎石、牙科等.

其中,超声诊断学中的A型、B型、M型及D型等分类,是依据超声诊断方法的不同形式而划分的.

A型:以波形来显示组织特征的方法. 主要用于测量器官的径线,以判定其大小. 可用来鉴别病变组织的一些物理特性,如实质性、液体或气体是否存在等.

B型:用平面图形的形式来显示被探查组织的具体情况. 检查时,首先将人体界面的反射信号转变为强弱不同的光点,这些光点可通过荧光屏显现出来,这种方法直观性好,重复性强,可供前后对比,所以广泛用于妇产科、泌尿、消化及心血管等系统疾病的诊断.

M型:用于观察活动界面时间变化的一种方法. 最适用于检查心脏的活动情况,其曲线的动态改变称为超声心动图,可以用来观察心脏各层结构的位置、活动状态、结构的状况等,多用于辅助心脏及大血管疫病的诊断.

D型:专门用来检测血液流动和器官活动的一种超声诊断方法,又称为多普勒超声诊断法. 可确定血管是否通畅、管腔是否狭窄、闭塞以及病变部位. 新一代的D型超声波还能定量地测定管腔内血液的流量. 近几年来科学家又发展了彩色编码多普勒系统,可在超声心动图解剖标志的指示下,以不同颜色显示血流的方向,色泽的深浅代表血流的流速. 现在还有立体超声显象、超声CT、超声内窥镜等超声技术不断涌现出来,并且还可以与其他检查仪器结合使用,使疾病的诊断准确率大大提高. 超声波技术正在医学界发挥着巨大的作用,随着科学的进步,它将更加完善,将更好地造福于人类.

二、实验方法介绍

(一)实验方法

采用无损伤的超声脉冲反射式探测方法,实现医学用超声诊断和工业超声探伤的功能.

(二)实验所用的设备及材料

A类超声诊断与超声特性综合实验仪,包含:主机(图3.16.1)、数字示波器、有机玻璃水箱、样品架、横向导轨、横向滑块、铝合金、冕玻璃、有机玻璃样品、分辨力测试样块、探伤实验用工件样块等.

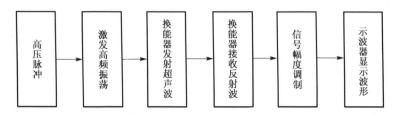

图 3.16.1　主机内部工作原理框图

(三)实验的构思及原理

电路发出一个高速高压脉冲至换能器,这是一个幅度呈指数形式减小的脉冲. 该脉冲信号有两个用途:一是作为被取样的对象,在幅度尚未变化时被取样处理后输入示波器形成始波脉冲;二是作为超声振动的振动源,即当此脉冲幅度变化到一定程度时,压电晶体将产生谐振,激发出频率等于谐振频率的超声波. 第一次反射回来的超声波又被同一探头接收,此信号经处理后送入示波器形成第一回波,根据不同材料中超声波的衰减程度、不同界面超声波的反射率,还可能形成第二回波等多次回波.

产生超声波的方法有很多种,如热学法、力学法、静电法、电磁法、磁致伸缩法、激光法以及压电法等,但应用得最普遍的方法是压电法. 压电效应:某些介电体在机械压力的作用下会发生形变,使得介电体内正负电荷中心相对位移,以致介电体两端表面出现符号相反的束缚电荷,其电荷密度与压力成正比,这种由"压力"产生"电"的现象称为正压电效应;反之,如果将具有压电效应的介电体置于外电场中,电场会使介质内部正负电荷中心位移,从而导致介电体发生形变,这种由"电"产生"机械形变"的现象称为逆压电效应. 逆压电效应只产生于介电体,形变与外电场呈线性关系,且随外电场反向而符号改变. 压电体的正压电效应与逆压电效应统称为压电效应. 如果对具有压电效应的材料施加交变电压,那么它在交变电场的作用下将发生交替的压缩和拉伸形变,由此产生了振动,并且振动的频率与所施加的交变电压的频率相同. 若所施加的电频率在超声波频率范围内,则所产生的振动是超声频的振动;若把这种振动耦合到弹性介质中去,那么在弹性介质中传播的波即为超声波,这利用的是逆压电效应. 若利用正压电效应,可将超声能转变成电能,这样就可实现超声波的接收.

把其他形式的能量转换为声能的器件,也称为超声波换能器. 在超声波分析测试中常用的换能器,既能发射声波又能接收声波,称之为可逆探头. 在实际应用中要根据需要使用不同类型的探头,主要有:直探头,斜探头,水浸式聚焦探头,轮式探头,微型表面波探头,双晶片探头及其他型式的组合探头等.本实验仪器采用的是直探头.

超声回波信号的显示方式,主要有幅度调制显示(A型)和亮度调制显示及两者的综合显示,其中亮度调制显示按调制方式的不同又可分为B型、C型、M型、P型等.A型显示是以回波幅度幅度的大小表示界面反射的强弱,即在荧光屏上以横坐标代表被测物体的深度,纵坐标代表回波脉冲的幅度,横坐标有时间或距离的标度,可借以确定产生回波的界面所处的深度.本实验仪器采用的显示方式是A型.

超声的生物效应、机械效应、温热效应、空化效应、化学效应等几种效应对人体组织有一定的伤害作用,必须重视安全剂量.一般认为超声对人体的安全阈值为 100mW/cm^2.本仪器小于 10mW/cm^2,可安全使用.

1. **医用A类超声**

医用A类超声波是按时间顺序将信号转变为显示器上位置的不同来分析人体组织的位置、形态等.这项技术可用于人体腹腔内器官位置与厚度的测量以及颅脑的占位性病变的分析诊断.如图3.16.2所示,超声波从探头发出,先后经过腹外壁、腹内壁、脏器外壁、脏器内壁,t 为探头所探测到的回波信号在示波器时间轴上所显示的时间,即超声波到达界面后又返回探头的时间.若已知声波在腹壁中的传播速度 u_1、腹腔内的传播速度 u_2 与在脏器壁的传播速度 u_3,则可求得腹壁的厚度为

$$d_1 = u_1(t_2 - t_1)/2 \tag{3.16.1}$$

脏器距腹内壁的距离为

$$d_2 = u_2(t_3 - t_2)/2 \tag{3.16.2}$$

脏器的厚度为

$$d_3 = u_3(t_4 - t_3)/2 \tag{3.16.3}$$

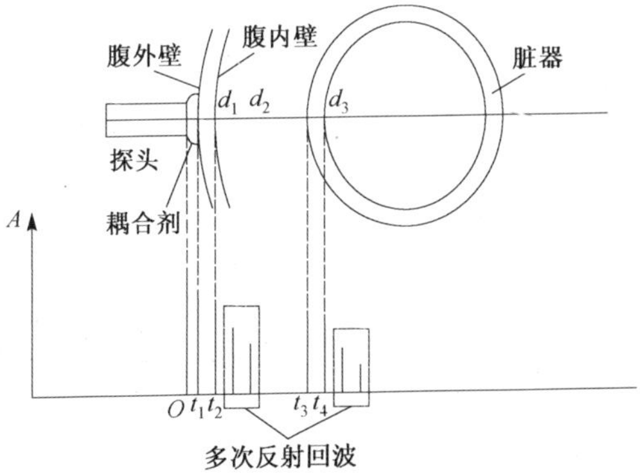

图3.16.2 A类超声诊断原理图

2. 超声脉冲反射法探伤

对于有一定厚度的工件,若其中存在缺陷,则该缺陷处会反射一与工件底部声程不同的回波,一般称之为缺陷回波.如图 3.16.3 所示,为一存在裂缝缺陷的工件.

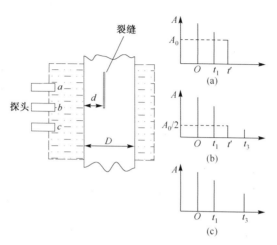

图 3.16.3　超声脉冲反射法探伤原理图

图 3.16.3(a)～(c)分别反映了同一超声探头在 a、b、c 三个不同位置时的反射情况.在位置 a 时,超声信号被缺陷完全反射,此时缺陷回波的高度为 A_0;在位置 c 时,该处不存在缺陷,回波完全由工件底面反射;而在位置 b 时,由于超声信号一半由缺陷反射,一半由工件底面反射,缺陷回波的高度降为 $A_0/2$,此处即为缺陷的边界.这种确定缺陷边界的方法称为半高波法.测量出工件的厚度 D,分别记录工件表面、底面及缺陷处回波信号的时间 t_1、t_2、t',再利用半高波法,就可得到工件中缺陷的深度 d 及其位置.

超声探头本身的频率特征及脉冲信号源的性质等条件决定了超声波探伤具有时间上的分辨率,该分辨率反映在介质中即为区分距离不同的相邻两缺陷的能力,称为分辨力.能区分的两缺陷的距离越小,分辨力就越高.

三、实验要求

(一)实验任务

(1)测量水层厚度;
(2)测量固体中声速;
(3)超声定位诊断实验;
(4)测试超声实验仪器对于铝合金材料的分辨力;

(5)利用脉冲反射法进行超声无损探伤实验.

(二)实验操作预习思考题

实验电路中,是否有高压?应注意什么问题?

(三)实验提示

(1)准备工作:在有机玻璃水箱侧面装上超声波探头后注入清水,至超过探头位置1cm左右即可. 由于水是良好的耦合剂,下列实验均在水中进行. 探头另一端与仪器"超声探头"相接."信号输出"与示波器的CH1或CH2相连. 示波器调至交流信号挡,使用上升沿触发方式,并找到一适当的触发电平使波形稳定.

(2)将任一圆柱样品固定在样品架上,把样品架搁在导轨上并微调样品架,使反射信号最大. 移动样品架至水箱中的不同位置,测出每个位置下超声探头与样品第一反射面间超声波的传播时间,可每隔2cm测一个点,将结果作 $X\text{-}t/2$ 的线性拟合,根据拟合系数求出水中的声速,与理论值比较. 注意,实验时有时能看到水箱壁反射引起的回波,应该分辨出来并且舍弃.

(3)测量样品中超声波传播的速度:将某种材料的圆柱样品固定在样品架上,把样品架搁在导轨上并微调样品架使反射信号最大. 测出样品第一反射面的回波与第二反射面的回波的时间差的一半 $(t_2-t_1)/2$,量出样品长度 d,算出速度. 每种材料都有两个不同长度的样品,可分别对不同长度的样品进行多次测量并取平均值.

(4)模拟人体脏器进行超声定位诊断:使样品1与探头相隔一小段距离,作为腹壁,样品2与样品1相隔一定距离,作为内脏,这样便形成了与图3.16.4相似的探测环境,从而模拟超声定位诊断测量环境. 测量中要注意鉴别超声波在样品间或样品内部多次反射形成的回波(由于有机玻璃对超声波衰减较大,样品宜采用冕玻璃或铝合金).

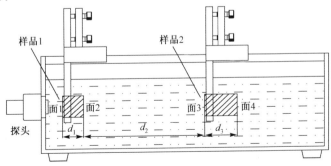

图3.16.4 超声定位诊断模拟实验的装置图

(5)分辨力测量实验:实验中,将分辨力样块通过两个手拧螺丝固定在横向滑块的底部,搁置在横向导轨的中间位置,使超声探头能够透过样块前表面探测到后表面中间台阶左右不同声程的信号.

如图 3.16.5 所示,测量出距离 d_1、d_2,从示波器上读出 a 和 b 的宽度,代入下式:
$$F = (d_2 - d_1)b/a \tag{3.16.4}$$
即可计算出仪器对于这种介质的分辨力 F.

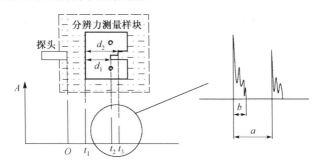

图 3.16.5 测量超声实验仪器对于铝合金材料的分辨力

(6)超声脉冲反射法探伤:如图 3.16.6 所示,配件箱中提供了一块铝合金工件样块(图 3.16.7),样块中有不同深度的两条细缝,配合横向滑块与导轨,可用于进行超声探伤测量(计算公式请自行推导).

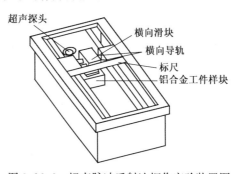

图 3.16.6 超声脉冲反射法探伤实验装置图

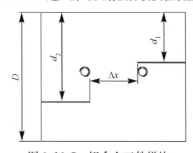

图 3.16.7 铝合金工件样块

(四)操作后思考题

超声脉冲反射法探伤实验内容中,具体过程和公式是怎样的?

(五)数据记录

(1)自拟表格测量并记录数据.

(2)分析实验结果.

参 考 文 献

[1] 范毅明,范世忠,李祥杰.医用B超仪与超声多普勒系统.上海:第二军医大学出版社,1999.
[2] 应崇福.超声学.北京:科学出版社,1990.
[3] 陈泽民.近代物理与高新技术物理基础.北京:清华大学出版社,2006.

第4章 物理实验创新研究

4.1 光密度法测量微藻生物量的实验研究

一、实验预备知识

(一)实验目的

(1)了解常用测量微藻生物量的方法.
(2)理解细胞计数法和光密度(OD)法的原理.
(3)掌握紫外/可见分光光度计的使用.
(4)掌握用细胞计数法和光密度(OD)法测量微藻生物量的方法.

(二)相关科研背景

微藻是一类古老的光合自养植物,广泛分布于海洋、湖泊、河流等水域,平均直径范围在几微米到几百微米,属于低等水生植物.微藻本身就具有营养价值,且可以为其他生命体提供营养源,是地球上最基本最重要的生产者[1,2].

从生态学的角度来看,人类也直接和间接地从微藻中获取所需营养.非洲土著以晒干后的螺旋藻类为食物,微藻代谢产生的蛋白质、多糖等也具有很好的开发前景.微藻蛋白是现在商业生产单细胞蛋白产品的主要来源和重要材料,藻中较多的类胡萝卜素有抗辐射、防治癌症等生理作用,较高的甘油含量是优质的化工、医药以及化妆品原料.中国是利用藻类最早、最为广泛的国家之一,早在2000多年前,人们应用念珠藻属在饥荒中得以生存.20世纪50年代以来,我国微藻研究的领域迅速扩大,研究的队伍也迅速增多.微藻在食品工业、医药工业、环境治理和动物饲料等领域作为一类营养丰富、功能多样、光合利用度高的天然生物资源,在活性物质提取、水产养殖、环境治理等诸多方面具有较高的研究价值和应用价值[3,4].

随着微藻生物技术的不断开发和发展,国内外微藻培养和应用已进入普遍的商业化生产阶段[5].市场上已批量生产β-胡萝卜素系列产品、食用杜氏藻、微藻胶囊等微藻商业产品.然而,微藻存在巨大的商业价值的同时,也严重威胁着人类赖以生存的自然环境.我国近海凶猛的赤潮现象,以及肆虐南方的蓝藻水华,都迫使人们不得不找到合理的解决办法.

微藻同时也是生物污损过程中的一个重要的环节.任何浸入海水的物体表面

在数小时至数天内就能形成由细菌和硅藻为主的微生物膜[6]. 有90%以上微生物的活动是发生在生物膜内,微生物膜可分为细菌层和硅藻层,细菌的存在有助于硅藻的附着,而硅藻通过分泌胶质,使微生物膜营附到附着基上[7]. 微生物膜为大型生物的附着起到以下作用[8]:

(1) 为污损生物的浮游幼虫提供一个立足点;

(2) 使发亮的表面变暗并改变表面原来的颜色,有利于附着;

(3) 可充当藤壶、贻贝等大型污损生物的幼虫或成虫的饵料;

(4) 促进定居生物石灰质的沉淀;

(5) 分解有机质,从而增加藻类植物生长所需的 CO_2 及 NH_3 浓度,吸引附着生物的幼虫前来觅食.

可见微藻在海洋污损生物的附着过程中具有重要的作用,微藻附着可以作为防污材料防污性能评价的重要生物指标,防污的实质之一就是防止微生物膜的形成.

藻类植物根据所含色素、细胞构造、生殖方法和生殖器官构造的不同,可分为绿藻门、裸藻门、轮藻门、金藻门、黄藻门、硅藻门、甲藻门、蓝藻门、褐藻门和红藻门,约2700种.

藻类生物量的检测是研究藻类生长、生理生化、生态、防治赤潮或污损危害等方面研究的重要方法. 目前检测微藻生物量的方法主要有显微镜直接计数法、干重法、细胞计数法、光密度(OD)法、叶绿素含量法、最大比生长速率法、蛋白质测定法、浊度法等.

在众多测定方法中,显微镜直接计数法、干重法、细胞计数法、光密度(OD)法和叶绿素法应用较为普遍,各有优缺点. 显微镜直接计数法是利用光学(或电子)显微镜对视野中的微藻个数进行直接计数,对于大小从几微米到几百微米不等的微藻,其形状有球形、椭圆形、锥状、丝状、链状等形态,且有多细胞和单细胞藻类、运动和不运动之分,故显微镜直接计数法检测微藻生物量工作量大,耗时较长,不同种类和密度的微藻由此测算出的生物量误差也较大,且电子显微镜仪器昂贵,操作复杂,工作量大,所以在一般实验室中使用并不广泛[9]. 干重法则操作较为复杂,需经过离心、烘干等步骤,且量少时误差较大,需要大量的样品才能得出准确结果[10]. 叶绿素法需要预先得知微藻所含有的叶绿素种类,然后测量该藻中此叶绿素的含量,这种方法所需的样品量较大且操作复杂[11,12]. 相比较而言,细胞计数法和光密度法适用的范围较为广泛,应用普遍[13-18]. 众多研究者认为细胞计数法测量的结果最准确,可以获得种群的最基本信息,是最令人满意的方法之一;光密度法需要样品量少,操作简单、方便,能够实现快速测定,且测量结果也较为准确,是一种简便而有效的估算微藻生物量的方法.

(三)本实验的意义

藻类生物量的检测可以为研究藻类生长、生态、环保等方面提供重要的依据. 光密度(OD)法是利用微藻的吸光度来测定其藻类生物量的一种方法, 在紫外分光光度计某一波长下进行光吸收, 光密度值与藻类的生物量存在对应关系. 由于血球计数板可对微藻生物量进行准确计数, 不同浓度的微藻经准确计数和测定光密度值后可得到对应的回归曲线和回归方程, 从而将藻类生物量通过测定光密度值后换算得来.

光密度法能快速准确地检测微藻生物量, 与传统的细胞计数和叶绿素等方法相比, 光密度法更简单、快捷, 能极大地提高实验结果准确度和工作效率.

(四)引导性预习题

(1)微藻在自然界以及人类社会中的作用有哪些?
(2)目前藻类生物量的测量主要有哪些方法, 优缺点各是什么?
(3)藻类生物量的测量的意义?

二、实验详细介绍

(一)实验所需设备、材料

血球计数板(XB-K-25,上海安信光学仪器制造有限公司);生物显微镜(LW40446-003A,Olympus IX51);

紫外/可见分光光度计(UV-1601型,北京瑞利分析仪器公司).

(二)实验主要装置组成及使用方法

1. 血球计数板

血球计数板用于对人体内红、白血球进行显微计数, 也常用于计算一些细菌、真菌、酵母等微生物的数量, 是一种常见的生物学工具(图 4.1.1). 血球计数板在显微镜下直接进行测定, 通过观察在一定的容积中的微生物的个体数目, 从而推算出微生物数量, 具有简便、快捷、准确度高的特点. 血球计数板由一块特制玻璃片制作而成的, 通常有两种规格:

(1)16 中格×25 小格的血球计数板.

细胞浓度(个/mL)=100 小格内细胞个数/(100×400×104×稀释倍数)

(2)25 中格×16 小格的血球计数板.

细胞浓度(个/mL)=80 小格内细胞个数/(80×400×104×稀释倍数)

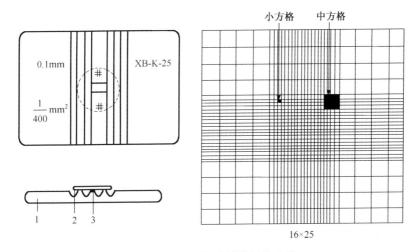

图 4.1.1　血球细胞计数板构造线
1.血球细胞计数板；2.盖玻片；3.计数室

2．紫外/可见分光光度计

紫外/可见分光光度计主要用于分析分子的紫外可见吸收光谱．分子中的某些基团吸收了紫外可见辐射光后，发生了电子能级跃迁而产生的吸收光谱．由于各种物质具有各自不同的分子、原子和不同的分子空间结构，其吸收光能量的情况也就不会相同，因此，每种物质就有其特有的、固定的吸收光谱曲线，根据吸收光谱上的某些特征波长处的吸光度的高低判别或测定该物质的含量，这就是分光光度定性和定量分析的基础.

分光光度分析就是根据物质的吸收光谱研究物质的成分、结构和物质间相互作用．紫外可见吸收光谱是带状光谱，反映了分子中某些基团的信息．可以用标准光图谱再结合其他手段进行定性分析.

（三）实验方法选择与原理依据

1．细胞计数法

细胞计数法是生物研究中用来计数细胞数量的一种基本方法，一般采用血球细胞计数板在高倍显微镜下对细胞直接计数．其实质是一种生物统计方法．这种方法由于细胞样品数量较大，耗时长，工作量大，故受人为因素影响较多．无论细胞计数的对象如何，均必须制备分散的细胞悬浮液，既可以用细胞接种前所制备的细胞悬浮液，也可以用培养物的细胞数量进行计数.

进行细胞计数时，应注意在取样计数前，必须充分摇匀细胞悬液使其分散成单个细胞；显微镜下观察计数时，遇到2个以上细胞组成的细胞团，应按单个细胞计算；对于压线的细胞只计数在上线和左线的，或只计数下线和右线的细胞.

2. 光密度法

光密度(optical density,OD)也可以称为吸光度,是对材料遮光能力的表征. 它用透光镜测量,表示被检测物吸收掉的光的密度. 光密度没有量纲单位,是一个对数值,光密度是入射光与透射光比值的对数或光线透过率倒数的对数.

$$\mathrm{OD} = \lg\left(\frac{入射光}{透射光}\right) = \lg\left(\frac{1}{透光率}\right) \tag{4.1.1}$$

吸光度是用来衡量光被吸收程度的一个物理量,吸光度值通常用 A 表示. 当一束光通过一个吸光物质(通常为溶液)时,溶质吸收了光能,光的强度减弱,影响吸光度值的因素主要有光波波长、溶剂类型、浓度以及光程等,即

$$A = \alpha C L \tag{4.1.2}$$

其中,α 为吸光系数,单位 L/(g·cm),是一个与入射光的波长以及被光通过的物质类型有关的常数,同种物质,在同一光波长下,吸光系数不变;C 代表溶液浓度,单位 g/L;L 为光程,即光透过的溶液液层厚度,单位 cm,一般为比色皿的宽度.

根据朗伯-比尔(Lambert-Beer)定律,光被透明介质吸收的比例与入射光的强度无关,在光程上每等厚层介质吸收相同比例值的光,即

$$A = \lg\left(\frac{I_0}{I}\right) = \alpha C L \tag{4.1.3}$$

其中,I_0 和 I 分别代表入射光和透射光的光强. 可见光密度值就是吸光度值.

由于藻液浓度和光密度(吸光度值)之间存在线性关系,因此只要测定并绘制相应藻液的吸光度值-生物量曲线,就可以通过任意光密度(吸光度值)来获得相应微藻的细胞浓度,从而为微藻研究的不同需要提供方便.

三、实验要求

(一)实验任务

(1)测定小球藻藻液的最大吸收峰值;
(2)测定对不同浓度小球藻藻液的吸光度值;
(3)测定不同吸光度值小球藻藻液对应的生物量;
(4)绘制小球藻藻液吸光度值-生物量曲线,给出回归方程.

(二)实验操作提示

(1)使用紫外/可见分光光度计在 550~800nm 波长范围间对小球藻培养藻液进行波长扫描,观察吸收曲线,确定小球藻藻液的最大吸收峰值 λ_{OD};
(2)将小球藻培养藻液稀释成 7 个不同浓度梯度的藻液;

(3)使用紫外/可见分光光度计在最大吸收峰值 λ_{OD} 处分别对稀释的不同浓度的小球藻液的 OD(吸光度)值进行测量;

(4)利用血球细胞计数板,使用细胞计数法对相应浓度的小球藻藻液进行生物量计数,每种浓度藻液计数 6 次,求平均值,设计表格并记录对应不同浓度的小球藻生物量和其 OD 值;

(5)利用计算机软件对表格数据进行回归分析处理,绘制小球藻的光密度(OD)值-生物量的回归曲线,并给出回归方程和回归系数.

(三)注意事项

(1)测量时,藻液要摇匀,取样要从藻液中部位置选取.
(2)紫外/可见分光光度计测量前需要预热.

(四)拓展问题

(1)测定其他微藻(如金藻、角毛藻、新月藻等)的光密度(OD)值-生物量的回归曲线,比较每种微藻特征吸收峰值和光密度(OD)值-生物量的回归曲线的差异.

(2)将单一种类的微藻进行混合,对多种类混合微藻的光密度(OD)值进行测定,并尝试绘制混合藻液的光密度(OD)值-生物量的回归曲线和方程,总结规律.

(五)数据记录

(1)小球藻藻液的最大吸收峰值 λ_{OD} = _____.
(2)设计表格,记录测量的不同生物量浓度小球藻液及对应的吸光度值.

参 考 文 献

[1] 梁象秋,方红组,杨和荃.水生生物学.北京:中国农业出版社,1995:56-58.
[2] 孙颖民,石玉,郝彦周,等.水生生物饵料培养实用技术手册.北京:中国农业出版社,2000:24-26.
[3] 李师翁,李虎乾.小球藻干粉的营养学与毒理学研究.食品科学,1997,18(7):48-51.
[4] 邹宁,李艳,孙东红.几种有经济价值的微藻及其应用.烟台师范学院学报:自然科学版,2005,21(1):59-63.
[5] 王长海,欧阳藩,周碱.光生物反应器及其研究进展.海洋通报,1998,17(6):79-83.
[6] Clare A S,Rittschof D,Gerhart D J et al. Molecular approaches to nontoxic antifouling. Invertebrate Reproduction and Development,1992,22(1-3):67-72.
[7] Horbund H M,Freiberger A. Slime films and their role in marine fouling. A Review Ocean Engineer,1970,2:631-634.

[8] Yebra D M, Kiil S, Johansen K D. Antifouling technology—past, present and future steps towards efficient and environmentally friendly antifouling coatings. Progress in Organic Coatings, 2004, 50: 75-104.

[9] Afkar E, Ababna H, Fathi A A. Toxicological response of the green alga Chlorella vulgaris to some heavy metals. American Journal of Environmental Sciences, 2010, 6(3): 230-237.

[10] Gonzalez L E, Bashan Y. Increased growth of the microalga Chlorella vulgaris when coimmobilized and cocultured in alginate beads with the plant-growth-promoting bacterium. Applied and Environmental Microbiology, 2000, 66(4): 1527-1531.

[11] Stein J R. Dry weight, volume and optical density//Stein J R. Handbook of Phycological Methods: Culture Methods and Growth Measurements. New York: 1973.

[12] 郝聚敏, 郑江, 黎中宝, 等. 3种微藻在特定波长下的光密度与其单位干重、细胞浓度间的关系研究. 安徽农业科学, 2011, 39(28): 17399-17401.

[13] 沈萍萍, 王朝晖, 齐雨藻, 等. 光密度法测定微藻生物量. 暨南大学学报(自然科学版), 2011, 22(3): 115-119.

[14] 黄美玲, 何庆, 黄建荣, 等. 小球藻生物量的快速测定技术研究. 河北渔业, 2010, 4: 1-4.

[15] 王贻俊, 樊育. 生物量浓度实时在线检测方法的研究. 生物化学与生物物理进展, 2000, 27(4): 387-390.

[16] 崔妍, 李美芽, 施春雷, 等. 原壳小球藻生物量快速测定方法的对比研究. 食品科学, 2012, 2(33): 253-257.

[17] 李雅娟, 王起华. 氮、磷、铁、硅营养盐对底栖硅藻生长速率的影响. 大连水产学院学报, 1998, 4(13): 7-13.

[18] 刘亚琛, 汪静, 曲冰, 等. 金属纳米颗粒对蛋白核小球藻生长活性的研究. 大连海洋大学学报, 2011, 10(26): 386-390.

4.2 强电磁场环境对水体的理化特性的影响

一、实验预备知识

(一)实验目的

(1)了解高压(脉冲)电场发生器的使用.
(2)了解强电磁铁的使用.
(3)理解强电磁场环境对各种水体理化指标的影响研究方法.
(4)掌握利用仪器测试水体理化指标的方法.

(二)相关科研背景

在地球的形成和人类的生活中,水系统(天然水,各种溶液)起着独特的作用. 维尔纳德斯基强调指出,对于基本的、最宏大的地质过程进展的影响,没有任何物质可以与水相比[1].

自然界中的水一般都要经过一定的净化处理才能用于生活饮用和工业生产. 随着现代化工业的快速发展和人口的迅猛增加,水污染和水资源缺乏问题日趋严重. 水垢的沉积现象经常会给工业及民用设备带来许多技术和经济问题. 因此,合理利用洁净水资源,科学处理、循环利用废水资源,有效保护生态环境,越来越受到人们的重视. 为了适应可持续发展战略的方针,水处理的发展方向是:有利于节能降耗,有利于高水质,有利于减少污染,有利于减少操作步骤等.

近年试验发现,各种物理作用磁、声、电、热、除气等技术的处理方法,如磁处理、静电处理、光化学处理、超声波处理等,可使水系统显著活化.

磁场对水的性质的影响首先是在医学上发现的. 司马迁《史记·扁鹊仓公列传》中记载公元前4世纪我们的祖先便知以磁石投井而汲"药井"之水治病;在13世纪,物理学家德·格尔休提出了"磁化"水的医疗作用;500年前明代医学家李时珍发现经磁力处理过的水具有"去疮瘘、长肌肤"、"长饮令人有子,宜入酒"、"壮阳"等功效,能够强身健体、治疗多种疾病;20世纪初,德维尔的著作问世,其中举出了用磁化水成功治愈伤口和溃疡的例子. 20世纪30年代,有人注意到太阳的活动影响水中氯氧化铋悬浮粒子的凝聚,这种影响与地球磁场的变化有联系.

20世纪40年代,比利时工程师Vermeriven发现水流经磁场后能够暂时消失结硬垢的状态[2]. 通过磁场的水受热时,碳酸钙不以硬垢形式在换热面上析出,而是形成松散的水渣,这种絮状的水渣缺乏附壁能力,或者簇集在受热容器的底部,如果将其排除就不会结硬质水垢. 基于这种磁致垢质疏松而不附壁现象,制成了称作CEPI的防垢装置. 1945年,获得第一个使用磁处理技术减少锅炉水垢生成的比利时专利.

日本国立材料学研究所的科学家开发出一种新颖的水源消毒法,它采用了磁铁来"吸"出水里的某些毒素,达到消毒的目的. 而20世纪90年代风靡一时的磁化水、磁化杯等都进入了我们的生活.

磁化水在现代的生产生活中有着广泛的应用[3].

(1)促进人体新陈代谢:饮用磁化水,因其水分子较小,不仅容易渗入人体内细胞膜,渗透出细胞的速度也更快,因而其不仅能使细胞所携带的养分更容易为人体吸收,也更容易将人体内细胞所产生的废弃物带离人体,促进人体的新陈代谢,间接提升人体免疫能力.

(2)增加食物保鲜期:一般未经磁化的大水分子水团,分子链较大,因此外围的自由水不易附着于食物表面导致食物容易腐败. 经磁化后的磁化水,其小水分子团中的分子链较小,外围水分子不易从细胞里游离,因此用经磁化水冲洗过的鱼、肉、蔬果的保鲜期延长.

(3)安全健康:溶解于一般普通水中的杂质,一部分与同是溶解于水中的有机物结合后,容易发生恶臭,并滋生细菌. 经磁化后的磁化水,借着强力磁场的切割作用,使同是溶解于水中的化合物分离成带电原子,从而改变其在水中的存在状态,不再容易和水中有机物结合而产生恶臭,不再间接提供细菌生长环境.

(4)味道好溶解度高:磁化水的水分子团较一般普通水小,容易被舌头上的味蕾吸收而感觉更加香甜可口.同时,因为磁化水的溶解度较一般普通水高,所以用磁化水做各种料理能提高调味料的溶解度,使食物更入味.用磁化水冲泡奶粉、咖啡、茶,也能提高溶解度,较小分子团的特性,感觉更加可口美味.

(5)促进植物生长:磁化水有较高的含氧量、较小水分子和较佳溶解度,易溶解土壤中某些成分及,较易被植物吸收,因此,用磁化水浇灌植物,比使用一般普通水更加促进植物生长.

(6)工业应用:在锅炉中使用磁化水,由于其特殊的物理性质和化学性质,可有效减少水垢沉淀,对先前残留的水垢也具有软化清除的效果.

(7)建筑业应用:用磁化水搅拌混凝土,由于其较高的溶解度,不仅能节约混凝土的用量,而且促进混凝土搅拌得充分细致,流动性增加,强度可增加10%～25%.

(8)纺织业应用:着色染料更容易溶解于磁化水中,同时也更能深入木棉布的纤维中,使得布料染色效果更好.

(9)环境净化应用:湿式除尘中,采用磁化水和一般普通水相比较,空气中剩余含尘量减少了1.5～2.5倍.此外,溶液经磁化处理后用过滤和离子交换法也能提高水的净化效率.

与磁化水的家喻户晓不同,电场水的情况却鲜为人知.水是生命活动不可缺少的重要物质,无论是动物还是植物,其生理、病理过程都和水有关,水的结构改变直接影响着生命活动的进行.关于电场对生物体的影响的研究已有报道,如利用电场处理的果蔬保鲜时间延长,电场处理的种子或鱼卵生命力旺盛等,此外电场还广泛地应用于工农业生产中.但是,关于电场对水的结构影响的研究还没见报道.电场对水作用最著名的例子是"浅川效应"[4].把水放到电场中,电场能够显著地促进水的蒸发,与自然状态相比,蒸发速度有时能达到其10倍左右,这就是"浅川效应".特别令人不可思议的是,如果把电场中加速蒸发过的水去掉电场,让其自然蒸发,其蒸发速度并不恢复到自然状态,而是比普通水自然状态的蒸发速度还要慢.除此之外,电场对其他的液体也适用,可以加速樟脑球的挥发,使汽油燃烧得更充分等.

脉冲电场由于其特殊性对水的影响更加显著.实验中发现[5-8]:经脉冲电场处理后,水的pH、折射率、电导率、透光率等均有变化,另外高压脉冲电场对生物体也会产生生物学效应.

电场处理的水为什么会有许多奇特的现象,目前科学界还没有找到合理的答案,而所有的解释也是仅局限于在试验的基础上的推测.众所周知,水中的分子不是以单一分子形式存在的,而是结成几十个的分子团.这些分子团并不利于植物和生物体的吸收,必须耗能将其"粉碎"成单分子才易于细胞的吸收,即活化水.而电场的能量有可能将普通水变为活化水,这或许就是电场能促进生物生长和发育的原因之一.脉冲电场的能量更高,在打碎分子团的基础上,甚至能使水分子中的氢键断裂,水中产生带电离子和自由基团,含氧量随之增加,电导率增大,pH 和光学性质随之改变,作用于生物体的效果更加显著.

脉冲电场在杀菌方面具有明显的作用,其主要机理在于两个方面:一方面由于脉冲电场产生磁场,这种脉冲电场和脉冲磁场交替作用,使细胞膜透性增加,振荡加剧,膜强度减弱,因而膜被破坏,膜内物质容易流出,膜外物质容易渗入,细胞膜的保护作用减弱甚至消失,形成"电穿孔"而导致微生物灭活;另一方面电极附近物质电离产生的阴、阳离子与膜内生命物质作用,因而阻断了膜内正常生化反应和新陈代谢过程等的进行;同时,液体介质电离产生 O_3,具有强烈氧化作用,能与细胞内物质发生一系列反应.通过以上两种作用的联合进行,可以连续不断的杀死菌体.

(三)本实验的意义

与日益广泛的磁化水、电场水的应用产品相比,电磁场对水体影响的机理研究却一直停滞不前,没有突破性的进展.这是因为水和水系统是最难研究的对象,它们属于所谓的开放系统,不仅与外部介质交换能量,而且也交换物质.同时,水系统又是杂乱的系统,其性质并非单一地、累积地取决于许多尚未完全提示的因素.尽管对化合液体特别是含有各种杂质的化合液体电磁处理的理论基础研究得还很不够,但是这种水系统的电磁处理仍在迅速发展.

电磁场环境对水的理化特性影响的研究,不仅是水系统电磁处理应用的需要,同时对电磁场影响水体机理的科学研究也有积极的意义.

(四)引导性预习题

(1)电场水、磁化水是如何形成的? 有什么作用?
(2)"浅川效应"是什么?
(3)电磁场对于生物体有什么生物学效应?

二、实验详细介绍

(一)实验所需设备

ZGF-1 型直流高压发生器、DMG-70 型高压脉冲发生器、EM5 型电磁铁、EC500 型 pH/电导率/TDS/盐度计、Do300 型防水手提式溶解氧/温度仪、XSP-8CE 生物显微镜等.

(二)实验主要装置组成及使用方法

ZGF-1型直流高压发生器可以产生最高60kV的直流高压,将直流高压连接至自制的平行板电极即可形成稳定的高压匀强电场,如图4.2.1(a)所示;也可以将输出的直流高压连接至一个电容后在连接平行板电极,从而形成一个RC电路,在电容器的充放电过程中可形成近似脉冲过程的脉冲高压电场,其脉冲波形图如图4.2.1(b)所示.

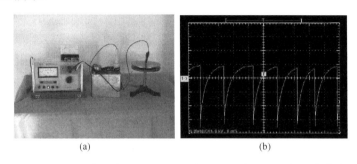

图4.2.1 ZGF-1型直流高压发生器及平行板处理装置(a)、高压脉冲波形(b)

DMG-70型高压脉冲发生器可产生最高±60kV的直流高压,或利用其内部的旋转电极产生连续的脉冲高压,如图4.2.2所示.将输出的高压连接至平行板电极上即可产生所需要的(脉冲)高压电场.需要注意的是高压均是相对于大地的,因此上述两个高压(脉冲)发生器均需要良好的接地端.

图4.2.2 DMG-70型高压脉冲发生器

EM5型电磁铁可产生最高1T的匀强磁场,并且可以通过调节电磁铁输出电流的大小来改变磁场的大小,电磁铁的电源最高可产生70A的直流,可以连续可调,如图4.2.3所示.

(三)实验方法选择与原理依据

在水分子中有10个电子(5对),一对电子(内部的)位于氧核附近,其余的4

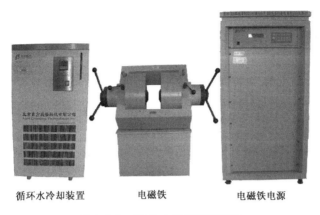

循环水冷却装置　　　电磁铁　　　电磁铁电源

图 4.2.3　EM5 电磁铁实验装置

对电子(外部的)中,有两对位于氧核及其每一质子之间,为公用电子,而另外两对电子为孤对电子,指向四面体中与质子方向相反的顶端.正是这两对孤对电子对分子间氢键的产生起着巨大的作用.氢键的存在赋予水以独特而易变的结构,许多专家对这些研究工作进行了详尽的概括和分析.萨莫依洛夫、鲍令、富兰克-涅麦特、沙拉格、波普尔等提出了重要的水结构模型,来解释水的异常性质.阿任诺根据量子力学的原理,论证了水分子仅可能有两种键存在,以及形成环状或直线链结构的可能性.

经磁场处理后的水,其很多理化指标,如渗透压、表面张力、pH、介电常量、电导率等都有不同程度的变化,而且一般水溶液要比纯水的变化大.磁场处理的水对盐的溶解度要加大,处理后的水活性也有所提高,并且具有一定的杀菌效果.

磁场处理水会破坏水中原来的结构,使较大的缔合水分子集团变成较小的缔和水分子集团,甚至是单个水分子,而且磁场处理还可以破坏水溶液中离子的水合状态,使水溶液内部结构发生更大程度的变化,因此水溶液的磁场处理效应比纯水更明显些.当水合离子以一定流速通过磁场时,会受到洛伦兹力的作用,做螺旋式圆周运动,并且正负离子旋转的方向相反,这就有可能将连接他们的氢键扭断.

(四)相关理论知识

水通过强力磁场后,大分子团$(H_2O)_n$的水被磁场分割成双分子$(H_2O)_2$或单分子H_2O,磁化后水分子的氢氧键角从 104.5° 减小到 103° 左右,原子间磁矩的方向改变,数值增加,流体性质发生了改变.利用磁场磁能激活磁化水分子,使大水分子团转化成小分子,水就是磁化(小分子)活水,如图 4.2.4 所示.

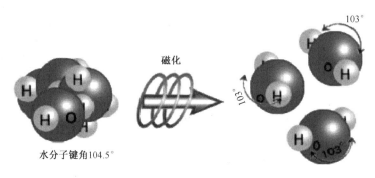

图 4.2.4 磁化作用示意图

三、实验要求

(一)实验任务

(1)分别测量强电场处理过的纯水、自来水、海水的 pH、电导率、溶氧量、折射率和黏滞系数的变化;

(2)分别测量强磁场处理过的纯水、自来水、海水的 pH、电导率、溶氧量、折射率和黏滞系数的变化.

(二)实验操作提示

1.测量强磁场处理水的 pH 变化

(1)分别准备三种水体,依次为纯水(可用市售的纯净水)、自来水、海水,将上述三种水体分别分装于 $A_1 \sim A_4$、$B_1 \sim B_4$、$C_1 \sim C_4$ 等 12 个烧杯中. 其中,A_1、B_1、C_1 为对照组(称为 1 号组),其他为处理组(称为 2、3、4 号组).

(2)打开 EM5 型电磁铁,将处理组水体依次放入强磁场中,2、3、4 组水体处理的磁感应强度分别为 0.1T、0.5T、1T,处理时间为 10min.

(3)将处理后的水体取出,利用 pH 计分别测量经不同强度的磁场处理后水体的 pH 变化,测量三次取平均值,并和对照组 pH 相比较. 填入表 4.2.1 中.

2.测量强磁场处理水的电导率变化

(1)分别准备三种水体,依次为纯水(可用市售的纯净水)、自来水、海水,将上述三种水体分别分装于 $A_1 \sim A_4$、$B_1 \sim B_4$、$C_1 \sim C_4$ 等 12 个烧杯中. 其中,A_1、B_1、C_1 为对照组(称为 1 号组),其他为处理组(称为 2、3、4 号组).

(2)打开 EM5 型电磁铁,将处理组水体依次放入强磁场中,2、3、4 组水体处理的磁感应强度分别为 0.1T、0.5T、1T. 处理时间为 10min.

(3)将处理后的水体取出,利用电导率计分别测量经不同强度的磁场处理后水体的电导率的变化,测量三次取平均值,并和对照组电导率相比较. 填入表 4.2.2 中.

3. 测量强磁场处理水的溶氧量变化

(1)分别准备三种水体,依次为纯水(可用市售的纯净水)、自来水、海水,将上述三种水体分别分装于 $A_1 \sim A_4$、$B_1 \sim B_4$、$C_1 \sim C_4$ 等 12 个烧杯中. 其中,A_1、B_1、C_1 为对照组(称为 1 号组),其他为处理组(称为 2、3、4 号组).

(2)打开 EM5 型电磁铁,将处理组水体依次放入强磁场中,2、3、4 组水体处理的磁感应强度分别为 0.1T、0.5T、1T. 处理时间为 10min.

(3)将处理后的水体取出,利用溶氧仪分别测量经不同强度的磁场处理后水体的溶解氧的变化,测量三次取平均值,并和对照组溶解氧相比较. 填入表 4.2.3 中.

4. 测量强磁场处理水的黏滞系数的变化

(1)分别准备三种水体,依次为纯水(可用市售的纯净水)、自来水、海水,将上述三种水体分别分装于 $A_1 \sim A_4$、$B_1 \sim B_4$、$C_1 \sim C_4$ 等 12 个烧杯中. 其中,A_1、B_1、C_1 为对照组(称为 1 号组),其他为处理组(称为 2、3、4 号组).

(2)打开 EM5 型电磁铁,将处理组水体依次放入强磁场中,2、3、4 组水体处理的磁感应强度分别为 0.1T、0.5T、1T. 处理时间为 10min.

(3)将处理后的水体取出,利用黏滞系数仪分别测量经不同强度的磁场处理后水体的黏滞系数的变化,测量三次取平均值,并和对照组黏滞系数相比较. 填入表 4.2.4 中.

5. 测量强磁场处理水的折射率的变化

(1)分别准备三种水体,依次为纯水(可用市售的纯净水)、自来水、海水,将上述三种水体依次分别分装于一个水槽中.

(2)打开 EM5 型电磁铁,将水槽放入强磁场中,强度为 1T. 处理时间为 10min.

(3)将处理后的水槽取出,利用光线平移法,将水槽放到白纸上用大头针在一端钉入,在另一端观察大头针折射后的像,记下像的位置,将水槽移开画出折射光线,从而计算折射率.

(4)利用同样方法测量未经处理的水体的折射率,并和处理组对比,填入表 4.2.5 中.

6. 根据强磁场处理水体的理化指标变化,可以分别测定高压(脉冲)电场对不同水体 pH、电导率、溶氧量和黏滞系数的影响,设计表格并填入数据.

(三)注意事项

(1)由于实验中不确定影响因素较多,所以相同的处理水体可能出现较大的差异,因此在测量时要尽量注意可能出现的影响因素,如温度、湿度等,另外要尽可能地多次测量减少误差.

(2)实验中的测试仪器的操作要严格按照说明来做,避免由于仪器误差所带来的影响.

(3)强磁场环境对生物体的影响的理论论证虽然没有明确指出,但是各种强磁环境对生物体的影响的例子却是层出不穷,其对生物体的影响是确实存在的,因此,在操作电磁铁时应尽量远离电磁铁,减少在磁场停留的时间.另外一些易受磁场影响的物品,如手机、磁卡等也不要带入实验室.

(四)拓展问题

利用强磁场处理新鲜啤酒,10天后酒液仍然鲜亮透明,和未处理的相比保存时间明显加长,请查阅资料来试着说明可能的原因.

(五)课后作业

实验发现,磁场处理的种子或是作物,其生长明显要优于普通种子或作物,请查阅相关资料,写一篇综述文章.

(六)实验中要采集的数据及其处理

水温:_____ ℃

磁场处理水的 pH

组序号	1(对照)	2(0.1T)	3(0.5T)	4(1T)
A(纯水)				
B(自来水)				
C(海水)				

磁场处理水的电导率 (单位:μS)

组序号	1(对照)	2(0.1T)	3(0.5T)	4(1T)
A(纯水)				
B(自来水)				
C(海水)				

磁场处理水的溶解氧 (单位:mg/L)

组序号	1(对照)	2(0.1T)	3(0.5T)	4(1T)
A(纯水)				
B(自来水)				
C(海水)				

磁场处理水的黏滞系数 (单位:Pa·s)

组序号	1(对照)	2(0.1T)	3(0.5T)	4(1T)
A(纯水)				
B(自来水)				
C(海水)				

磁场处理水的折射率

组序号	1(未处理)	2(0.1T)
A(纯水)		
B(自来水)		
C(海水)		

参 考 文 献

[1] Vernadsky V I. The Biosphere. London:Orade Ariz Synergetic Press,1986.
[2] 桑晓. 基于油田污水结垢的扫频磁场防垢技术研究. 中国石油大学硕士学位论文,2008.
[3] 李言涛,薛永金. 水系统的磁化处理技术及其应用. 工业水处理,2007,27(11):11-15.
[4] Asakawa, Y. Promotion and retardation of heat transfer by electric fields. Nature,1976,261:220-221.
[5] 胡玉才,曲冰. 高压电场对小球藻光合作用能力的影响. 中国物理学会静电专业委员会第十三届学术年会,2006.
[6] 白亚乡,胡玉才. 高压静电场对农作物种子生物学效应原发机制的探讨. 农业工程学报,2003,2(19):49-51.
[7] 胡玉才,袁泉. 农业生物的电磁环境效应研究综述. 农业工程学报,1999,2:15-20.
[8] 杨桂娟,胡玉才. 磁处理水光学性质的研究. 大连水产学院学报,2002,4:301-306.

4.3 高压电场干燥特性研究

一、实验预备知识

(一)实验目的

(1)了解当前主要干燥方法及其优缺点.
(2)掌握高压电场干燥的操作方法.
(3)理解高压电场干燥特性.

(二)相关科研背景

干燥是将物料去除水分或其他挥发成分的操作,是古老而通用的耗能操作之一. 农产品、食品、化工等几乎所有的产业都有干燥操作. 通常情况下,干燥是通过辅助给热的方式从物料中将液体去除,形成固形产品,如对流干燥法、传导干燥法、辐射干燥法、介电干燥法,这些方法的共性是物料必须升温,有时温升还很高,这对很多热敏性物料就是一个缺点,因为许多热敏物料在高温干燥的环境下,品质会劣化变质. 例如,很多中药材经热风和红外线干燥后指标成分均损失较高[1]. 又如,目前的脱水蔬菜普遍采用的方法是热风干燥,物料温度可达 80~90℃;随温度升高,维生素 C 和维生素 A 损失很高,糖分损失随温度升高时间延长而增加,色素变化量也很多.芳香物质随温度升高而逸失速率增快.而目前为了保持热敏物料的品质,最直接和简单的方法是采用昂贵的方法和设备,如真空冷冻干燥.因此,干燥的经济性和产品质量之间目前还存在着很大的矛盾,如何以低能耗和低成本去获得优质的脱水干燥产品,是当前干燥研究中急需研究和解决的问题,也是干燥技术研究和发展中的一项最大的挑战.

高压电场干燥技术是 20 世纪 90 年代新兴的一项干燥技术,日本的 Asakawa 于 1976 年发现了"浅川效应"[2],即在高压电场下,水的蒸发变的十分活跃,施加高压后水的蒸发速度加快,并认为电场消耗的能量很小.但一直到 20 世纪 80 年代末期这个现象才受到重视,1990 年 Barthakur 利用针板电极形成电场,在电极间距为 30mm,干燥电压为 5.25kV,干燥温度 25℃,相对湿度 42% 的条件进行了 NaCl 溶液不同浓度(5%,10%,15%,20%)的蒸发对比实验,发现电场能够提高各种浓度 NaCl 溶液的蒸发速度,且施加电场更有利于食盐的结晶.他提出离子风是加速 NaCl 溶液蒸发速度和结晶速度的主要因素,同时还发现电场下试样温度比对照组低 5℃[3].1992 年,Caron 等利用两个相距 2cm 的铜盘(直径 6cm)水平放置做上下电极,下电极接地,上电极接 0~14kV 的交流电,在所形成电场中对湿滤纸进行了干燥实验,发现湿滤纸的干燥速率随着干燥电压的增大而增大,采用 14kV 的电压进行干燥,其需要的干燥时间比对照组缩短了大约 6 倍[4].1994 年,Chen 和 Barthakur 在单个针-板形成的电晕场中进行了不同厚度土豆片的干燥速度对比实验,发现土豆片的平均干燥速度是相同条件下对照组的 2.5 倍[5].同年,Barthakur 和 Arnold 又发现处于电场中水的积累蒸发速率随时间呈线性增加,其平均蒸发速率是对照组的 4 倍[6].Hashinaga 等采用高压电场干燥技术进行苹果片的干燥试验,结果表明在交流电场下苹果片的初始干燥速度是对照组的 4.5 倍,干品的有效成分能保留较好,颜色接近干燥前本色,提出电场形成的离子风是苹果片干燥速度提高的主要因素[7].1996 年,Seyed-Yagoobi 等分别从实验和理论两方面初步分析了电场促进物料热传递的原因,并认为电场的耗能仅为热传递的 0.1%[8].内蒙古大学的董守绂等利用针网电极(上电极为金属针,接负高压,下电极为金属网,接地)所形成电场对尖辣椒、菠菜、自来水和含水土块进行了干燥实验,结果表明处理组干燥速度明显高于对照组,他们认为干燥速度增加的主要原因是由于物料中的水分在电场力的作用下从物料内部输送到物料表面,又在电场力的作用下脱离物料而扩散到空间,但是没有实验验证[9].1999 年 Isobe 和 Barthakur 等应用针电极(上极板)和板电极(下电极)形成的电场研究了 1% 的琼脂在 25℃ 的环境温度下的干燥特性,发现其干燥速度与干燥电压成线性相关关系,在电场条件下琼脂的干燥速度是对照组的 4 倍,同时发现琼脂表面的温度是不均匀的[10].同样在 1999 年,

Barthkur 等应用高压电场在恒温鼓风干燥箱中对 20% 的乳清蛋白溶液在不同温度下进行了干燥对比试验,同时测定了干燥后的有关参数. 所得结果表明:经电场干燥的乳清蛋白质性质与自然干燥的乳清蛋白质性质相同[11]. 2000 年, 中国农业大学的李里特采用高压电晕场对蒸馏水进行了干燥实验,测定了电场中不同温度下蒸馏水的蒸发速度和相同电压下上电极与蒸馏水液面的间距对蒸馏水蒸发速度的影响,实验结果表明,电场中蒸馏水的蒸发速度随极间距离的增大而增大;他们还研究了在 105℃ 的温度下豆渣在电场中的干燥速度和能耗,发现施加电场后豆渣的初始干燥速度是同温度条件下对照组的 2 倍且节能效果明显,节能率在 85%～90%,干燥时间约为对照组的 75% 左右,但电场作用下干燥过程受试验条件的影响很大[12]. 2004 年,Cao 等在针板电极下应用高压电场对糙米进行了干燥实验,发现糙米的干燥速度明显高于对照组,且干燥速度随着干燥电压的增加而增加,而电场对糙米的裂缝率没有明显的影响[13]. 他们还采用相同的实验装置对小麦进行了高压电场干燥试验研究,同样取得良好结果[14]. Lai 等研究发现,针状电极[15,16]和线状电极[17,18]都能提高物料的干燥的速度,但干燥速度的增加和电极数目的增加并非正比关系;在能量方面,正电晕电场的效果要优于负电晕电场的效果. 此后,部分学者也用实验证明电场可以加快水分的蒸发[19-25].

对于高压电场干燥机理也有一些学者进行了研究与探索,但目前还没有准确的定论,内蒙古大学的梁运章等认为,引起试品干燥速度增加的原因主要是非均匀电场的脱水作用,即被干燥的试品内部的水分是在电场力的作用下被拉出到表面而使干燥速度增加的[26]. 美国学者 Hashinaga 等认为,高压电场干燥的机理主要是由于高压电场产生的离子风的外部吹动作用加速了物料的干燥[27]. 内蒙古工业大学的丁昌江等则认为,是由于高压电场产生的离子束与物料相互作用发生能量沉积效应和电荷交换效应使水分子的能量加大,引起链状分子团水分子之间的氢键断开,使原来缔合的链状大分子断裂成许多具有明显极性的单位水分子,减小单个水集团的体积,为水分子脱出时减小阻力;同时增加了水系统的储能以及水对离子的携带能力,使水分子所受的电场力增加,这两方面的作用使物料内水分子团的动态平衡方程向右发展,加速脱水[28].

高压电场干燥技术在数学模型方面的研究也取得了一定的进展. Barthakur 和 Arnold 利用单针-金属盘组成的电极装置在无外加热源的条件下进行了土豆片的干燥试验,所得结果表明,电场作用下土豆片的干燥过程服从 Smirnov 和 Lysenko 模型,而不是服从 Fick 扩散模型,即干燥速度和加速度之比与时间有关. 李法德等以豆渣为实验材料,采用针-板电极在 105℃ 的烘箱条件下用电压为 -20kV 的电场对其进行了干燥实验,并分析建立了其干燥的数学模型,结果表明豆渣含水率随时间的变化并非简单的指数关系,实验组与对照组的干燥过程均服从 Page 模型,但模型中的系数 n 值和 K 值要受到干燥温度、电场条件和装填方式的影响[29].

韩玉臻采用针盘电极系统进行高压电场干燥土豆片的实验,研究了土豆片含水率随时间变化的关系,并建立了土豆片的含水率与干燥时间的模型[30]. Cao 和 Nishiyama 等利用针-盘电极系统在不同电场条件下对小麦进行干燥,通过改变上下极板间的间距和干燥温度等参数测定了它们对小麦干燥速度的影响,所得实验结果表明,高压电场干燥技术在低温时的干燥效果更加明显,干燥速度会随着干燥电压的升高和电极距离的减小而加快,同时他们还建立了小麦的干燥速度随含水率变化的干燥模型. 丁昌江等在研究牛肉在高压静电场作用下的干燥特性时指出,高压电场能够提高牛肉的干燥速度且干燥速度随电压升高而升高,针状电极下的干燥速度大于平板状电极,并建立了高压电场下干燥牛肉的初步的 Page 模型.

(三)本实验的意义

由于高压电场干燥技术起步较晚,其干燥速度还相对较低,各种因素(电压、温度、电极间距、电极形状等)对干燥速度影响规律的研究还很不完善和深入. 因此,深入全面地研究各种物理因素对干燥速度的影响对提高干燥速度,减少能量消耗,优化干燥工艺,研发新型的生产用干燥设备,以及进一步分析高压电场的干燥机理具有重要意义.

(四)引导性预习题

(1)传统的干燥方法有哪些?它们存在哪些缺点?
(2)高压电场干燥技术与传统干燥技术相比有何不同?存在哪些优点?
(3)影响高压电场干燥速度的主要因素有哪些?

二、实验详细介绍

(一)实验所需设备

电子天平(SL2002N);游标卡尺;电功率表(DD28 型);玻璃培养皿;高压电源(ZGF-1 型);高压电场干燥装置,如图 4.3.1 所示,干燥电极被分别放置于三个长方体金属箱体内,第一个箱体内上电极为针电极(将缝衣针穿于铜线上,针与针之间的间隔可调,针直径为 0.66mm),下电极为金属板,上下电极间隔可调;第二个箱体内上电极为线电极(将细铜线固定于金属框上,铜线之间的间隔可调,铜线直径为 0.16mm),下电极为金属板,上下电极间隔可调;另一箱体内上下电极为金属板电极,上下电极间隔可调,同时在每个箱体内装有温度传感器,能够监控箱体内的温度,箱体上部设有通气孔. 所用高压电源为一电压连续可调的直流正高压电源.

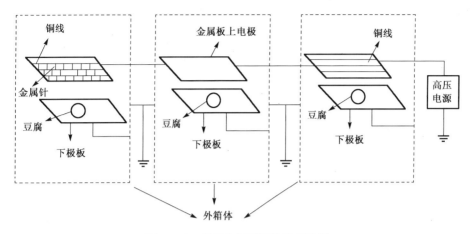

图 4.3.1　高压电场干燥装置示意图

(二)实验原理

关于高压电场干燥的机理,目前还没有准确的定论,比较合理的解释主要包括以下三方面内容.

1. 离子风的外部吹动作用

高压电场干燥装置是由针-盘组成的电极系统,在施加高压后,由于针电极尖端附近的电场强度很大,空气中散存的带电粒子(如电子或离子)在强电场的作用下做加速运动而获得足够大的能量,以至于它们和空气分子碰撞时能使后者离解成电子和离子. 这些新的电子和离子又与其他空气分子相碰撞,产生新的带电粒子. 这样就会产生大量的带电粒子. 与尖端上电荷异号的带电粒子受尖端电荷的吸引,飞向尖端,使尖端上的电荷被中和;与尖端上电荷同号的带电粒子受到排斥而从尖端附近飞开,并带动其他分子一起定向运动形成具有一定速度的离子风. 由于该离子风的冲击作用,使物料表面水分蒸发加快,从而加快了物料的干燥速度.

2. 离子束的内部注入作用

高压电场中的离子束是低能离子,与物料相互作用发生能量沉积效应和电荷交换效应. 电场与含水物料中水分子相互作用的过程主要是实现离子束在水分子上能量沉积、电荷交换. 一方面载能离子进入含水物料后,与物料分子和水分子相互作用,逐渐把动能传给物料分子和水分子,直至离子的动能完全散失并在物料中停止下来,即入射离子能量的传递和沉积过程,从而使水分子的能量加大,引起链状分子团水分子之间的氢键断开,使原来缔合的链状大分子断裂成许多具有明显极性的单位水分子,减小单个水集团的体积,为水分子脱出时减小阻力;另一方面离子和水分子发生电荷交换,增大物料中水分子的电偶极矩,增强了水分子的定向极化程度,改善水的极性状态,增加了水系统的储能以及水对离子的携带能力,使低能离子和水分子结合,水分子携带的电荷数增加,在电场作用下,水分子所受的电场力增加.这两方面的作用使物料内水分子团的动态平衡方程向右发展,加速脱水.

3. 非均匀电场的脱水作用

在干燥电极间形成电场为非均匀电场,而水是极性分子,可看成电偶极子,含水物料内水分子在非均匀电场中将受到电场力 f 的作用,其大小为

$$f = \varepsilon_0(\varepsilon_m - 1)\mathrm{grad}\left(\frac{E^2}{2}\right) \tag{4.3.1}$$

式中,ε_m 为物料的介电常量;ε_0 为空气的介电常量;grad 为梯度;E 为物料中的电场强度.当 $\varepsilon_m > 1$ 时,f 使水分子被吸引向电力线密度大的地方,而与电场方向无关.水分子在电场力的作用下,从电场强度小的区域被拉到电场强度大的区域,即力 f 作用于物料内部水分子,将之从物料内部输运到物料表面层,从而使物料内部水分子不断运输到表面层,加快了水分子的运输过程.同时,力 f 也作用于物料表面层中水分子,将其向空气中拖动,使很多水分子直接被电场力拉出,这样会减少大量的汽化潜热所需能量,因此高压电场干燥节约能耗,也不会升高物料的温度.

(三)相关理论知识[31]

1. 电场强度的计算

对于平板电场有

$$E = \frac{U}{H} \tag{4.3.2}$$

式中,E 为电场强度;U 为施加的高压电压;H 为极板间的距离.

对于针-板电场:板间电场是由针型极板与平板电极形成的不均匀场强,设施加的高压电压是 U,则针极板上每针与下方平板电极形成针板电场,则针 i 产生的电场强度 E_i 为

$$E_i = -\nabla U_i = -\frac{\partial U}{\partial l_i} \tag{4.3.3}$$

其中,l_i 为针 i 的针尖到平板极板的距离,设针极板针数为 n,则板间总场强 E 是各针场强的叠加

$$E = \sum_{i=1}^{n} E_i = -U \sum_{i=1}^{n} \frac{\partial}{\partial l_i} \tag{4.3.4}$$

由式(4.3.4)可以看出,在极板间的不同位置,l_i 都不相同,则其求和的结果也不相同,所以在极板间形成非匀强电场,更有利于拖动水分子脱离含水物料,加快运输过程.

2.电场和输运的关系

物料内水分子在电场中主要受到电场作用力 f_1 与 f_2 而被输运出来.

(1)均匀电场对物料表面层的作用 f_1.

介质在电场中都会受到力的作用,将针极电极和平板电极看成是平板电容,电极面积为 A,板间距离即极距设为 H,物料的厚度设为 Z,物料的介电常量为 ε_m,空气的介电常量为 ε_g,由电力线的折射定律有

$$E_m = \frac{\varepsilon_g}{\varepsilon_m} E_g \tag{4.3.5}$$

E_m 与 E_g 分别是物料中和空气中的电场强度,同时 E_m、E_g 与外加电压 U 有关系为

$$E_g h + E_m (H - h) = U \tag{4.3.6}$$

由上述两式得

$$E_g = \frac{\varepsilon_m U}{h(\varepsilon_m - \varepsilon_g) + H \varepsilon_g} \tag{4.3.7}$$

由此求出电容为

$$C = \frac{Q}{U} = \frac{\varepsilon_g E_g A \varepsilon_m}{[h(\varepsilon_m - \varepsilon_g) + H \varepsilon_g] E_g} = \frac{\varepsilon_g A \varepsilon_m}{h(\varepsilon_m - \varepsilon_g) + H \varepsilon_g} \tag{4.3.8}$$

则电容器共蓄能

$$W = \frac{1}{2} C U^2 = \frac{1}{2} \left[\frac{\varepsilon_g \varepsilon_m A}{h(\varepsilon_m - \varepsilon_g) + \varepsilon_g H} \right] U^2 \tag{4.3.9}$$

由虚功原理,可以求出空气介质 ε_g 在交界面上所受的力为

$$F = \frac{dW}{dh} = \frac{U^2}{2} \frac{dC}{dh} = \frac{U^2}{2} \frac{\varepsilon_m \varepsilon_g (\varepsilon_g - \varepsilon_m) A}{[h(\varepsilon_m - \varepsilon_g) + H \varepsilon_g]^2} \tag{4.3.10}$$

将式(4.3.7)代入上式,得

$$F = A \cdot \frac{1}{2} \cdot \frac{\varepsilon_g}{\varepsilon_m} \cdot E_g^2 (\varepsilon_g - \varepsilon_m) \tag{4.3.11}$$

则物料表面每单位面积上的受力 f_1 为

$$f_1 = -\frac{F}{A} = \frac{1}{2} \cdot \frac{\varepsilon_g}{\varepsilon_m} \cdot E_g^2 (\varepsilon_m - \varepsilon_g) \tag{4.3.12}$$

由于 $\varepsilon_m < \varepsilon_g$,$f_1 < 0$,方向沿 Z 方向减少的方向,即物料表面层的水分子受到大小为 f_1、方向向上的力作用.将物料表面层中的水分子向空气中拖动.

(2)非均匀电场对物料内部水分子的牵引作用 f_2.

由于水分子是极性分子,可以看成是偶极子,电极矩为 $d\boldsymbol{p} = q d\boldsymbol{l}$,在电场中所受的力等于它的正负电荷所受的力量之差,即偶极子所受的力为

$$d\boldsymbol{F} = q d\boldsymbol{E} \tag{4.3.13}$$

偶极臂 $d\boldsymbol{l}$ 可以表示为

$$d\boldsymbol{l} = \boldsymbol{i} dx + \boldsymbol{j} dy + \boldsymbol{k} dz \tag{4.3.14}$$

高压电场中采用负高压,则负电荷所在点的电场强度超过正电荷所在点电场强度,差值为

$$d\boldsymbol{E} = \boldsymbol{i}\left(\frac{\partial E_x}{\partial x}dx + \frac{\partial E_x}{\partial y}dy + \frac{\partial E_x}{\partial z}dz\right) + \boldsymbol{j}\left(\frac{\partial E_y}{\partial x}dx + \frac{\partial E_y}{\partial y}dy + \frac{\partial E_y}{\partial z}dz\right)$$
$$+ \boldsymbol{k}\left(\frac{\partial E_z}{\partial x}dx + \frac{\partial E_z}{\partial y}dy + \frac{\partial E_z}{\partial z}dz\right) \tag{4.3.15}$$

偶极子受力可以写为

$$d\boldsymbol{F} = q\boldsymbol{i}\left(dx\frac{\partial}{\partial x} + dy\frac{\partial}{\partial y} + dz\frac{\partial}{\partial z}\right)E_x + q\boldsymbol{j}\left(dx\frac{\partial}{\partial x} + dy\frac{\partial}{\partial y} + dz\frac{\partial}{\partial z}\right)E_y$$
$$+ q\boldsymbol{k}\left(dx\frac{\partial}{\partial x} + dy\frac{\partial}{\partial y} + dz\frac{\partial}{\partial z}\right)E_z \tag{4.3.16}$$

由向量分析可知

$$dx\frac{\partial}{\partial x} + dy\frac{\partial}{\partial y} + dz\frac{\partial}{\partial z} = (\boldsymbol{i}dx + \boldsymbol{j}dy + \boldsymbol{k}dz) \cdot \left(\boldsymbol{i}\frac{\partial}{\partial x} + \boldsymbol{j}\frac{\partial}{\partial y} + \boldsymbol{k}\frac{\partial}{\partial z}\right)$$
$$= d\boldsymbol{l} \cdot \text{grad} \tag{4.3.17}$$

所以式(4.3.16)可简化为

$$d\boldsymbol{F} = q(d\boldsymbol{l} \cdot \text{grad})\boldsymbol{E} = (d\boldsymbol{p} \cdot \text{grad})\boldsymbol{E} \tag{4.3.18}$$

假定 $d\boldsymbol{p}$ 是元体积 dv 中的偶极矩,在电场中受力转动排列成同向,$d\boldsymbol{p}$ 可以写为 $\boldsymbol{P}dv$,则

$$d\boldsymbol{F} = (\boldsymbol{P} \cdot \text{grad})\boldsymbol{E}dv = \varepsilon_g(\varepsilon_m - 1)(\boldsymbol{E} \cdot \text{grad})\boldsymbol{E}dv \tag{4.3.19}$$

但因

$$(\boldsymbol{E} \cdot \text{grad})\boldsymbol{E} = \left(E_x\frac{\partial}{\partial x} + E_y\frac{\partial}{\partial y} + E_z\frac{\partial}{\partial z}\right)(\boldsymbol{i}E_x + \boldsymbol{j}E_y + \boldsymbol{k}E_z)$$
$$= -\boldsymbol{i}\left(E_x\frac{\partial^2 U}{\partial x^2} + E_y\frac{\partial^2 U}{\partial x\partial y} + E_z\frac{\partial^2 U}{\partial x\partial z}\right) - \boldsymbol{j}\left(E_x\frac{\partial^2 U}{\partial x\partial y} + E_y\frac{\partial^2 U}{\partial y^2} + E_z\frac{\partial^2 U}{\partial y\partial z}\right)$$
$$- \boldsymbol{k}\left(E_x\frac{\partial^2 U}{\partial x\partial z} + E_y\frac{\partial^2 U}{\partial y\partial z} + E_z\frac{\partial^2 U}{\partial z^2}\right) \tag{4.3.20}$$

$$\text{grad}\left(\frac{E^2}{2}\right) = \left(\boldsymbol{i}\frac{\partial}{\partial x} + \boldsymbol{j}\frac{\partial}{\partial y} + \boldsymbol{k}\frac{\partial}{\partial z}\right)\left(\frac{E_x^2 + E_y^2 + E_z^2}{2}\right)$$
$$= -\boldsymbol{i}\left(E_x\frac{\partial^2 U}{\partial x^2} + E_y\frac{\partial^2 U}{\partial x\partial y} + E_z\frac{\partial^2 U}{\partial x\partial z}\right) - \boldsymbol{j}\left(E_x\frac{\partial^2 U}{\partial x\partial y} + E_y\frac{\partial^2 U}{\partial y^2} + E_z\frac{\partial^2 U}{\partial y\partial z}\right)$$
$$- \boldsymbol{k}\left(E_x\frac{\partial^2 U}{\partial x\partial z} + E_y\frac{\partial^2 U}{\partial y\partial z} + E_z\frac{\partial^2 U}{\partial z^2}\right) \tag{4.3.21}$$

于是式(4.3.19)可以进一步简化为

$$d\boldsymbol{F} = \varepsilon_g(\varepsilon_m - 1)\text{grad}\left(\frac{E^2}{2}\right)dv \tag{4.3.22}$$

则单位体积内的水分子所受力 f_2 为

$$f_2 = \varepsilon_g(\varepsilon_m - 1)\mathrm{grad}\left(\frac{E^2}{2}\right) \qquad (4.3.23)$$

由上式可以看出,当 $\varepsilon_m > 1$ 时,f_2 使水分子被吸引向电力线密度大的地方,而与电场方向无关.水分子在不均匀电场中电场力的作用下,从电场强度小的区域拉到电场强度大的区域,力 f_2 作用于物料内部水分子,将之从物料内部输运到物料表面层,力 f_2 同时作用于物料表面层中的水分子,与力 f_1 共同作用将物料表面层的水分子运输出物料.

由于极板间为非均匀电场,所以各处电场强度都不相同,则 f_1 与 f_2 在物料各处作用力各不相同,相当于变力的作用,更有利于水分子的输运.

在高压电场中,电场产生两种效果不同的作用力 f_1 和 f_2,同时作用于物料内部和表面层的水分子,破坏了物料表面和内部水分子团和分子间氢键,使表面层的水分子在外力 f_1 和 f_2 作用下克服分子间引力从表面层脱离,由离子风的作用将表面逸出的水分子吹送到环境中,从而使内部水分子不断运输到表面层,从而加快了水分子的运输过程.在表面水分的逸出过程中,水分子以团簇为单元,夹杂着部分单个水分子,这样会减少大量的汽化潜热所需能量,节约能耗,也不会升高物料的温度.

三、实验要求

(一)实验任务

(1)实验确定电极形状对干燥速度的影响;
(2)实验确定电源极性对干燥速度的影响;
(3)实验确定电压对干燥速度的影响.

(二)实验操作提示

1. 电极形状对干燥速率的影响

分别在 3 个直径为 100mm 的玻璃培养皿中放入体积为 45mm×50mm×5mm 的豆腐,用电子天平称取其质量,然后分别放在针电极、线电极和板电极下进行干燥实验,在干燥温度、相对湿度相同的条件下,将上下电极间距离均为 9cm(针电极为针尖到下极板距离),针电极相邻两针和线电极相邻两线间隔分别为 8cm 和 9cm 的条件下将干燥电压设为 45kV,进行豆腐的干燥实验,干燥时间 30min,然后用电子天平称取培养皿中豆腐的质量,由式(4.3.24)计算豆腐的干燥速率

$$v = (m_0 - m)/t \qquad (4.3.24)$$

式中,v 为豆腐的干燥速率;m_0 为干燥前豆腐的质量;m 为干燥后豆腐的质量;t 为干燥时间.因此,得出三种电极下豆腐的干燥速率随干燥电压的变化曲线.

2. 电压极性对干燥速率的影响

将两个装有相同质量豆腐的玻璃培养皿分别放在针电极和线电极下,在相同温度和相对湿度条件下,上下电极间距离均为9cm,针电极相邻两针和线电极相邻两线间隔分别为8cm和9cm的条件下,分别将干燥电压设为45kV的正高压与负高压进行豆腐的干燥实验,干燥时间均为30min,然后用电子天平称取豆腐的质量,由式(4.3.24)计算豆腐的干燥速率,得出豆腐干燥速率随电压极性的变化曲线.

3. 干燥电压对干燥速率的影响

将装有相同质量豆腐的玻璃培养皿放在针电极和线电极下,在相同温度和相对湿度条件下,线间距为9cm、上下电极间距离为9cm的条件下,分别将干燥电压依次设为0kV,5kV,10kV,15kV,20kV,25kV,30kV,35kV,40kV,45kV,50kV进行豆腐的干燥实验(每改变一次电压更换一组相同质量的豆腐),干燥时间均为30min,然后用电子天平分别称取豆腐的质量,由式(4.3.24)计算出豆腐干燥速率,得出豆腐干燥速率随干燥电压的变化曲线.

(三)注意事项

在实验前一定详细阅高压电源使用说明书,注意实验安全,每次实验样品从电极下取出时,要先将所加电压降为0,关闭电源,并通过接地线放掉余电,在实验教师的指导下严格按照规程操作仪器.

(四)拓展问题

在实验中还可改变上下电极间距,针、线间距,测定不同电极间距,不同针、线间距下的干燥速度,对比有何不同. 实验中还可以测定不同条件下的干燥能耗,并寻找最佳能耗参数.

(五)课后作业

对实验结果进行分析讨论,写一篇课程小论文.

参 考 文 献

[1] 潘永康,王喜忠. 现代干燥技术. 北京:化学工业出版社,1998.

[2] Asakawa Y. Promotion and retardation of heat transfer by electric field. Nature,1976,261 (5):220-221.

[3] Barthakur N N. Electrohydrodynamic enhancement of evaporation from NaCl solutions. Desalination,1990,78:455-465.

[4] Carlon H R,Latham J. Enhanced drying rates of wetted materials in electric field. Journal of Atmospheric and Terrestrial Physics,1992,54(2):117-178.

[5] Chen Y H, Barthakur N N. Electrohydrodynamic (EHD) drying of potato slabs. Journal of Food Engineering, 1994, 23(1):107-119.

[6] Barthakur N N, Arnold N P. Evaporation rate enhancement of water with air ions from a corona discharge. International Journal of Biometeorology, 1995, 39 (1):29-33.

[7] Hashinaga F, Bajgai T R, Isobe S, et al. Electrohydrodynamic drying of apple slices. Drying Technology, 1999, 17(3):479-495.

[8] Seyed-Yagoobi J. Electrohydronamically enhanced heat transfer in pool boiling. Journal of Heat Transfer, 1996, 118(2):233-237.

[9] 董守绂,梁运章. 电晕电场对物料干燥的试验. 高电压技术, 1996, 22(2):69-71.

[10] Isobe S, Barthakur N N, Yashino T, et al. Electrohydrodynamic drying characteristic of agar gel. Food Science Technology Research, 1999, 5(2):132-136.

[11] Xue X, Barthakur N N, Alli I. Electrohydrodynamically-dried whey protein: an electrophoretic and differential calorimetric analysis. Drying Technology, 1999, 17(3):467-478.

[12] Li Lite, Li Fade, Eizo T. Effects of high voltage electrostatic field on evaporation of distilled water and okara drying. Biosystem Studies, 2000, 3(1):43-52.

[13] Cao W, Nishiyama Y, Koide S, et al. Drying enhancement of rough rice by an electric field. Biosystems Engineering, 2004, 87 (4):445-451.

[14] Cao W, Nishiyama Y, Koide S. Elect rohydrodynamic drying characteristics of wheat using high voltage electrostatic field. Journal of Food Engineering, 2004, 62(3):209-213.

[15] Lai F C, Sharma R K. EHD-enhanced drying with multiple needle electrode. Journal of Electrostatics, 2005, 63(3):223-237.

[16] Lai F C, Wong D S. EHD-enhanced drying with needle electrode. Drying Technology, 2003, 21(7):1291-1306.

[17] Balcer B E, Lai F C. EHD-enhanced drying with multiple wire electrode. Drying Technology, 2004, 22(4):821-836.

[18] Lai F C, Lai K W. EHD-enhanced drying with wire elect rode. Drying Technology, 2002, 20(7):1393-1405.

[19] Li F, Li L, Sun J, et al. Effect of electrohydrodynamic (EHD) technique on drying process and appearance of okara cake. Journal of Food Engineering, 2006, 77(2):275-280.

[20] Goodenough T I J, Goodenough P W, Goodenough S M. The efficiency of corona wind drying and its application to the food industry. Journal of Food Engineering, 2007, 80:1233-1238.

[21] Ahmedou S A O, Rouaud O, Havet M. Assessment of the electrohydrodynamic drying process. Food Bioprocess Technology, 2009, 2(3):240-247.

[22] Oussalah N, Zebboudj Y. Finite-element analysis of positive and negative corona discharge in wire-to-plane system. European Physical Journal Applied Physics, 2006, 34(3):215-223.

[23] 梁运章,那日,白亚乡,等. 静电干燥原理及应用. 物理, 2000, 29(1):39-41.

[24] 李里特,李法德,辰巳英三. 高压静电场对蒸馏水蒸发的影响. 农业工程学报, 2001, 17(2):12-15.

[25] 梁运章,丁昌江.高压电场干燥技术原理的电流体动力学分析.北京理工大学学报,2005,25(增刊):17-19.
[26] 丁昌江,卢静.牛肉在高压静电场作用下的干燥特性.高电压技术,2008,34(7):1405-1409.
[27] 丁昌江,电场对生物材料中水分子输运特性的试验及机理研究.内蒙古大学硕士学位论文,2004.

4.4 高压脉冲电场干燥预处理海参实验研究

一、实验预备知识

(一)实验目的

(1)了解当前主要干燥预处理方法及其优缺点.
(2)掌握高压脉冲电场预处理技术的操作方法.
(3)了解水产品品质指标的测定方法.

(二)相关科研背景

水产品是农业生产中除谷物、蔬菜和水果外最重要的农副产品,是深受人们喜爱和必需的食品之一,是人类蛋白质的重要来源之一. 它们不但味道鲜美,而且具有非常丰富的营养. 但由于水产品收获期相对集中,生产具有季节性,蛋白质含量高,产品容易腐败变质,必须采取有效的方法对其进行保鲜和加工. 由于水产干品含水量很低,这不仅使得其从生产到消费的过程中不需冷藏,且便于运输、储藏,食用也更加简便、投资成本也更低. 此外,干燥后的产品还可避免长时间的低温储藏所造成的污染和品质降低. 因此,水产品的干燥脱水已成为水产品加工的重要方法之一[1-3].

目前,水产品的常用干燥方法主要有热风干燥、微波干燥、真空干燥、渗透脱水等干燥加工方式[4-6],这些方法普遍存在干制时间长、耗能大、成本高、干品品质差等缺陷,因此,如何提高水产品的干燥效率,降低干燥能耗,以及改善水产品品质,是今后水产品干燥加工中的一个重要研究课题.

食品的干燥预处理技术是在食品干燥前采用一些物理方法对其进行一定的处理,然后再进行干燥的方法,预处理一方面能够改善干品的品质,另一方面能够提高干燥产品的干燥速度,降低干燥能耗[7-8],例如,在对水果、蔬菜进行干燥脱水操作时,采用一定强度的超声波对其进行预处理,就可以提高它们的干燥速度,降低干燥能耗[9].

高压脉冲电场预处理技术是20世末新兴的一种预处理技术. 1999年Rastogi等第一次证明了在胡萝卜渗透脱水时高压脉冲电场预处理加快了水分的传输

率[10]. 近年来该技术已被越来越多地用于蔬菜水果的干燥脱水[11-13], Ade-Omowaye 等研究高压脉冲电场预处理对铃椒、苹果片干燥的影响,指出高压脉冲电场预处理可以提高物料的孔隙率,使得对流干燥失水速率加快,且苹果片复水率提高了 10%~30%[14]. Bazhal 等发现高压脉冲电场预处理不仅影响细胞膜,而且影响细胞壁的完整性;经高压脉冲电场预处理的苹果片热风干燥后其孔隙率提高了 5%,收缩率减小了 30%[15]. Taiwo 等研究高压脉冲电场预处理对铃椒、苹果片干燥特性的影响,指出高压脉冲电场预处理可以提高物料的孔隙率,加快了对流干燥失水速率,且苹果片复水率提高了 10%~30%[16].

在国内,王维琴等以甘薯为实验材料进行高压脉冲电场预处理试验,结果表明:经高压脉冲电场预处理,甘薯样品在渗透脱水后质量都有所增加,电场强度和脉冲数对干燥速率都有影响. 其中,脉冲数为 50、电场强度为 1.0kV/cm 和 2.0kV/cm 的条件下,对渗透脱水的溶质增加率最小;电场强度 2.0kV/cm、脉冲数为 70 和电场强度为 1.0kV/cm、脉冲数为 50 时,有较高的热风干燥速率和相对较低的含水量[17]. 刘振宇等研究的高压矩形脉冲电场对白萝卜干燥速率的影响,运用响应面设计法进行对比试验,分析了萝卜干燥速率的变化,结果表明:高压脉冲电场的 3 个参数对白萝卜干燥性能的影响均达到极显著水平,作用程度依次为脉冲强度、脉冲个数和作用时间;经高压脉冲电场预处理后,干燥速率比未处理的平均提高 13%,当脉冲强度、脉冲个数和作用时间分别为 1420V/cm,30 个,110μs 时,预处理效果最佳,干燥速率比未处理的提高 40%[18]. 山西农业大学的吴亚丽等采用高压脉冲电场预处理土豆片,测定了处理后土豆片的真空冷冻干燥速度与干燥能耗,实验结果表明,高压脉冲电场预处理可以明显地提高土豆的干燥速率,与未处理相比,土豆片单位水分能耗降低了 11.43%,干燥时间缩短了 31.47%,单位面积生产率提高了 32.28%[19]. 黄小丽等研究脉冲电场预处理对胡萝卜片微波干燥特性的影响,发现经脉冲电场预处理后胡萝卜片微波干燥动力学方程分段适用 Page 模型;脉冲频率和电场强度对胡萝卜片微波干燥单位时间降水率影响显著;脉冲频率对复水率影响显著,电场强度对复水率影响不显著;最优工艺组合为脉冲频率 30Hz、电场强度 2.0kV/cm、微波功率密度 1.0W/g 和切片厚度 4.0mm. 在最优工艺条件下,胡萝卜片单位时间降水率和复水率均得到提高[20]. 采用高压脉冲电场预处理技术,可以在很短的时间内(ms 范围)打开细胞膜,提高产品水分的传输速度,同时不影响产品品质[21],受到国内外学者、企业界和工业界的广泛关注.

同传统的预处理技术相比,高压脉冲电场预处理技术具有处理时间短、处理工艺简单、能耗低、设备造价低、处理过程无污染等诸多优点.

目前,高压脉冲电场预处理技术在水产品加工中的应用研究在国内外尚属空白,因而本实验以海参为例,通过改变处理电源电压、极性、处理时间和脉冲频率等实验参数试验确定这些影响因素对不同水产品的不同干燥方法(热风、真空冷冻等)的干燥速度的影响程度,找出影响处理效果的主要因素,进而达到优化处理工艺、降低干燥能耗和改善干品品质的目的.另外对处理干燥后的海参干品品质进行测定,确定处理效果,为水产品的优质低耗加工技术探索新途径.

(三)本实验的意义

由于高压脉冲电场预处理技术起步较晚,其处理效果还有待提高,各种因素(处理电压极性、大小、频率、处理电极形状、间距等)对处理效果的影响研究还很不完善和深入,尤其是该技术对水产品的处理效果尚属空白.因此,深入全面地研究各种物理因素对处理效果的影响,对提高水产品干燥速度、减少能量消耗、优化干燥工艺、研发新型的生产用干燥预处理设备以及进一步分析高压脉冲电场的预处理机理具有重要意义.

(四)引导性预习题

(1)传统的干燥预处理方法有那些?它们有哪些特点?
(2)高压脉冲电场预处理技术与传统预处理技术相比有何不同?存在哪些优点?
(3)影响高压脉冲电场预处理效果的主要因素有哪些?
(4)表征水产品品质的指标有哪些?

二、实验详细介绍

(一)实验所需设备

电子天平(SL2002N);游标卡尺;电功率表(DD28型);玻璃培养皿;高压脉冲电源,高压脉冲调节器和预处理室.如图4.4.1所示,处理电极被放置于长方体金属箱体内,上电极为针电极,下电极为金属板,所用高压脉冲电源工作电压连续可调.

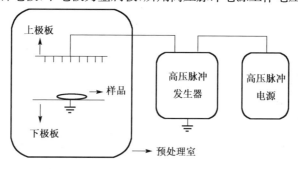

图 4.4.1 实验装置示意图

(二)实验原理

关于高压电场脉冲预处理技术的机理,目前还没有准确的定论,比较合理的解释主要包括以下几种假说:①细胞膜电穿孔效应;②黏弹极性形成模型;③电解产物效应;④电磁机制模型;⑤臭氧效应.其中研究最多的是细胞膜电穿孔效应,此假说认为:无论是动物、植物还是微生物的细胞,当存在外加电场作用时,就能够诱导生物膜两侧产生跨膜电位,使本来绝缘的生物膜由于电场的影响形成了小孔,从而使得膜的通透性发生了变化,当整个膜电位达到极限值(约为1V)时,膜产生破裂,使膜结构变成无序状态,形成细孔,渗透能力增强.当外加电场对薄膜所产生的电势差大于薄膜本身的自然电势差时,其电势差达到临界点,此时薄膜就会产生小孔,当小孔数量多以及孔径增大时,细胞就会破裂.当产生小孔时,细胞膜的可渗透性加大.因此,细胞的可渗透性可以依据外加电场强度的加强而增加.渗透的可逆和不可逆则取决于应用的电场强度、脉冲宽度和脉冲数[2-5].

高压脉冲电场处理是在室温(25℃)、低于室温或稍高于室温的环境下进行的,对物料处理时间非常短(小于1s),从而由加热所引起的能量损失很低.因此,高压脉冲电场作为新型的非热处理技术对热敏作物进行处理,能够保持物料的风味和营养.

(三)相关理论知识

1. 基于生物理论的电场计算模型[22]

生物组织内部结构比较复杂,高压脉冲电场加工生物产品的机理,从宏观角度分析可能是高压脉冲电场预处理造成对生物细胞的电特性以及生物细胞的力学性质的影响,导致电荷分布过于集中,使得跨膜电压增大,在跨膜电压接近细胞膜的击穿电压时会发生电穿孔现象,细胞将更容易破裂.这就需要研究细胞层面的电场力问题.刘振宇等选取苹果细胞模型的单细胞做了进一步分析验证.

细胞膜双电层及其电模型如图4.4.2(a)所示,苹果细胞由细胞外液、细胞间隙、细胞、细胞壁、细胞膜、细胞内液等组成,细胞液由多种有机化合物、无机盐及水等组成,含有多种导电离子,可看成是电解质;细胞壁由纤维素、半纤维素和果胶质等构成,细胞膜由脂肪和蛋白质构成.细胞壁和细胞膜的导电性能很差,基本属于电介质,所以果蔬组织从电学性质上看成是电解质、电介质、导体、水等多种物质以不同形式构成的复合体.细胞膜(质膜)是细胞与外界进行物质、能量和信息交换的场所,其主要成分是脂类、蛋白质和糖类,其中脂类的含量最多.脂质双层结构构成膜的连续骨架,但它不是固定不动的,而是一种具有流动性特点的结构,即脂类分子和蛋白质分子在膜中总是处于流动变化之中.另外,脂质分子多为极性分子,具有一定的固有偶极矩,因此,可以将膜分子看成是电偶极子,生物膜看成是黏度较高的极性液体电介质.细胞膜是一个由极性脂质分子构成的双分子层膜,其物理特性类似于双电层.结合 20 世纪 50 年代 Schwan 建立的经典球形单细胞 3 层介电(细胞外液、细胞膜、细胞质)模型,人们提出了如图 4.4.2(b)所示的细胞膜双电层模型.

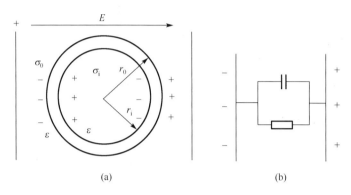

图 4.4.2　细胞膜双电层及其电模型

假设细胞膜的两表面上带电荷脂质分子呈均匀分布,细胞内外的介电常量为 ε.虽然该模型和假设与实际情况有所区别,但它反映了细胞膜带电的主要和本质特性.因此,以该模型为研究基础,讨论单细胞细胞膜电特性对细胞压力的影响,不考虑它和基质的相互作用以及细胞内细胞骨架对力的影响.因为细胞膜的厚度与细胞大小相比很小,因此在电场方向仅考虑细胞膜的几何结构是可行的.

2. 水产干品品质评价的主要指标

目前,评价水产干品品质的主要指标有收缩率、复水率、色泽等.

收缩率是评价水产干品品质的重要指标之一,水产品在各种不同干燥方式中出现收缩是一种常见的物理现象,收缩使水产品的整体形状发生变化,表面起皱、开裂,从而影响人们的的感官映象.通常收缩量大小与水产品含水量高低有关,收缩量会随含水量的降低而增加,但不同干燥方式会使水产品体积产生不同程度的收缩,收缩率越小产品品质越好.

复水率是水产干品复水后恢复原来新鲜状态程度的量度,也是评价水产干品品质的重要指标之一,在一定程度上来说,水产品的复水性也是干燥条件对水产品组织造成破坏程度大小的一个度量,即水产品复水性大小取决于水产品细胞和结构的破坏程度.复水率越大干品品质越好.

色泽也是评价干燥后产品的一项重要指标,原料在干燥过程中会发生物理和化学变化,这其中最为常见的一个变化就是变色变化,尤其是发生非酶褐变,变化的程度与物料的种类、样品的含水量变化及干燥环境的温度有关.通常干燥环境的温度越高,干燥时间越长,产品的色泽变化也就越大,干品品质也就越差.

三、实验要求

(一)实验任务

(1)实验确定脉冲频率对热风和真空冷冻干燥速度和干品品质的影响;
(2)实验确定脉冲电压对热风和真空冷冻干燥速度和干品品质的影响;
(3)实验确定处理时间对热风和真空冷冻干燥速度和干品品质的影响;
(4)实验确定脉冲电源极性对热风和真空冷冻干燥速度和干品品质的影响.

(二)实验操作提示

1. 脉冲频率对热风和真空冷冻干燥速度和干品品质的影响

将处理备用的海参分成质量相近的实验组分8份,其中2份作为对照组,其余6份海参分为3组,每组2份,分别在针电极(针间距为8cm、距下极板9cm)下进行高压脉冲电场预处理.预处理参数分别设定为:22.5kV、50Hz,22.5kV、70Hz,22.5kV、90Hz,处理时间均为5min.

对高压脉冲电场预处理和对照组的海参分别进行热风和真空冷冻干燥,干燥时间为1h,然后用电子天平称取培养皿中海参的质量,由式(4.4.1)计算海参的干燥速率

$$V=(m_0-m)/t \tag{4.4.1}$$

式中,V 为海参的干燥速率;m_0 为干燥前海参的质量;m 为干燥后海参的质量;t 为干燥时间.因此,得出三种预处理参数下海参的热风和真空冷冻干燥速度.

2. 脉冲电压对干燥速率的影响

将装有相同质量海参的玻璃培养皿放在针电极下,在相同温度和相对湿度条件下,分别将预处理电压依次设为 10kV、70Hz,20kV、70Hz,30kV、70Hz,40kV、70Hz,50kV、70Hz进行海参的预处理实验,每改变一次电压更换一组相同质量的海参(每组2份,1份用来进行热风干燥,1份用来进行真空冷冻干燥),处理时间均为5min.然后对高压脉冲电场预处理和对照组的海参分别进行热风和真空冷冻干燥,干燥时间为1h,再用电子天平称取培养皿中海参的质量,由式(4.4.1)计算海参的干燥速率.

3. 处理时间对海参热风和真空冷冻干燥速度和干品品质的影响

将装有相同质量海参的玻璃培养皿放在针电极下,在相同温度和相对湿度条件下,分别将预处理时间依次设为 1min,3min,5min,7min,9min,11min,处理电压为22.5kV,频率为70Hz;进行海参的预处理实验,每改变一次处理时间更换一组相同质量的海参(每组2份,1份用来进行热风干燥,1份用来进行真空冷冻干燥),然后对高压脉冲电场预处理和对照组的海参分别进行热风和真空冷冻干燥,干燥时间为1h,再用电子天平称取培养皿中海参的质量,由式(4.4.1)计算海参的干燥速率.

4. 脉冲电源极性对热风和真空冷冻干燥速度和干品品质的影响

将装有相同质量海参的玻璃培养皿放在针电极下,在相同温度和相对湿度条件下,分别采用正脉冲和负脉冲对海参进行预处理实验,每改变一次处理时间更换一组相同质量的海参(每组 2 份,1 份用来进行热风干燥,1 份用来进行真空冷冻干燥),处理电压为 22.5kV,频率为 70Hz,时间为 5min,然后对高压脉冲电场预处理和对照组的海参分别进行热风和真空冷冻干燥,干燥时间为 1h,再用电子天平称取培养皿中海参的质量,由式(4.4.1)计算海参的干燥速率.

5. 预处理对海参收缩率的影响

海参经过不同条件预处理后,用精度为 0.02mm 的游标卡尺测量干燥前后海参的体长和直径(测量海参两端和中间多段直径,取平均值).

海参的收缩率($r\%$)为

$$r\% = \frac{V_0 - V}{V_0} \times 100\% \tag{4.4.2}$$

式中,$r\%$ 为海参的收缩率;V_0 为海参干燥前的体积;V 为海参干燥后的体积.

6. 预处理对海参复水率的影响

取一定质量(m_0)干燥后的海参,放入 100mL 的烧杯中,加入足以没过海参样品的 100℃恒温水(将烧杯放于 100℃的水浴锅中,以保证复水的水温恒定在 100℃),每隔 5min 将样品捞起,沥干水分检测重量变化.当海参的质量不再变化(或变化微小),记录下此时海参的质量 m.复水率的公式如下所示:

$$R\% = \frac{m}{m_0} \times 100\% \tag{4.4.3}$$

式中,$R\%$ 为海参的复水率;m_0 为复水前海参的质量;m 为海参经复水后的质量.

7. 预处理对海参质构的影响

由于干海参在食用前必须进行复水,如果复水后硬度很大就会影响口感,所以硬度常被人们作为海参干品复水后的一个重要指标,硬度越低的海参口感越好.因此,我们将海参的硬度作为质构测试的指标.首先将经不同方法干制的海参在 25℃下复水 2h,然后采用 TMS-PRO 型质构仪对其进行测试,将第一次压缩时的最大峰值作为硬度值.每个样品重复测定三次取平均值.

8. 预处理对海参蛋白质的影响

海参干品蛋白质含量的高低是衡量海参干品品质优劣的一个重要指标,通常优质海参干品的蛋白质含量都较高,因此,我们对电流体动力学干燥后的海参蛋白质进行了测量,并与自然干燥、热风干燥后的海参进行比较.

(1)本实验蛋白质测定方法采用凯氏定氮法.主要步骤为:分别将三种干燥方

法干燥后的海参5g放入干燥的100mL定氮瓶中,加入18g硫酸钾、0.6g硫酸铜和30mL硫酸,并摇匀,将一小漏斗放于瓶口,然后将定氮瓶以45°斜放在带小孔的石棉网上,小心加热,当内容物全部炭化,泡沫全部停止后,加大火力,并保持瓶内液体微沸,当液体呈蓝绿色澄清透明后,再继续加热0.5～1h;然后将瓶取下并冷却至室温,小心加入30mL水,移入100mL容量瓶中,用少量蒸馏水洗定氮瓶并将洗液放入容量瓶中,最后加水至刻度,混匀备用.

(2) 按图4.4.3所示装好定氮装置,在水蒸气发生瓶内加水至2/3处,放入数粒玻璃珠,加入数滴甲基红指示液和硫酸数毫升,以保持水呈酸性,用调压器控制,加热煮沸水蒸气发生瓶内的水.

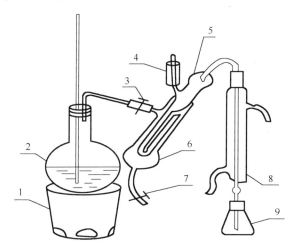

图 4.4.3　定氮蒸馏装置图

1.电炉;2.平底烧瓶;3.螺旋夹;4.棒状玻塞和小漏斗;5.反应室;
6.反应室外层;7.螺旋夹及橡皮管;8.冷凝管;9.液体接收瓶

(3) 向接收瓶内加入硼酸溶液15mL(20g/L)和混合指示液1～2滴,并将冷凝管的下端插入液面下,精确吸取10mL试样处理液通过小漏斗流入反应室,并以10mL水洗涤烧杯并使其流入反应室内,塞紧玻塞.将10mL NaOH溶液倒入玻杯,提起玻塞使其缓缓流入反应室,立即盖紧玻塞,并向小玻杯内加水.将螺旋夹夹紧,开始蒸馏.5min后,移动接收瓶,使液面离开冷凝管下端.1min后,用少量水冲洗冷凝管下端外部.将接收瓶取下,用硫酸标准滴定溶液滴定至灰色或蓝紫色,同时,做一试剂空白(除不放样品,其余步骤相同).

(4) 结果计算. 采用下式计算蛋白质含量

$$W = \frac{c \times (V_2 - V_1) \times 0.014 \times F}{m \times \frac{10}{100}} \times 100$$

式中：w 为蛋白质的质量分数(%)；c 为硫酸标准溶液的浓度(mol/L)；V_1 为空白滴定消耗标准液量(mL)；V_2 为试剂滴定消耗标准液量(mL)；m 为样品质量(g)；F 为蛋白质系数(本实验 $F=6.3$).

9. 预处理对酸性黏多糖的影响

根据有关研究报道，海参酸性黏多糖的提取通常采取碱解结合醇沉的方法．此外，海参酸性黏多糖是由葡萄糖醛酸、氨基半乳糖和硫酸酯基等的重复单位构成的多糖．因此，可以通过测定任一个单糖的含量来评判海参样品的质量，常以葡萄糖醛酸的含量作为其酸性黏多糖质控指标．

溶液配制 四硼酸钠-硫酸溶液(A 液)：用电子天平称取四硼酸钠 1.91g，溶于 400mL 浓硫酸中；0.15% 间羟基联苯溶液(B 液)：精密称取 150mg 间羟基联苯置于 100mL 量瓶中，用 0.5% NaOH 溶液稀释至刻度；葡萄糖醛酸(GlcA)储备液的配制：精密称取在 105℃ 条件下干燥至恒重的 GlcA 50mg，放入 100mL 量瓶中，加水稀释至刻度，摇匀留作储备液.

GlcA 标准曲线的制备：精密吸取 GlcA 储备液 1.0mL、2.0mL、3.0mL、4.0mL、5.0mL 和 6.0mL，分别放入 50mL 量瓶中，加水稀释至刻度，得到 GlcA 浓度分别为 10g/mL、20g/mL、30g/mL、40g/mL、50g/mL 和 60g/mL 的 GlcA 标准溶液．分别取 GlcA 标准溶液 0.5mL 加入试管中，置于冰水浴中，分别加入四硼酸钠-硫酸溶液 4.5mL，继续冷却，充分振荡；将试管放于 100℃ 水浴上加热 10min，然后立即放入冰水浴至冷；加入 0.15% 间羟基联苯溶液 0.05mL，充分振荡，显色，并用超声除去气泡，静置 20min，以 0.5mL 蒸馏水同上制得空白液调零，在 525nm 处测定吸光度.

精密称取被剪碎的样品 10g 干物质，加入 40 倍量的 5% 氢氧化钾溶液，在 45℃ 下搅拌提取 2h，用冰醋酸调节 pH 至 7.0，离心，取上清液，搅拌下缓缓加入 2 倍量的 95% 乙醇，静置，取出沉淀．将沉淀放入冰箱中 8h 以上，真空冷冻干燥沉淀，待用.

称取 1mg 葡萄糖醛酸对照品，放入一量瓶中，加水至刻度，摇匀，得到浓度为 0.1mg/mL 的标准溶液．吸取 0mL、0.1mL、0.2mL、0.4mL、0.6mL 和 1.0mL 标准溶于带塞试管中，分别加水至 1mL，在冰水浴中分别向各管加入 6mL 浓 H_2SO_4 并摇匀，然后放于 85℃ 水浴中加热 20min，取出冷却，各管加入 0.2mL 咔唑液，充分摇匀，放于室温下 2h，于 525nm 处测定其吸光度 A. 然后以吸光度 A 为 Y 轴，浓度 C(mg) 为 X 轴，绘制标准曲线.

(三)注意事项

在实验前一定详细阅高压脉冲电源使用说明书，注意实验安全，每次实验样品从电极下取出时，要先将所加电压降为 0，关闭电源，并通过接地线放掉余电，在实验教师的指导下严格按照规程操作仪器.

(四)拓展问题

在实验中还可改变电极形状(板电极、线电极、针电极等),测定不同电极、不同间距、不同针、线间距下的预处理效果,对比有何不同,并寻找最佳能耗参数.

(五)课后作业

对实验结果进行分析讨论,写一篇课程小论文.

参 考 文 献

[1] 潘永康,王喜忠. 现代干燥技术. 北京:化学工业出版社,1998.

[2] Arason S. The drying of fish and utilization of geothermal energy; the Icelandic experience. Keynote lectures. 1st Nordic Drying Conference. Trondheim,2001:27-29.

[3] 张国琛,毛志怀. 水产品干燥技术的研究进展. 农业工程学报,2004,20(4):297-300.

[4] 王鹏. 真空冷冻干燥技术在水产品加工中应用的探讨. 农产品加工,2009,(8):69-73.

[5] Lin T M,Timothy D,Christine H. Physical and sensory properties of vacuum microwave dehydrated shrimp. Journal of Aquatic Food Product Technology,1999,8(4):41-53.

[6] Bai Y,Yang G,Hu Y,et al. Physical and sensory properties of electrohydrodynamic (EHD) dried scallop muscle. Journal of Aquatic Food Product Technology,2012,21(3):238-247.

[7] 赵峰,杨江帆,林河通. 超声波技术在食品加工中的应用. 武夷学院学报,2010,29(2):21-27.

[8] 宋国胜,胡松青,李琳. 超声波技术在技术科学中的应用. 现代食品科技,2008,24(6):609-612.

[9] Riera-Franco de sarabia E,Galle-Juarez J A. Application of high-power ultra-sound for drying vegetables. PACS Reference,2005,35(4):43-35.

[10] Rastogi N K. Application of high-intensity pulsed electrical fields in food processing. Food Reviews International,2003,19(3):229-251.

[11] 吴新颖,李钰金,郭玉华,等. 高压脉冲电场技术在食品加工中的应用. 中国调味品,2010,35(9):26-29.

[12] Taiwo K A,Angersbach A,Ade-Omowaye B I O,et al. Effects of pretreatments on the diffusion kinetics and some quality parameters of osmotically dehydrated apple slices. Journal of Agricultural and Food Chemistry,2001,49(6):2804-2811.

[13] Ade-Omowaye B I O,Talens P,Angersbach A,et al. Kinetics of osmotic dehydration of red bell peppers as influenced by pulsed electric field pretreatment. Food Research International,2003,36(5):475-483.

[14] Ade-Omowaye B I O,Taiwo K A,Eshtiaghi N M,et al. Comparative evaluation of the effects of pulsed electric field and freezing on cell membrane permeabilisation and mass transfer during dehydration of red bell peppers. Innovative Food Science and Emerging Technologies,2003,4(2):177-188.

[15] Bazhal M I,Ngadi M O,Raghavan G S V. Influence of pulsed electroplasmolysis on the porous structure of apple tissue. Biosystems Engineering,2003,86(1):51-57.

[16] Taiwo K A, Angersbach A, Knorr D. Influence of high intensity electric field pulses and osmotic dehydration on the rehydration characteristics of apple slices at different temperature. Journal of Food Engineering, 2002, 52(2): 185-192.

[17] 王维琴, 盖玲, 王剑平. 高压脉冲电场预处理对甘薯干燥的影响. 农业机械学报, 2005, 36(8): 154-156.

[18] 刘振宇, 郭玉明, 崔清亮. 高压矩形脉冲电场对果蔬干燥速率的影响. 农机化研究, 2010, 32(5): 146-151.

[19] 吴亚丽, 郭玉明. 高压脉冲电场预处理对土豆真空冷冻干燥的影响. 山西农业大学学报(自然科学版), 2010, 30(5): 464-467.

[20] 黄小丽, 杨薇. 脉冲电场预处理胡萝卜片微波干燥试验. 农业工程学报, 2010, 26(2): 325-330.

[21] 吴亚丽, 郭玉明. 高压脉冲电场对果蔬生物力学性质的影响. 农业工程学报, 2009, 25(11): 336-340.

[22] 刘振宇, 郭玉明. 高压矩形脉冲电场果蔬预处理微观结构变形机理的研究. 农产品加工·学刊, 2009, (10): 22-25.

4.5 高压静电场保鲜海虾的实验研究

一、实验预备知识

(一)实验目的

(1)了解当前主要水产品保鲜方法及其优缺点.
(2)掌握高压电场保鲜的操作方法.
(3)掌握水产品主要保鲜指标的测定方法.

(二)相关科研背景

水产品营养丰富、味道鲜美,是深受广大人民喜爱的食品之一、也是人类重要的蛋白质来源. 我国水产品年产量连续多年居世界第一,每年产量保持在 4.5×10^7 t 以上[1]. 水产品在食物结构中占有重要的地位,其低脂肪、低热量、高蛋白的特点更是合理膳食结构中不可或缺的要素. 随着人们生活水平的不断提高,水产品的消费量日益增加,对其鲜度要求也越来越高,鉴于水产品品种、价格和供销体系等方面发生的巨大变化,搞好保鲜技术,增加有效供给,完善水产品保鲜体系具有十分重要的意义.

鲜度是水产品重要品质指标,是决定其价格的主要因素. 当水产品失活后,在其体内进行着一系列的物理、化学和生理上的变化. 在开始阶段,肝糖元无氧降解,生成肌酸,肌磷酸也分解成磷酸,肌肉变成酸性,pH 下降,同时肌肉中的 ATP 分解释放能量而使体温上升,这样导致蛋白质酸性凝固和肌肉收缩,使肌肉失去伸展性而变硬. 接着,在 ATP 分解完后,肌肉又逐渐软化而解硬,并进入自溶作用阶段,蛋白质分解成一系列的中间产物及氨基酸和可溶性含氮物而失去固有弹性,又由于多酚氧化酶(PPO)的作用而生成黑色素物质,出现黑斑,包括腐败微生物在内的各种微生物会通过甲壳、胃、肠腺进入肌肉组织. 在自溶后期,微生物在体内迅速繁殖,将肌肉组织中的蛋白质、氨基酸和含氮物进一步分解成 NH_3、三甲胺、硫化氢、硫醇、吲哚、尸胺,以及组胺等,使水产品不堪食用. 总之,由于水产品组织柔嫩,蛋白质和水分含量较高,若将其自然放置,很快就会变质、腐败,失去食用价值,因此加强水产品保鲜工作势在必行.

目前,应用于水产品的保鲜技术主要有低温保鲜、化学保鲜、生物保鲜、辐照保鲜、臭氧保鲜、气调保鲜、超高压保鲜等技术[1,2]. 这些不同的保鲜方法,在以往的使用过程中表现出了各自的不足,如化学保鲜容易造成产品污染.

高压静电场保鲜是一种无污染的物理保鲜方法,其保鲜机理是利用高电压静电电离空气,产生离子雾和一定量的臭氧,其中的负离子具有抑制产品新陈代谢,降低其呼吸强度,减慢酶的活性等作用;而臭氧是一种强氧化剂,除具有杀菌能力外,还能与乙烯、乙醇和乙醛等发生反应,间接对产品起到保鲜作用[3]. 李里特等的研究表明,高压静电场处理能降低蔬菜的呼吸强度,抑制水分损失,延迟蔬菜的采后衰老过程[4]. 肖艳辉等以草莓果实为试材,研究了电场强度对果实腐烂指数、失重率、果实硬度、可溶性固形物含量、维生素 C 含量、呼吸速率的影响. 试验结果表明,经高压静电场处理后,降低了草莓腐烂指数,抑制了草莓果实呼吸速率,减缓果实硬度、可溶性固形物含量、维生素 C 含量在储藏过程中的降低速度,经高压静电场处理后的草莓更具耐储性[5]. 王颉等以鸭梨果实为试材,研究 100kV/m 高压静电场处理对果实呼吸强度、乙烯释放量、可溶性固形物含量以及果心二氧化碳含量变化的影响. 试验结果表明,高压静电场处理使鸭梨果实呼吸跃变推迟 60 天,但不改变峰值的变化,同时使乙烯释放高峰推迟 60 天,且峰值只有对照的 1/2 左右. 高压静电场处理对抑制可溶性固形物的损失与果心褐变具有显著的效果. 进一步的研究表明,高压静电场处理使铁离子代谢紊乱、呼吸链电子传递受阻可能是抑制呼吸作用的主要原因[6]. 孙贵宝等利用 30kV/m、60kV/m、90kV/m 不同高压静电场分别对鸡蛋进行 30min 和 60min 的预处理,然后置于 13℃ 左右的室温条件下储藏,定期测定鸡蛋的哈夫单位、蛋黄指数、挥发性盐基氮和感官性状的变化等指标. 试验结果表明:高压静电场处理能很好地保持鸡蛋内部的含水量,有效地降低了哈夫单位、蛋黄指数与挥发性盐基氮的变化速率,储藏保鲜效果明显好于对照[8]. 陈建荣采用高压静电场处理鲜鱼,然后将处理好的鲜鱼冷藏在 3℃ 和 10℃,测定了鱼的细菌菌落数、pH 和感观变化. 结果表明:经高压静电场处理,鱼的保鲜期有所延长,在 3℃ 保藏下,用电压 25kV、作用时间 20min 能使鱼的保鲜期延长 8 天[9].

目前,高压静电场保鲜技术研究还多集中在果蔬方面.利用高压静电场保鲜水产品的研究,目前还较少报道.因而本实验以海虾为例,通过改变处理电源电压、处理时间等实验参数试验确定静电场对它的保鲜效果,为水产品的优质绿色加工技术探索新途径.

(三)本实验的意义

现代人们生活对水产品需求的数量越来越大、质量要求越来越高,同时由于农业生产力的发展,产品也越来越多.但其生产又有季节性,因此如何保持成品的新鲜度和品质也就越来越受到人们的关注.要保持良好品质和新鲜程度,就要抑制其本身的生理生化活动及微生物的繁殖,另外还要防止外来的污染.

高压静电场技术以其能耗低、卫生、操作容易、维护控制方便等诸多优点,将可能逐步成为食品工业发展的主流之一,尤其该处理是一种物理过程,不残留余毒,不会造成二次环境污染,并且保鲜程度高,这就决定了高压静电储藏技术将有着很好的发展前景.

鉴于目前高压静电场保鲜技术研究多集中在果蔬方面,利用高压静电场保鲜水产品的研究还较少报道,因此,开展水产品的静电保鲜技术实验对提高水产品加工技术具有重要意义.

(四)引导性预习题

(1)传统的保鲜方法有哪些?它们存在哪些特点?
(2)高压电场保鲜技术与传统保鲜技术相比有何不同?存在哪些优点?
(3)体现水产品鲜度的主要指标有哪些?

二、实验详细介绍

(一)实验所需设备

电冰箱;精密电子天平;恒温水浴锅;精密 pH 计;电热恒温培养箱;电热鼓风干燥箱;箱式电阻炉;手提式不锈钢蒸汽消毒器;电子万用电炉;研钵,无菌操作台;通风橱;消化炉;微量定氮装置;索氏抽提装置;干燥器;坩埚;滤纸;剪刀;高效液相色谱仪;高压电场保鲜装置,如图 4.5.1 所示,样品被放在两块平行电极板之间,下极板接地,上极板加一定幅度的高压,所用高压电源为同一电压连续可调的直流高压电源.

(二)实验原理

高压静电场保鲜是一种无污染的物理保鲜方法,其保鲜机理是利用高电压静

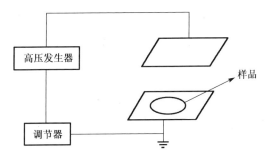

图 4.5.1 实验装置示意图

电电离空气,使之产生离子雾和一定量的臭氧,其中的负离子具有抑制产品新陈代谢、降低其呼吸强度、减慢酶的活性等作用;而臭氧是一种强氧化剂,除具有杀菌能力外,还能与乙烯、乙醇和乙醛等发生反应,间接对产品起到保鲜作用.

(三)相关理论知识

1. 高压电场保鲜的机理

关于高压电场保鲜的机理,目前还没有准确的定论,比较合理的解释主要包括以下三方面内容.

(1)外加电场改变生物细胞膜的跨膜电位理论[10].霍尔和贝克认为,在水溶液中一个离子要穿过细胞膜,除了需要一定的载体来传递外,更重要的是它受到两种驱动力的作用:一种来自膜内外两侧的化学梯度,另一种则是由于透过膜的电荷运动所造成的电势梯度.这两者合起来叫电化学梯度,也就是说电化学梯度将决定离子的运动方向以及膜的透过情况.若外加电场方向与膜电位正方向一致,则膜电势差增大,反之则减少.膜电势差的改变必然伴随着膜两边的带电离子的定向移动,从而产生生物电流,带动生化反应,抑制 ATP 的生成,延缓细胞的新陈代谢,从而达到保鲜的目的.

(2)外加电场引起水的共鸣理论[11].国外专家发现水本身并非单纯的液体,而是具有一定构造的物质,于是从水的构造的角度开拓了对生物膜研究的新领域.他们认为,外加能量场使水发生共鸣现象,引起水结构及水与酶的结合状态发生变化,最终导致酶失活.水是一种由氢键结合而成的具有一定结构(水分子团)的液体.由于水分子是极性分子,所以这种结构并非固定不变的,而是一种动态的结构.以日本学者为代表的许多国家的学者发现,水与其他物质一样存在固有的频率,当外加引起共鸣的高压静电场时,水也能发生共鸣,而水的这种共鸣现象极有可能引起水的结构改变,使其成为活性水或活性化水.影响果蔬生理反应的主要原因是果蔬内酶的活性,当外加静电场作用于酶周围的水分使其结构发生变化时,在一定条件下极有可能改变水与酶的结合状态,使酶的活性不能发挥出来,从而失去活性.酶的失活,必将延缓果蔬的生理代谢过程,达到保鲜的目的.

(3)内部生物电场影响呼吸系统电子传递体理论[12].这种理论认为,生物体内的氧化还原反应主要是以 Fe 来充当电子传递体,利用 Fe^{2+} 和 Fe^{3+} 之间的往复转变,从某反应物获得电子,再传递给另一反应物,实现细胞内的生化反应.当氧化酶处于负电场中时,Fe^{3+} 容易得到一个电子而变成还原态的 Fe^{2+}.这就意味着在外加电场的作用下,电势差的升高使控制果蔬呼吸的酶以 Fe^{3+} 为中心的构象发生了变化,即 Fe^{3+} 变成了还原态的 Fe^{2+}.这样可以认为酶的活性中心的改变使酶失去了活性,果蔬的呼吸作用将逐渐减缓,以达到保鲜的目的.前苏联学者秋尼科夫证实,电磁处理水可使酶的活性显著降低.

2. 水产品鲜度评定的主要指标

目前,评价水产品鲜度的主要指标有感官评定、微生物评定、挥发性盐基氮(TVB-N)评定、生物胺评定、pH 评定、K 评定、三甲胺(TMA)、色度和硬度评定等.

感官评定是通过人的五官对事物的感觉(视觉、味觉、嗅觉、听觉、触觉)来鉴别食品质量的一种评定方法.感观评定可以在实验室,也可在现场进行,是一种比较正确、快速的评定方法,现已被世界各国广泛采用和认可.鱼虾贝类鲜度的感观评定,主要是靠人的视觉、嗅觉和触觉进行的.感观评定对某些项目的敏感度,有时会远超出仪器检测,对异味、异臭还能获得综合评价,故常被确定作为各种微生物学、化学、物理评定指标标准的依据.但人的感觉或认识总是不完全相同,容易造成人与人之间的差别;检查的结果也难以用数量表达,缺乏客观性.为了正确地进行判断,必须对鉴定人员有一定的要求,并要制定感观评定项目和标准.

微生物评定方法是通过检测水产品肌肉或体表皮的细菌数作为判断产品腐败程度的鲜度评定方法.鱼虾贝类的腐败主要是由微生物作用引起的,体内腐败微生物的生长状况可以反映出产品的腐败程度,因此测定细菌数可判产品的鲜度.细菌数的检测一般采用琼脂培养基的平板培养法测定菌落总数.

挥发性盐基氮评定方法是利用产品在细菌作用下生成挥发性氨和三甲氨等低级胺类化合物,测定其总含氮量来评价产品的鲜度,一般鱼虾贝类水产品在死亡后,其体内的蛋白质在微生物的作用下发生变性,产生挥发性盐基氮,其含量多少反映了蛋白质分解的程度.新鲜产品的挥发性盐基氮的含量很低,但随着它们储存时间的不同,蛋白质分解程度也不同,其挥发性盐基氮的含量随着蛋白质分解量的增加也逐渐增加.

生物胺评定方法是通过检测水产品体内的生物胺含量来评价产品的鲜度的.生物胺是一类含氮的低分子化合物,广泛存在于多种食品和含酒精的发酵饮料中,如干酪、肉制品、水产品、葡萄酒、啤酒等,通常是在微生物所产生的氨基酸脱羧酶的作用下,由氨基酸脱去羧基而生成的.由于过多摄入会对人体产生毒害,一些国家已经对部分食品酪胺和组胺的含量做了限量的要求,而腐胺、尸胺、精胺、亚精胺等生物胺,尽管没有直接的毒性作用,但是在一定条件下,它们的存在将竞争人体中的解毒酶,从而增强组胺和酪胺的不良作用.水产品中富含蛋白质,在加工和储藏过程中会产生多肽和氨基酸,这些小分子物质很容易进一步转化为生物胺,因此,生物胺作为水产品腐败程度的化学指标已得到广泛的关注.

pH 评定方法是通过检测水产品肌肉的 pH 来评定产品的鲜度.鱼虾贝类产品死后随着酶解反应的进行,pH 逐渐下降,但达到最低值后,随着产品鲜度的下降,因碱性物质的生成,pH 又逐渐回升.根据此原理可测定 pH 的变化来评定鱼的鲜度.

K 评定方法是利用鱼虾贝类肌肉中 ATP(腺苷三磷酸)在死后初期发生分解,生成 ADP(腺苷二磷酸)、AMP(腺苷酸)、IMP(肌苷酸)、HxR(次黄嘌呤核苷)、Hx(次黄嘌呤)等,最后变成尿酸,测定其最终分解产物(HxR 和 Hx)所占总的 ATP 及关联物的百分数来评定产品的鲜度.K 值是反映产品初期鲜度变化以及与品质风味有关的生化质量指标,也称鲜活质量指标.一般采用 K 值≤20%作为优良鲜度指标,K 值≤60%作为加工原料的鲜度标准.

三甲胺评定方法是通过检测水产品体内的三甲胺来确定产品的鲜度,多数海水鱼的鱼肉中含有氧化三甲胺,在细菌腐败分解过程中被还原成三甲胺,因此可将产品体内三甲胺的含量作为海水鱼的鲜度指标.但淡水鱼类不适用,因为淡水鱼中氧化三甲胺含量很少.

色度和硬度评定方法主要是通过测定水产品的颜色、硬度来判定产品的新鲜程度.水产品在死亡后,随着鱼鲜度的下降,产品的硬度、颜色会发生变化,通过测定这些变化就可以判定产品的鲜度.

三、实验要求

(一)实验任务

(1)实验确定高压电场对虾菌落总数的影响.
(2)实验确定高压电场对虾挥发性盐基氮的影响.
(3)实验确定高压电场对虾 pH 的影响.
(4)实验确定高压电场对虾生物胺的影响.

(二)实验操作提示

将新海虾分成 4 份,一份为对照组,其余 3 份分别采用 15kV、30kV、45kV 的高压静电场处理 10min,然后进行以下测定.

1. 菌落总数的测定

菌落总数测定按照按国家标准方法 GB/T4789.2—2008 进行,采用平板计数法,主要步骤如下:

(1)样品准备.称取 5g 虾肉在无菌条件下匀浆,加 45mL 灭菌生理盐水,做成稀释液(1∶10),用 10 倍递增法进一步制成 10^{-2}、10^{-3} 和 10^{-4} 等稀释度的稀释液,取 100μL 各稀释度的稀释液加入灭菌平皿内并注入营养琼脂培养基,置 30℃恒温培养箱中培养,48h 后计数.

(2)菌落计数.用菌落计数器记录稀释倍数和相应的菌落数量.菌落计数以菌落形成单位 CFU/g 表示.

(3)菌落总数的计算.若只有一个稀释度平板上的菌落数在适宜计数范围内,计算两个平板菌落数的平均值,再将平均值乘以相应稀释倍数,作为每克(或毫升)中菌落总数结果.若有两个连续稀释度的平板菌落数在适宜计数范围内时,按下式计算:

$$N = \frac{\sum C}{(n_1 + 0.1 n_2) d} \quad (4.5.1)$$

式中,N 为样品中的菌落数;$\sum C$ 为平板中的菌落数之和;n_1 为第一个适宜稀释度平板上的菌落数;n_2 为第二个适宜稀释度平板上的菌落数;d 为稀释因子(第一个适宜稀释度).

2. 挥发性盐基氮(TVB-N)的测定

挥发性盐基氮采用 SC/T 3032—2007 蒸馏法测定.主要步骤如下:

(1)样品处理.将 10g 虾肉用研钵研碎搅拌均匀后,放于小烧杯中,加 90mL 高氯酸溶液,均质 2min,用滤纸过滤,滤液备用.

(2)样品测定.吸取 10mL 硼酸吸收液于锥形瓶中,再加入 2~3 滴混合指示液,并将锥形瓶置于半微量定氮器冷凝管下端,使其下端插入硼酸吸收液液面以下.准确吸取 5mL 样品滤液于反应室内,加入 1~2 滴酚酞指示剂,5mL 氢氧化钠溶液,塞塞,加水液封.通入蒸汽,蒸馏 10min 后,使其下端离开硼酸吸收液,再蒸馏 1min,用少量蒸馏水冲洗冷凝管下端.

(3)滴定.锥形瓶中吸收液用 0.010mol/L 盐酸标准溶液滴定至终点,终点呈蓝紫色,记录消耗盐酸溶液 V_1,同时用高氯酸溶液做试剂空白对照试验,记录消耗盐酸溶液 V_2.

(4)结果计算.采用下式计算:

$$X = \frac{(V_1 - V_2) \times C \times 14}{m \times \frac{5}{100}} \times 100 \quad (4.5.2)$$

式中,X 为样品中挥发性盐基氮的含量;V_1 为样品消耗盐酸标准滴定液的体积;V_2 试剂空白消耗盐酸标准溶液的体积;C 为盐酸标准滴定溶液浓度;m 为样品质量.

3. pH 的测定

取样品试样 5g 于烧杯中,用剪刀剪碎,再倒入 45mL 蒸馏水进行匀浆,放置 30min 后进行浸出,并不断搅拌,然后过滤,取滤液的上清液用 pH 酸度计测定.

4. 生物胺测定

本实验生物胺测定采用高效液相色谱—柱后衍生—荧光检测法分析和测定虾储藏过程中七种生物胺含量的变化. 其中样品处理如下进行: 准确称取对虾肌肉 20g, 加 10mL 0.4mol/L 高氯酸并用均质机捣碎混匀; 放入离心机, 在 3000r/min 的条件下离心 10min; 取上层清液, 加入 10mL 0.4mol/L 高氯酸, 充分混匀, 再在 3000r/min 的条件下离心 10min; 取出上层清液, 合并两次清液, 用 0.4mol/L 的高氯酸定容到 25mL; 从中取出 1mL, 加入 100μL 2mol/L 的氢氧化钠调节 pH 后, 进入柱前衍生阶段, 加入 300μL 配制好的饱和碳酸氢钠溶液和 2mL 的 10mg/mL 丹酰氯后, 在 40℃ 的条件下反应 45min; 反应毕, 取出, 加入 100μL 25% 的浓氨水, 静置 30min; 用乙腈定容到 5mL, 振荡混匀, 取适量的溶液过有机相针式滤器后, 移入进样瓶待测.

添加样为取 20g 样品时加入某一待分析浓度的 10 个生物胺混合的标准品, 其余操作同上. 标准品是取 1mL 某一待分析浓度的 10 个生物胺混合标准品直接进入衍生阶段, 以下操作同样品.

(三) 注意事项

在实验前一定详细阅高压电源使用说明书, 注意实验安全, 每次实验样品从电极下取出时, 要先将所加电压降为 0, 关闭电源, 并通过接地线放掉余电, 在实验教师的指导下严格按照规程操作仪器.

(四) 拓展问题

在实验中还可改变电极形状, 测定不同形状 (板、针、线) 电极下的保鲜效果, 对比有何不同. 实验中还可以测定直流与交变电场、电压极性对保鲜效果的影响情况, 并寻找最佳保鲜参数.

(五) 课后作业

对实验结果进行分析讨论, 写一篇课程小论文.

参 考 文 献

[1] 田超群, 王继栋, 盘鑫, 等. 水产品保鲜技术研究现状及发展趋势. 农产品加工, 2010, (8): 17-21.

[2] 王良玉, 郑朕, 熊波, 等. 几种新型食品保鲜技术的研究进展. 农产品加工, 2011, (5): 134-136.

[3] 吴春艳, 张俐, 郑世民. 高压静电场对动物体生物效应的影响机理及其应用. 动物医学进展, 2004, 25(3): 7-9.

[4] 李里特,赵朝辉,力胜.高压静电场下黄瓜和可豆的保鲜试验研究.中国农业大学学报,1998,3(6):107-110.
[5] 肖艳辉,何金明,张贵虹.高压静电场对草莓贮藏效果的影响.江苏农业科学,2007,(1):175-177.
[6] 王颉,李里特,丹阳,等.高压静电场处理对鸭梨采后生理的影响.园艺学报,2003,30(6):722-724.
[7] 孙贵宝,王新馨,裴国栋.利用高压静电场保鲜鸡蛋试验.农业工程学报,2009,25(10):318-322.
[8] 陈建荣.高压静电场对鱼的保鲜研究.现代食品科技,2002,28(5):499-501.
[9] Hall J L,Baker D A.细胞膜与离子传递.焦新立译.北京:科学出版社,1985:33-42.
[10] Chapman D. The role of water in biomembrane structure. Journal of Food Engineering,1994,52(22):367-380.
[11] 尚念科.果蔬静电贮藏保鲜机理的探讨.静电,1994,(4):17-18.

4.6 水生生物强电场环境生物效应研究

一、实验预备知识

(一)实验目的

(1)了解强电场环境的基本性质.
(2)掌握实验室中产生强电场环境的方法.
(3)理解强电场环境及其对水生生物影响的基本规律.

(二)相关科研背景

地球上的生物都生活在一个庞大的电场环境之中,地球电离层相对于地面有360kV的正电位,地球表面附近的电场强度约为130V/m.实验证明,生物的各种生命活动都伴有电现象发生,而电现象又是一切生命活动的信号,这种电信号是有机体生长、发育的前兆.因此适当地控制和改变生物体的电活动,就有可能影响和刺激生物体的生长发育,从而改变生物体生长发育的进程.要改变和控制生物体的电活动,除了直接的电刺激外,就是外界环境电场,即人为地对生物体施加电场,如匀强电场、非匀强电场、电晕场、脉冲电场等,这些电场都能够不同程度地影响生命系统内的自然电场,促进或控制生物体的生长和发育,从而引起诸多的生物学效应.

强电场环境生物效应研究简称电场生物效应研究,主要研究各种环境电场对生物体(包括动物、植物、微生物和人)所产生的影响以及产生这些生物学效应的微观机制.大量的实验结果表明,不同的电场作用于同一生物体和同一电场作用于不同的生物体都会产生不同的生物学效应,其中促进生物生长发育的效应称为正效应或兴奋效应;而阻碍或破坏生物生长发育的效应称为负效应或抑制效应.由于外界环境的电场发生变化而引发的生物学效应被称为电场环境生物效应;因此,静电场作用于生物体而引发的生物学效应被称为静电生物效应.

电致生物效应包括电流生物效应和电场生物效应,利用电流或电场处理生物体,以期获得生物效应,国外早有人从事这方面的研究. Eifring 1882 年就曾研究过电流处理生物体所发生的弯曲现象. Roux 1892 年观察到许多动物卵细胞施加电场后,细胞质出现了明显的分层现象. Mathews 1903 年首先提出生物体内的自然电场可能影响生物体的生长和发育. Brauner 和 Bunning 1931 年发现将植物置于电场强度为 640V/cm 的电场中,会发生向电性弯曲,根弯向阴极,而胚芽鞘和基茎则弯向阳极. Hodkin 和 Huxley 1939 年以无脊椎动物枪乌贼的巨大神经为材料,首次在生理学上证明,在没有任何外来刺激的情况下,神经纤维膜内、外之间存在着跨膜电势差,膜内为负,膜外为正.

第二次世界大战后期及战后的一段时期内,研究者的注意力集中于高剂量电离辐射的杀伤作用上. 1961 年 Henry 发表论文,他认为不见得任何小量的电离辐射都有害. 此后,日本、欧美和前苏联等国的研究者,如 Murr(1965 年)、Sidaway(1968 年)、Anderson(1971 年)、伊板(1975 年),Senatra(1978 年)、Marino(1983 年)、Rech(1987 年)、Azadmiv(1993 年)、БорогИН(1996 年)等开始将电场生物效应用于农作物选种、杀菌保鲜、促进生长发育和生物工程等方面,开展了大量的试验研究和理论研究[1-8].

我国早期从事动植物电生理研究,主要是基础理论方面.应用电磁场处理农业生物体[9-10],研究其生物学效应和增产效应,是从 20 世纪 70 年代开始的,例如,1974 年对棉籽用 4kV/cm 的匀强静电场处理 12h,可使棉花增产 12.4%,绒长增加 1~2mm. 1984 年用负电晕场处理的青椒、蕃茄、黄瓜、玉米、大豆、水稻等种子,其活力指数可提高 10%~20%,植株高,茎增粗,根变长,叶片增多,产量提高 5%~40%,经生化测定,ATP 含量增加 76.7%~216.7%,淀粉酶增加 31%~51%,脱氢酶活性提高 15%~50%. 1992 年用静电场处理甜菜种子,平均提高甜菜含糖分 0.6 度;1993 年开展了对环境电场影响果蔬采后的呼吸强度、动物器官的生理功能、生物的遗传性状等方面的研究. 自 1985 年开始,出现了对淡水家鱼的强电场环境生物效应研究[11-14],对团头鲂及异育银鲫的四细胞期胚胎进行电场刺激后,其鱼苗的出苗率和成活率普遍提高. 1994 年,开始了以海洋水产生物为研究对象的强电场环境生物效应研究,如对鲍的受精卵经高压静电场的适当处理后,不仅孵化率和着板情况较好,而且幼苗期的活力增强,有利于提高出苗率. 对幼鲍和病鲍的处理,有利于提高成活率和抗病能力;对其他水生生物如角毛藻、小球藻等浮游生物也都有不同程度的生物效应.

(三) 本实验的意义

电场生物效应是以生物的宏观现象表现的，而这些宏观现象与生物体内的微观过程和机制有着密切的联系．因此，研究电场生物效应的重要任务应该是：一方面要搞清楚电场效应的宏观现象；另一方面要揭示出电场效应的微观机制，例如，电场如何影响生物体内的电子传递，电场与生物体内自由基活动，电场与各种酶活性，电场与生物体的代谢过程等．然而，目前的研究现状是：宏观现象的研究尚处于资料积累阶段，微观机制的研究还很分散和表浅，远没有达到相互联系和明确阐述的程度．

水产生物的电场生物效应实验研究，虽然取得了一定的进展，但是目前的研究工作尚处在揭露事实、积累经验、总结规律的阶段，有待探索的问题还很多．目前对于电场环境生物效应机理的认识大都在细胞水平上进行分析与解释，分子水平的理论很少见，更需要量子水平的理论做指导．

(四) 引导性预习题

(1) 什么是强电场环境生物效应？什么是静电生物效应？

(2) 在实验室内如何产生强电场环境？一般情况下，用于生物效应研究的强电场有几种？

(3) 电场生物效应和电离辐射生物效应有什么异同？

二、实验详细介绍

(一) 实验所需设备

实验使用的电场处理系统为大连理工大学静电与特种电源研究所研制的ZGF-Ⅰ型直流高压电源系统，如图4.6.1所示，可提供 0～60kV 的直流高压电源；电场处理器即两平板电极是两个直径为 30cm 的金属板，其中一个为 5mm 厚的铜板，一个为 3mm 厚的不锈钢板；根据实验条件的要求，两个电极板间可以产生 0～15kV/cm 的高压电场．在两平行板中心位置放一个直径为 9cm 的培养皿作为处理器，实验时将待处理对象放到处理器中．如果电源为脉冲电源，即可产生强脉冲电场．电场处理器还可以设计成线板型或针板型的电极，从而产生的强电场为不同类型的非匀强电场环境．

环境箱采用日本产，自控、恒温、恒湿箱，顶部安装了均匀分布的日光灯光源，通过开启灯管的个数调解光照强度；用美国产 LI-18813 型照度计测光强．环境箱的各种参数如下：长×宽×高为 800mm×700mm×800mm；控温范围为 −20～120℃；20℃ 时的湿度调节范围为 45%～95%；电源为交流 380V，50Hz，8.5kVA．

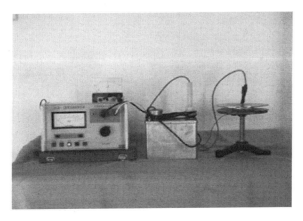

图 4.6.1 均强电场生物效应实验研究系统

(二)实验方法选择与原理依据

1. 强电场环境对单胞藻繁殖能力的影响

实验用金藻、角毛藻、小球藻、新月菱形藻等单胞藻作为研究对象均可.

实验前,按着 500 万个/mL 的密度调配好待处理藻种液.取 200mL 藻种液放入处理器中;待高压电场处理后,将藻种液放入准备好的培养瓶中,并将其稀释至 1000mL.此时液体中的单胞藻密度为 100 万个/mL,即为初始密度值.

将实验组和对照组的培养瓶放到饵料室内,在相同的环境下进行培养.3 天后全面定量一次;6 天后再全面定量一次.

用血球计数板和光学显微镜对单位水体中的单胞藻计数定量.在定量过程中,对每一个处理剂量的样品,分别计数 3~6 次,其平均值作为最终的观测结果.

2. 强电场环境对单胞藻光合作用能力的影响[15]

实验时按着实验所需的密度调配好待处理藻种液.每次取 200mL 藻种液放入处理器的容器中;待高压电场处理后,用虹吸法或导液棒导入法将其分装在 3 个 60mL 的测氧瓶中或 9~15 个 10mL 的具塞比色管中.在相同的条件下重复进行 2~3 次,保证有足够的测氧瓶或比色管可供测定溶解氧.将测氧瓶或比色管用干布擦干后,随机放入准备好的环境箱中.环境箱温度为 21℃,光照为 5000lx,不设相对湿度控制.对应设置对照组进行实验.

用血球计数板和光学显微镜对单位水体中的单胞藻个数进行定量.在定量过程中,对每一个样品,测试 3~6 次,其平均值作为最终的测量结果.

实验时,每隔一段时间从环境箱中取出 3 个处理瓶(管)和 3 个对照瓶(管),分别全瓶固定、测定水中的溶解氧.溶解氧浓度的测定采用碘量法(国家海洋局,1991 标准).

(三)相关理论知识[16]

微藻是一类在陆地、海洋分布广泛,细胞微小,营养丰富,光合利用度高的自养植物.微藻种类繁多,广泛分布于淡水和海水中,潮湿土壤、岩石或墙壁甚至干土或沙漠上也有某些种类生存.有些特殊的种类能在极端环境条件下生长繁殖,如冰雪、温泉、盐池等.已经鉴定的微藻大约有 40 000 种,而且其数量还在不断增加.根据微藻生长环境,可分为水生微藻、陆生微藻和气生微藻三种生物类群.水生微藻又有淡水生和海水生之分.根据生活方式的不同,又可分为两大生态类群:浮游微藻和底栖微藻.微藻的营养方式大体上有三类:光自养、异养和兼养.其中绝大多数微藻是光自养的,但有不少光自养类型也营异养生活.微藻的生长速率远高于陆生作物,一般微藻在 24h 内其生物量就可以加倍,在指数生长期的生物量倍增时间一般为 3.5h.

微藻不仅是渔业生产的活饵料,而且是保健品和药物的原料.微藻细胞中含有蛋白质、脂类、藻多糖、β-胡萝卜素、多种无机元素(如 Cu, Fe, Se, Mn, Zn 等)等高价值的营养成分和化工原料.微藻的蛋白质含量很高,是单细胞蛋白(SCP)的一个重要来源.微藻所含的维生素 A、维生素 E、硫氨素、核黄素、吡多醇、维生素 B12、维生素 C、生物素、肌醇、叶酸、泛酸钙和烟酸等增加了其作为 SCP 的价值.藻中类胡萝卜素含量较高,具有着色和营养的作用,具有防治癌症、抗辐射、延缓衰老,增强机体免疫力等生理作用.化学合成均为反式的 β-胡萝卜素,对人体有致癌、致畸的作用,而顺式异构体在抗癌、抗心血管疾病功能比全反式异构体高,藻粉中 β-胡萝卜素含量高达 14%.藻细胞中甘油含量较高,是优质的化妆品原料,也是化工、轻工和医药工业中用途极广的有机中间体.藻多糖复合物可作为免疫佐剂增强抗原性和机体免疫功能,明显抑制实体瘤 S180,起到抗肿瘤的作用.

微藻是生物质能源的原料.自然界中不同微藻在种间或株系间油脂含量存在较大差异.据报道富油微藻主要集中在绿藻门、硅藻纲、金藻门和黄藻门中,而蓝藻门中分布较少.Griffiths 等对 51 种微藻的种类、总脂含量和总脂产率进行了统计分析,结果表明有 7 株硅藻和 11 株绿藻的总脂含量超过 30%,总脂含量最高的为小球藻(63%),而蓝藻总脂含量均在 10% 以下.

三、实验要求

(一)实验任务

(1)强电场环境对单胞藻繁殖能力影响的基本规律;
(2)强电场环境对单胞藻光合作用能力影响的基本规律.

(二)实验操作提示

(1)要掌握在实验室产生强电场环境的基本方法,并能够熟练调试好强电场环境生物效应研究系统.

(2)启动高压电源时,电源的接地线一定要接实,否则无法调节高压.

(3)所有实验用的器皿都应彻底清洗并高温消毒,防止其他藻类或杂菌影响微藻的正常生长.

(4)微藻在培养的过程中,应有摇床或定期手工晃动培养瓶,防止微藻沉淀.

(5)观测实验时,藻液用虹吸管抽取,避免微藻沉淀对实验数据产生误差.

(6)微藻在用血球计数板计数前,应向三角烧瓶中滴入1~2滴甲醛,固定细胞,便于计数.

(7)计数应进行3~5次,取其平均值,以减少误差.

(三)注意事项

(1)启动高压电源后,一定要注意人身安全,应戴绝缘手套,并会使用放电器.

(2)实验时,每进行一步都要将电场处理器的两个极板擦拭干净,避免漏电放电.

(3)微藻培养过程中和在观测生物量时,要注意微藻沉淀现象.

(4)选择研究对象后,首先必须了解其生物学特性.

(四)拓展问题

水生生物都生活在水环境中,实验证明,强电场环境有可能影响水的多种理化指标;同时,强电场环境也会影响生活在水中生物生长或繁育等,这些现象都得到了实验证实.强电场环境对水中生物引发的生物学效应,哪些是水环境理化指标变化导致,哪些是强电场直接作用于生物体后产生的,这些问题还有待深入研究和探索.

(五)课后作业

本研究任务有两个,建议分别进行;对实验结果进行分析讨论,每个任务分别写一篇专题探究性的小论文.如果条件允许,也可能按一个实验要求,撰写一篇研究论文.

参 考 文 献

[1] Brulfert A. An cytohistological analysis of roots whose growth is affected by a 60-Hz electric field. Bioelectromagnetics,1985,(6): 283-291.

[2] Brayman A A, Miller M W. Induction electric field exposure inhibits in a plant root model system,relationship between applied field strength and cucurbitaceous root growth rates. Radiation & Environment Biophysics,1986,25:141-149.

[3] Zimmerman V. Influence of 60-Hz magnetic fields on sea vrchin development. Bioelectromagnetics,1990,(11):34-45.
[4] Azadniv M. On the mechanism of a 60-Hz electric field induced growth reduction of mammalian cellsin vitro. Radiation & Environment Biophysics,1993,32:73-83.
[5] Sandblom J,Galvanovskis J. Electromagnetic field absorption in stochastic cellular systems: enhanced signal detection in ion channels and calcium oscillators. Chaos,Solitons and Fractals,2000,11:1905-1911.
[6] Boscolo P,Di Sciascio M B,Ostilio S D,et al. Effect of electromagnetic fields produced by radiotelevision broadcasting stations on the immune system of women. The Science of the Environment,2001,273: 1-10.
[7] Velizarov S,Raskmart P,Kwee S. The effects of radiofrequency fields on cell proliferation are non-thermal. Bioelectrochemistry and Bioenergetics,1999,48:177-180.
[8] Berg H. Problem of weak electromagnetic field effects in cell biology. Bioelectrochemistry and Bioenergetics ,1999,48:355-360.
[9] 梁运章. 静电生物效应及其应用. 物理,1995,24(1):39-42.
[10] 白亚乡,胡玉才,刘滨疆. 现代静电技术在农业生产中的应用. 现代农机,2012,(1):76-77.
[11] 胡玉才,孙丕海,刘俊鹏. 探讨静电生物效应在海珍品育苗中的应用. 静电,1998,13(1):27-29.
[12] 孙丕海,胡玉才,李仁宸. 我国的静电场生物效应研究及其在水产养殖中的应用. 水产学报,1999,23:82-85.
[13] 白亚乡,胡玉才,杨桂娟. 物理技术在水产养殖中的应用. 物理,2002,31(9): 589-592.
[14] Hu Y C,Sun P H,Di B H. The influence of treatment by high voltage electrostatic fields on the ablone's zygote. Mathematical and Physical Fisheries Science,2004,2:92-96.
[15] 胡玉才,曲冰. 高压电场对小球藻光合作用能力的影响. 军械工程学院学报,2006,18(18):103-106.
[16] 陈峰,姜悦. 微藻生物技术. 北京:中国轻工业出版社,1999.

4.7 高压静电纺丝法制备纳米纤维的实验研究

一、实验预备知识

（一）实验目的

（1）了解静电纺丝原理及设备的基本特点.
（2）了解影响静电纺丝的各种影响因素.
（3）通过对纺丝原液的控制制备出具有不同形态的静电纺纤维.

（二）相关科研背景

纳米纤维凭借其优异的性能,在电子器件、生物医学、过滤材料、防护纺织品、传感器等领域具有广泛的应用前景.然而,关于制备功能性纳米纤维材料的研究是近几年才开始的,并且现有的制备工艺比较复杂,成本较高.因此,寻找一种简单的、低成本的、大规模制备多功能性纳米纤维的方法对于纳米材料的进一步应用具有重要的意义.

纳米纤维的制备方法主要有拉伸法、模板聚合法、自组织法、复合纺丝法、Nanoval 分裂纺等.近年来,随着纳米技术的发展,静电纺丝技术作为一种有效、实用的微纳米纤维的制备方法,在纳米材料研究领域受到日益广泛的关注.静电纺丝这项技术具有显著的简易性、易操作性、多功能性,引起了大量关于静电纺丝实验和理论的研究.静电纺丝法是聚合物溶液或熔体借助静电力作用进行喷射拉伸而获得纤维的一种方法(图 4.7.1).该方法涉及高分子科学、应用物理学、流体力学、电工学、机械工程、化学工程、材料工程和流变学.静电纺丝技术主要有两个方面的优势.第一,静电纺丝方法可以稳定地制备直径在纳米级别的纤维.常规的纺丝方法只能得到 $10\sim20\mu m$ 直径的纤维,而电纺纤维的直径在几纳米到几百纳米范围.由于电纺纤维的直径比常规的纺丝方法减小了 $1\sim2$ 个数量级(图 4.7.2),因此这使得它的比表面积最大可以达到 $1000m^2/g$(当直径约为 50nm 时),是常规方法制备的纤维的 10 倍.第二,电纺纤维设备具有成本低廉、工艺流程简单、液固相分离时间比常规的纺丝方法短,可用于制备纤维的聚合物种类多等优势.因此,电纺纳米纤维的这一特点使得它在很多领域具有很广阔的应用空间,如分离工业中做过滤膜分离微米级别粒子、可控药物释放以及生物组织工程支架等.

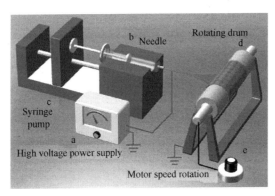

图 4.7.1 静电纺丝制备纳米纤维过程示意图

(三)本实验的意义

静电纺丝法是近年来新兴的一种利用高压静电力制备微纳米纤维的方法,由于该方法十分简便、高效,而且具有很好的通用性,因此迅速引起人们的广泛关注.

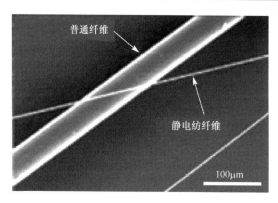

图 4.7.2 静电纺纳米纤维与普通纤维对比示意图

本实验项目的开设旨在通过对静电纺丝技术原理的讲解以及学生静电纺丝仪器的使用,实现纳米纤维的制备,使学生全面掌握静电场流体力学效应的科学性和实践性.

二、实验详细介绍

(一)实验所需设备

连续可调高压直流电源、高精度步进推进器、静电纺丝仪、集热式磁力搅拌器、电子天平、电子显微镜.

(二)实验方法选择与原理依据

本实验采用静电纺丝法制备纳米纤维,其原理为:把小分子溶液或大分子的适当浓度的溶液置于滴管中,将滴管置于电场并将阳极插入试管的溶液中,阳极从高压静电场发生器导出. 当没有外加电压时,由于滴管中的溶液受到重力的作用而缓慢沿滴管壁流淌,而在溶液与滴管壁间的黏附力以及溶液本身所具有的黏度和表面张力的综合作用下,形成悬挂在滴管口液滴(图 4.7.3(a)). 而当电场开启时,由于电场力的作用,溶液中不同的离子或分子中具有极性的部分将向不同的方向聚集,即阴离子或分子中的富电子部分将向阳极的方向聚集,而阳离子或分子中的缺电子部分将向阴极的方向聚集. 由于阳极是插入聚合物溶液中的,溶液的表面应该是布满受到阳极排斥作用的阳离子或分子中的缺电子部分,所以溶液表面的分子受到了方向指向阴极的电场力,而溶液的表面张力与溶液表面分子受到的电场力的方向相反. 但当所外加的电压所产生电场力较小时,电场力不足以使溶液中带电荷部分从溶液中喷出. 这时,对于纺丝时悬挂在滴管口的液滴,滴管口原为球形的液滴被拉伸变长. 继续加大外加电压,在外界其他条件一定的情况下,当电压超过某一临界值时,溶液中带电荷部分克服溶液的表面张力从溶液中喷出. 这时滴管口的液滴变为锥形,被称为 Taylor 锥,如图 4.7.3(b)所示. 继续加大电压则电荷在 Taylor 锥口形成爆炸,瞬间被分类成很多细流,细体流中的溶剂在空气中挥发,从而在所对应的阴极板上聚集为相互无规缠绕的无纺布状纤维(图 4.7.3(c)).

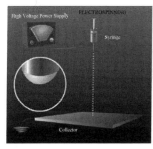
(a) 球形液体

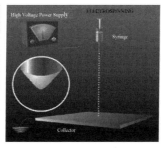
(b)Taylor 锥

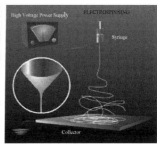
(c) 纳米纤维

图 4.7.3 静电纺丝技术制备纳米纤维过程原理示意图

(三) 相关理论知识

电纺过程是一个复杂的流体动力学问题,它包括如下三个过程:

1. 带电喷射流产生

置于毛细管中的液流通过静电力,能从导电管中喷出,初始的平滑半月状流体变成圆锥形,喷射头就是圆锥的顶点. 按照 Taylor 的阐述[1],从电场中的黏性液滴形成细丝是由于电场力作用下液体表面的不稳定造成的. 同时他也说明了,在锥顶半角为 49.3°时,黏性液体在电场中存在着一个平衡. 也就是说,喷射流在锥顶半角达到 49.3°时逐步显示出来,所以这个液体圆锥被称为 Taylor 锥. 产生不稳定流体的临界电压 V_c (千伏)可以由以下公式表示:

$$V_c = 4 \frac{H^2}{L^2} \left(\ln \frac{2L}{R} - 1.5 \right) (0.117 \pi R \gamma) \tag{4.7.1}$$

式中,H 是毛细尖到接收装置的距离(即电极之间的距离);L 是毛细管长度;R 是管的半径;γ 是液体的表面张力. 纺丝时,从纺器中出来的液体被拉长.

2. 喷射流的拉伸细化

喷射流从微米级减小到纳米级的关键是非轴向或不稳定的抖动,它使喷射流在高频率下弯曲和拉伸. Shin 等[2,3]使用电流动力学的渐近膨胀方程控制扰动流体的长径比,研究 PEO(聚氧乙烯)电纺的稳定性. 通过计算这个方程,他们发现有三种不稳定流存在. 一是典型的雷诺不稳定流,它是与喷射中心线有关的轴对称;二是另一种轴对称不稳定;三是非对称不稳定,也称之为"whipping"不稳定,主要由弯曲力引起的. 保持其他的参数不变,电场强度与不稳定成正比,即当电场最低时,雷诺不稳定流产生,而弯曲或抖动不稳定流在最高电场产生. Shin 等还在实验中观察到所谓的"反锥体"现象,即初始喷射流被分裂为多股亚流体实际上是由弯曲不稳定引起的.在高分辨或高速摄像机下,反锥体不是因为分裂,而是一系列沿中心线两侧的小波动.他们发现,PEO在低浓度下(2%或6%)电纺过程中存在着非分裂现象.

对于喷射流的直径,人们已经注意到,当聚合物溶液黏度增大,纺丝液滴从近半球形变为锥形.Baumgarten通过使用近似计算,得到了半球液滴半径的表达式

$$r_c^3 = \frac{4\varepsilon m_0}{k\pi\sigma\rho} \tag{4.7.2}$$

式中,ε 是液体的电容;m_0 是流体的瞬间速度质量;k 是与电流有关的无量参数;σ 是电导率;ρ 是密度.

3. 喷射流的固化

Yarin 等[4]推出了准一维方程,来描述由于挥发和固化使喷射流的质量降低和体积改变,他们假设初始流体没有发生分岔和分裂.但初始浓度为6%时,他们计算出干纤维的截面半径是初始喷射流体的 1.3×10^{-3} 倍.虽然固化速率随液体浓度而发生变化,但目前诸如固化速率随电场、裂缝宽度等的变化,以及固化中如何控制孔洞维数和扰动等都还没有搞清楚.

(四)静电纺丝过程参数控制

静电纺丝法制备纳米纤维的过程受很多参数影响[5,6],这些因素可分为溶液性质,如黏度、弹性、电导率和表面张力;控制变量,如毛细管中的静电压、毛细管口的电势和毛细管口与收集器之间的距离;环境参数,如溶液温度、纺丝环境中的空气湿度和温度、气流速度等.其中主要影响因素包括:

1. 聚合物溶液浓度

浓度太低,溶液黏度太低,链的缠结不充分,表面张力决定纤维形态,射流不稳定,易形成滴状喷射,所得纤维带有结点,直径不均一,甚至断流,纤维易发生黏连.聚合物溶液浓度越高,黏度越大,表面张力越大,而离开喷嘴后液滴分裂能力随表面张力增大而减弱.通常在其他条件恒定时,随着浓度增加,纤维直径增大[7].

2. 电场强度

随电场强度增大,高分子静电纺丝液的射流有更大的表面电荷密度,因而有更大的静电斥力.高的电场强度可以使射流获得更大的加速度.这两个因素均能引起射流及形成的纤维有更大的拉伸应力,导致有更高的拉伸应变速率,有利于制得更细的纤维[8].

3. 毛细管与收集器之间的距离

聚合物液滴经毛细管口喷出后,在空气中伴随着溶剂挥发,聚合物浓缩固化成纤维,最后被接收器接收.纺丝距离太小,溶剂来不及挥发,纤维容易相互黏结[8].纺丝距离太大,由于电场强度变弱,丝束不易收集在接收屏[9].溶剂挥发性大的纺丝液

需要的纺丝距离较小[10]. 例如,一般聚合物溶液进行电纺丝,需要约 25cm 的纺丝距离,而相同情况下采用易挥发的溶剂仅需要 2cm. 随着纺丝距离的增大,所得纤维的直径变小,这是因为随着纺丝距离增大,产生呈弯曲状的不稳定射流所致[11].

4. 收集器的影响

收集器的状态不同,制成的纳米纤维的状态也不同[12]. 当使用固定收集器时,纳米纤维呈现随机不规则情形;当使用旋转盘收集器时,纳米纤维呈现平行规则排列. 因此,不同设备条件所生成的纤维网膜不同.

(五)静电纺丝技术的应用前景

以静电纺丝工艺生产高性能聚合物纳米纤维的工艺流程简单,且普遍适用于现有的聚合物和生物高分子溶液或熔体. 由于静电纺丝纳米纤维的独特结构和优越特性,广泛用于无机纳米材料制备、过滤材料、生物医用和纳米级电子仪器领域. 因此,应用静电纺丝工艺设计和开发功能化纳米纤维是新兴功能材料领域的一个研究热点.

1. 组织工程

当前,医学几乎完全是建立在治疗疾病系统上的. 然而,可以预见未来的医学发展将很大程度上是建立在疾病的早期检测和早期预防的基础上,而医学与纳米技术的结合必将促进新的治疗模式的发展,增大预防疾病的概率,从而保护人类健康.

随着静电纺丝技术的发展,合成聚合物与天然聚合物都能被制备成各种形态和功能纳米纤维. 纳米纤维膜的三维空间结构与人类体内的细胞外基质(extracellular matrix,ECM)相似. ECM 是由复杂的纤维蛋白和可溶性蛋白组成,纤维蛋白如胶原蛋白、纤连蛋白、糖蛋白和蛋白多糖,可溶性蛋白如生长因子,是支持细胞黏附和生长的生物活性分子. 用生物相容性材料制备的纳米纤维膜做组织支架材料,有利于细胞的黏附,增殖和渗透,减少炎性病变或排异反应,对于生长因子和其他蛋白或药物有极好的传送性能. 细胞和纳米纤维间的相互作用的研究已经表明,在纳米纤维为介质的培养基上,细胞的黏附性和增殖性能良好.

Stevens[13]在 Science 上发表论文,指出相比二维细胞培养基底(TCPS)(图 4.7.4(a)),在纳米纤维三维培养膜上细胞之间的黏附很少,这是由于 TCPS 不能适时地调节细胞与细胞外基质或相邻的细胞间的黏附分子,而三维纤维培养基底可以很好地调控细胞表面的黏附分子. 减少的这种接触抑制同样可以引起细胞形态和微观结构的变化. 同时相比于微米纤维的直径($10 \sim 50 \mu m$)(图 4.7.4(b)),由于与大多数的细胞直径在 $2 \sim 30 \mu m$ 相当,因而细胞吸附在微米纤维上仍然相当于在二维环境中,细胞弯曲度依赖于微米纤维直径. 对于纳米纤维三维环境(图 4.7.4(c)),支架纤维和孔必须比细胞小得多. 为了培养组织细胞在纯的三维环境中,纤维直径必须比细胞直径更小,这样细胞被纤维支架包围着,通过微细的毛细管网支架材料被迅速地分裂和渗透,这个过程非常有利于细胞的进一步生长和活动.另外,纤维之间的微孔($10\sim200\mu m$)尺寸比双分子尺寸大$1000\sim10\,000$倍,这好比是汽车行驶在高速路上,细胞能快速地向四周扩散,这与细胞外环境和自然的细胞基质极其相似,因而避免排异反应.

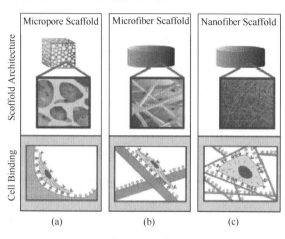

图 4.7.4　支架结构体系对细胞黏附和增殖的影响

Yoshimoto[14]报道了采用静电纺丝技术制备聚己内酯纤维(PCL)膜(图 4.7.5),在该纤维膜上培养新生小鼠间充质干细胞(mesenchymal stem cells, MSCs),发现 4 周后细胞开始生长并观察到细胞分泌的Ⅰ型胶原蛋白和矿物质,而且细胞生长过程中纤维支架并没有收缩,荧光显微镜表明细胞生长遍及整个支架,这表明电纺 PCL 纤维膜有巨大的潜力用于组织支架材料.*Science* 对其工作做了相关报道[15].

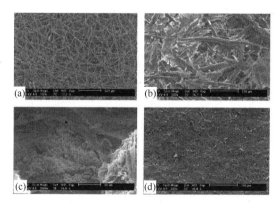

图 4.7.5　MSCs 培养在电纺 PCL 纤维膜上 SEM 图
(a)PCL 三维多孔无序纳米纤维;(b)MSCs 培养在电纺 PCL 纤维膜上一周后的
低分辨 SEM 图;(c)MSCs 培养在电纺 PCL 纤维膜上一周后的高分辨 SEM 图;
(d)MSCs 培养在电纺 PCL 纤维膜四周后的低分辨 SEM 图

Ramakrishna[16]通过改进收集装置得到了取向性的聚乳酸/聚己内酯(PLLA/PCL)纳米纤维,在该纳米纤维支架上培养人冠状动脉平滑肌细胞,激光共聚焦显微镜显示细胞具有正常生长形态和良好的增殖性,细胞骨架蛋白α-肌动蛋白组织沿着取向的纳米纤维方向生长(图4.7.6),这意味着纳米纤维的取向能影响细胞的功能发育.

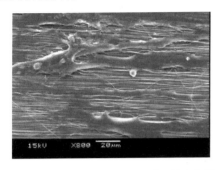 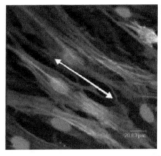

图4.7.6 培养在定向的纳米纤维膜上的人冠状平滑肌细胞,染色的为α-肌动蛋白纤丝

Chew[17]将人类神经细胞生长因子(α-nerve growth factor,NGF)和牛血清蛋白(bovine serum albumin,BSA)与聚己内酯澡酸盐共同纺丝,发现部分蛋白质沿着纤维轴向取向,在纤维膜培养PCL12细胞,观察到细胞生长因子三个月内缓慢释放,说明植入纤维内的蛋白具有明显的生物活性.

近年来关于静电纺丝纳米纤维应用于组织支架的研究非常活跃,大量的研究结果表明纳米纤维确实能促进细胞与基质、细胞与细胞之间的相互作用,使细胞具有正常的形态和基因表达.更深入的研究需要知道纳米纤维对细胞生物化学途径的影响和细胞信号转导机制的影响,如纳米纤维是如何调节细胞形态、生长、增殖、分化、运动和基因表达.细胞分泌的ECM组分如何取代生物可降解聚合物支架也需要我们更深入的研究.这些未知问题的解决,能帮助我们更好地理解细胞与纳米纤维支架之间的相互作用,并为进一步研究组织工程和器官移植打下坚实的基础,这包括:血管移植,神经、皮肤和骨骼的再生,角膜移植,骨骼肌和心肌组织,胃肠道和肾脏、泌尿道的器官移植,干细胞的生长和向特定细胞的分化、器官的重建等.

2. 可控药物释放载体

在药物释放中,纳米纤维可被作为药物和保健品控释系统的载体.例如,Mcknight[18]报道了DNA共价结合的碳纳米纤维通过离心法插入细胞中,研究发现它并没有影响细胞的生存能力,而且插入的DNA在细胞中进行了表达.这项研究必将促进功能聚合物药物传输的发展.

Ramakrishna[19]研究了PCL核-壳结构纳米纤维用来包裹药物和治疗剂.在

培养人真皮成纤维细胞(HDFs)时显示 FITC-BSA 能被快速释放,而没有细胞时则缓慢释放.这是由于存在细胞分泌的酶使聚合物以更快的速度降解.因而这种纳米纤维膜作为创伤敷料是非常理想的,在创伤处早期的抗生素突释和随后持续的释放是有必要的.

Abidian[20]采用导电聚合物(poly(3,4-ethylenedioxythiophene,PEDOT)管作为地塞米松药物的载体(图 4.7.7).他首先制备 PLLA/dexamethasone 复合纳米纤维,然后在其表面沉积 PEDOT,最后除掉 PLLA 而得到 PEDOT 包裹地塞米松药物.携带药物的 PEDOT 导电聚合物纳米纤维管置于电场中,通过电压来控制 PEDOT 管的收缩与膨胀,从而来控制药物的释放(图 4.7.8).

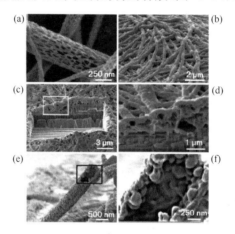

图 4.7.7　PLLA/dexamethasone 复合纳米纤维
及 PEDOT 纳米管 SEM 图

(a)PLGA 纳米纤维;(b)除去 PLGA 的 PEDOT 纳米管;(c)图(b)中某部分切割断面图,底层为硅片;(d)图(c)中方框部分高分辨 SEM 图;(e)除去 PLGA 后的 PEDOT 单根纳米管;(f)图(e)中方框部分高分辨 SEM 图

纳米纤维作为药物可控释放的载体,生物和化学配体能被结合在纳米纤维上作用于细胞,作为识别细胞的特定的靶向位点,这对于调节细胞的生长是至关重要的.

3. 纳米传感器

传感器在电子、化学、生物等领域都有广泛应用,成为当前的一个热门研究领域.为了提高敏感度,当前的研究趋势是制作纳米尺度的传感器,报道较多的是基于碳、硅、陶瓷一维材料的传感器[21,22].在众多制作传感器材料的方法中,静电纺丝有着操作简易、高效等显著的优点.最初的电纺材料集中在 TiO_2、SnO_2 等陶瓷材料上,一般是通过电纺得到聚合物纤维,然后煅烧得到.后来又出现了直接将导电聚合物电纺纤维应用于传感器.Kim 研究小组[23]将丁二炔(DA)单体分散到有

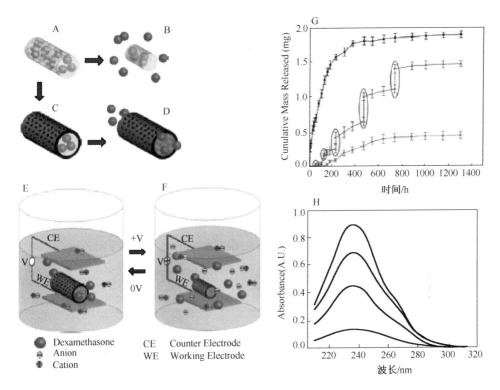

图 4.7.8　PEDOT 纳米管制备原理和药物控释过程

机溶剂中,然后进行静电纺丝.在纤维形成的过程中,当溶剂挥发后,DA 单体会发生自组装现象,这是因为 DA 单体之间的吸引力大于单体与高聚物之间的吸引力. DA 单体自组装的聚合会导致聚丁二炔(PDA)的形成,并嵌入到聚合物纤维里面. 图 4.7.9 为嵌有 PDA 的微米纤维的形成示意图. 他们用 PCDA(10,12-Pentacosadiynoic acid,一种常用的 DA 单体)来验证提出的方法. 有意思的是,含有 PCDA 的 PMMA 单根纤维经光掩膜紫外照射后变成蓝色,再将其在 110℃下加热 1min, 又变成红色.

在高度现代化的社会中人类时刻面临着各种危险,如化学与生物威胁(包括神经毒剂、芥子气、氰化物、细菌孢子、病毒、立克次氏体),在应对这些危险时,军队人员、消防人员、执法及医务人员需要严格、高水平的防护措施. 目前使用的防护服是全屏蔽式的,如危险物服装、美国军队的可透性吸收保护服装,这些防护服的显著弊端是沉重、湿气滞留,导致难以长时间使用.

高分子纳米纤维以其轻便、高比表面积、透气性(多孔性)等特点,被认为是化学或生物防护的优良膜材料. 纳米纤维对战争制剂的高度敏感性使其成为化学和生物毒素探测界面的最佳材料,其检测水平可达到十亿分之几的微量浓度. 世界各

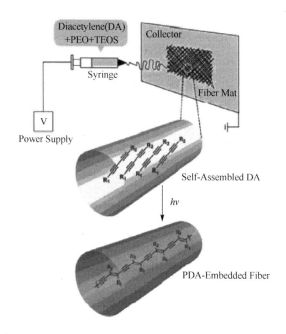

图 4.7.9 电纺得到的嵌有 PDA 的微米纤维的形成示意图

国政府挣在大力投资以加强战争中士兵的防护水平,美国正在研制各种强化生化武器试剂俘获和去除能力的改良纳米纤维界面材料,其中一种方法是通过化学修饰连接上活性基团,如肟(oxime)、环糊精(cyclodextrin)和氯胺(chloramine),这些基团可以结合生化武器试剂并使其脱毒.

纳米纤维膜也可替代活性碳吸附大气中的毒素. 通过化学修饰纤维表面,可将活性剂嵌入纳米纤维膜,对功能化纤维进行化学武器模拟如对氧磷(paraoxon)、二甲基-甲基膦酸酯(dimethyl methyl phosphonate)的初步测试表明,可以去除污染物. 同时将金属纳米粒子(如 Ag、MgO、Ni、Ti)与纳米纤维结合以降解生化武器试剂.

4. 能源应用

在传统能源日趋紧缺、环境污染严重的今天,发展清洁的新能源、提高能源利用率成为了亟待解决的问题,而静电纺丝纳米纤维薄膜在能源利用方面有着不俗的表现. 到目前为止,科学家们已经将静电纺丝纳米纤维薄膜在太阳能电池、燃料电池[24]、超级电容器[25]等领域进行了初步的尝试,并取得了不错的成果. 其中,尤其是在太阳能电池方面的应用吸引了人们更多的关注. Priya 等[26]用丙酮和 N,N-二甲基乙酰胺作为溶剂,电纺得到了 poly(vinylidenefluoride-co-hexafluoropropylene)(PVdF-HFP)NFM. 随后,将其制备成薄膜电解质. 以薄膜电解质为基础,可以制作出半固体染料敏化太阳能电池(DSSC). 图 4.7.10(a)为 DSSC 的示意图. 在 100mW/cm^2 的入射光强度下,这种太阳能电池有 0.76V 的开路电压,填充因子为

0.62,其短路电流密度为 15.57mA/cm²。此外,高达 7.3%的光电转化率以及长时间的稳定性(图 4.7.10(b))都是这种太阳能电池的优点.

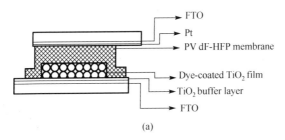

(a)

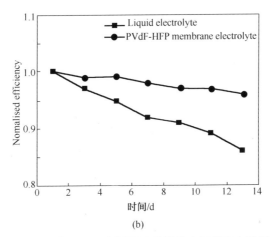

(b)

图 4.7.10 半固态 DSSC 示意图(a)及液体电解质和电纺得到的
PVDF-HFP 薄膜电解质的 DSSC 的光电转换效率曲线图(b)

5. 水处理用纳米纤维亲和膜

选择性亲和膜是一大类可选择性俘获靶分子或配体的膜,此种膜必须将特异性配体固定于膜表面,在生物技术中,选择性亲和膜可用于从生物制品中纯化蛋白质(如免疫球蛋白 G)和去除毒素(如内毒素). 在环境治理方面,选择性亲和膜可用于水处理,以除去水中的有机废物和重金属. 要将静电纺丝纳米纤维用于选择性亲和膜,必须用配体使膜表面功能化,大多数情况下,是将配体共价连接于膜上以防止配体被浸出. Ma 等[27]报道了将汽巴克隆蓝(cibacron blue)表面功能化纤维素纳米纤维膜用于纯化白蛋白.

水污染是当前全球面临的重大问题. 一种是重金属污染,如汞(Hg)、铅(Pb)、铜(Cu)和铬(Cd)是一类具有明显生理效应的无机污染物. 传统的污水净化方法是不可能完全去除环境中这类金属污染物的. 但在污水处理中去除或循环再利用重金属离子方面,亲和膜将发挥重要的作用. 陶瓷纳米材料,如水合矾土(hydrated alumina)、氢氧化矾土(alumina hydroxide)和氧化铁(iron oxide)表面功能化的高分子纳米纤维是制造选择性亲和膜的理想材料,用这些材料制造的载体可通过化学吸附、静电吸引机制吸附重金属离子.另一种是有机污染,如含氮、磷的有机物和氟化物,这些有机污染通常不到污染物总量的1%,但他们更容易耗尽水中的游离氧从而导致水中需氧生物的死亡.由于这类污染物结构复杂,因而用常规的方法如微生物分解等,去除效果不理想.而采用选择性亲和膜,例如,β-环糊精(β-cyclo-dextrin)是由七个葡萄糖单位构成的环状寡糖,具有内部疏水外部亲水的特性,可以通过形成内含复合物而从水中捕获疏水有机分子.已有研究采用β-环糊精与聚甲基丙烯酸甲酯制备纳米纤维膜,开发出的亲和膜可用于清除水中有机废物.

6. 电子器件

纳米纤维可用来制作多种纳米器件,如纳米导线、发光二极管、光电池和传感器等.聚合物通过静电纺丝制备成纳米纤维,不但能提高比表面积,也可以获得理想的化学性质.纳米纤维在微光电子和光电子领域具有潜在的应用价值.韩国科技学院研制成功了含有静电纺丝膜的锂电池,并申请了专利.

三、实验要求

(一)实验任务

(1)配置浓度为30%(wt)的聚乙烯吡咯烷酮(PVP)溶液;
(2)测量临界电压(V_c)随接收距离(h)的变化;
(3)测量纤维直径(D)随电场强度(E)的变化.

(二)实验操作提示

1. PVP溶液配置

在具塞25mL锥形烧瓶中,量取6.0g的PVP固体粉末,随后加入17.74mL无水乙醇,40℃恒温磁力搅拌30min,至溶液澄清透明,作为纺丝溶液.

2. 测量临界电压(V_c)随接收距离(h)的变化

吸取上述喷丝溶液到带有直径为0.5mm不锈钢针头的5mL玻璃注射器中,针头接电源正极,铝箔作为收集装置接电源负极,推进速度控制在1mL/h,测量喷丝临界电压(V_c)随针头与接收装置的距离(h)变化,并与式(4.7.1)计算的临界电压理论值作对照.填入表4.7.1中.

表4.7.1 临界电压-接收距离变化

针尖与接收装置距离 H/cm	5	10	15	20	25
临界电压 $V_{c测}$/V					
临界电压 $V_{c理}$/V					

3. 测量纤维直径随电压的变化

吸取上述喷丝溶液到带有直径为 0.5mm 不锈钢针头的 5mL 玻璃注射器中,针头接电源正极,铝箔作为收集装置接电源负极,推进速度控制在 1mL/h,固定针头与接收装置的距离(h)为 10cm,采用电子显微镜测量不同电场强度下(E)纤维直径(D)变化情况,填入表 4.7.2。

表 4.7.2 纤维直径-电场强度变化

针尖与接收装置距离 H/cm	10	10	10	10	10
纺丝电压/V					
电场强度 $E=V/H/(V/m)$					
纤维直径 D/nm					

(三)注意事项

(1)实验过程中严禁用手碰触高压静电电源的两极,以免造成人身伤害。

(2)实验过程中严禁用手碰触推进器,以免造成推进器主板系统的高压静电损伤。如需调整参数,须将身体所带的静电卸载,再调整仪器运行参数,或者带防静电塑胶手套调节。

(3)实验过程中一定要关紧推进器静电屏蔽保护实验箱,使其保持静电屏蔽状态。

(4)实验中的测试仪器的操作要严格按照说明来做,避免由于仪器误差所带来的影响。

(5)实验过程时,请将电子产品,如手机、手提电脑等远离静电纺丝仪。

(四)拓展问题

利用高压电场可以制备同种材料的纳米粒子和纳米纤维,请查阅资料试讨论两种形态纳米材料的形成可能的机理。

(五)课后作业

(1)采用静电纺丝法制备 PVP 纳米纤维时应注意哪些问题?
(2)静电纺丝法制备纳米纤维有什么优点?

(六)实验中要采集的数据及其处理

1. 数据记录

温度:_____℃;湿度:_____;毛细管长度(L):_____;
毛细管半径(R):_____;液体的表面张力(γ):_____。

2. 数据处理

根据公式 4.7.1,计算理论临界电压 $V_{c理}$,并填入表 4.7.1 中。

(七)结果分析与讨论

(1)根据表 4.7.1 数据,分析并讨论引起 $V_{c测}$ 与 $V_{c理}$ 的差异性的原因。
(2)根据表 4.7.2 数据,分析并讨论电场强度对纤维直径影响的原因。

参 考 文 献

[1] G. Taylor, Proceedings of the Royal Society of London, Electrically driven jets, 1969, 313, 453-475.

[2] Y. M. Shin, M. M. Hohman, M. P. Brenner, G. C. Rutledge, Experimental characterization of electrospinning: the electrically forced jet and instabilities, Polymer, 2001, 42, 9955-9967.

[3] M. M. Hohman, M. Shin, G. Rutledge, M. P. Brenner, Electrospinning and electrically forced jets. I. Stability theory, Phys. Fluids, 2001, 13, 2201-2220.

[4] A. L. Yarin, W. Kataphinan, D. H. Reneker, Branching in electrospinning of nanofibers, J. Appl. Phys., 2005, 98, 064501-064503.

[5] J. Doshi, D. H. Reneker, Electrospinning process and application of electrospun Fibers, J. Electrostat., 1995, 35, 151-160.

[6] Z. M. Huang, Y. Z. Zhang, M. Kotaki, S. Ramakrishna, A review on palymer nanofibers by electrospinning and their applications in nanocomposites, Compos. Sci. Technol, 2003, 63, 2223-2253.

[7] I. S. Chronakis, Novel nanocomposites and nanoceramics based on polymer nanofibers using electrospinning process-A review, J. Mater. Process. Tech., 2005, 167, 283-293.

[8] C. J. Buchko, L. C. Chen, Y. Shen, D. C. Martin, Processing and microstructure characterization of porous biocompatible protein polymer thinfilms, Polymer, 1999, 40, 7397-7407.

[9] J. T. McCann, D. Li, Y. N. Xia, Electrospinning of nanofibers with core-sheath, hollow or porous structures, Mater. Chem., 2005, 15, 735-738.

[10] Y. J. Ryu, H. Y. Kim, K. H. Lee, H. C. Park, D. R. Lee, Transport properties of electrospun nylon6 nonwoven mats, Eur. Polym. J, 2003, 39, 1883-1889.

[11] 邹迪婧,赵红,齐民,杨大智. 溶剂对静电纺丝聚氨酯纤维仿生涂层的影响,功能材料,2007, 38, 1176-1178.

[12] C. Pan, Y. H. Han, L. Dong, J. Wang, Z. Z. Gu, Electrospinning of Continuous, Large Area, Latticework Fiber onto Two-Dimensional Pin-array Collectors, J. Macromol. Sci., 2008, 47, 735-742.

[13] M. M. Stevens, J. L. H. George, Exploring and Engineering the Cell Surface Interface Science, Science, 2005, 310, 1135~1138.

[14] H. Yoshimoto, Y. M. Shin, H. Terai, J. P. Vacanti, A biodegradable nanofiber scaffold by electrospinning and its potential for bone tissue engineering, Biomaterials 2003, 24, 2077.

[15] E. Choice, Highlights of there Recent literature, Science, 2003, 300, 395.

[16] W. S. Ramakrishna, Electrospun fibre bundle made of aligned nanofibres over two fixed points, Nanotechnology, 2005, 16, 1878-1884.

[17] S. Y. Chew, J. Wen, E. K. F. Yim, Sustained Release of Proteins from Electrospun Biodegradable Fibers, Biomacromolecules, 2005, 6, 2017-2024.

[18] T. E. McKnight, A. V. Melechko, G. D. Griffin, Intracellular integration of synthetic nanostructures with viable cells for controlled biochemical manipulation, Nanotechnology, 2003, 14, 551-556.

[19] Y. Z. Zhang, X. Wang, Y. Feng, Coaxial Electrospinning of (Fluorescein Isothiocyanate-Conjugated Bovine Serum Albumin)-Encapsulated Poly(E-caprolactone) Nanofibers for Sustained Release, Biomacromolecules, 2006, 7, 1049-1057.

[20] M. R. Abidian, D. H Kim, D. C. Martin, Conducting-Polymer Nanotubes for Controlled Drug Release, Adv. Mater., 2006, 18, 405-409.

[21] Il-D. Kim, A. Rothschild, B. Hong Lee, D. Y. Kim, S. M. Jo, H. L. Tuller, Ultrasensitive Chemiresistors Based on Electrospun TiO_2 Nanofibers, Nano Lett, 2006, 6, 2009~2013.

[22] C. W. Zhou, J. Kong, E. Yenilmez, H. J. Dai, Modulated Chemical Doping of Individual Carbon Nanotubes, Science, 2000, 290, 1552~1555.

[23] S. K. Chae, H. Park, J. Yoon, C. H. Lee, D. J. Ahn, J. Man Kim, Polydiacetylene Supramolecules in Electrospun Microfibers: Fabrication, Micropatterning, and Sensor Applications, Adv Mater, 2007, 19, 521-524.

[24] Y. X. Gu, D. R. Chen, X. L. Jiao, Synthesis and Electrochemical Properties of Nanostructured $LiCoO_2$ Fibers as Cathode Materials for Lithium-Ion Batteries, J. Phys. Chem. B, 2005, 17901-17906.

[25] C. Kim, B. T. N. Ngoc, K. S. Yang, M. Kojima, Y. A. Kim, Y. J. Kim, M. Endo, S. C. Yang, Self-Sustained Thin Webs Consisting of Porous Carbon Nanofibers for Supercapacitors via the Electrospinning of Polyacrylonitrile Solutions Containing Zinc Chloride, Adv. Mater., 2007, 19, 2341-2346.

[26] A. R. S. Priya, A. Subramania, Y. S. Jung, K. J. Kim, High-performance Quasi-solid-state dye-sensitized solar cell based on an electrospun PVdF-HFP membrane electrolyte, Langmuir, 2008, 24, 9816-9819.

[27] Z. W. Ma, M. Kotaki, S. Ramakrishna, Electrospun cellulose nanofiber as affinity membrane, J. Membrane. Sci., 2005, 265, 115-123.

4.8 胶体光子晶体的制备与光特性研究

一、实验预备知识

(一) 实验目的

(1) 了解光子晶体.

(2) 掌握胶体光子晶体的制备方法.

(3)理解光子晶体的光学特性.

(二)相关科研背景

光子晶体(photonic crystal)的概念是 Yablonovitch[1]和 John[2]于1987年同时在著名刊物 *Physical Review Letters* 上独立提出来的. Yablonovitch(Bell Communications Research,美国)在《在固体物理和电子学中抑制自发辐射》一文中提出:介电常数的空间周期性调制可使电磁波的色散关系产生带隙,在此带隙内的电子-空穴对复合的自发辐射将被严格地禁止. 他首次提出了在周期性结构中禁止特定频率的光的传播的可能性. John(Princeton University,美国)则在《在特定的无序介质超晶格中光子的强局域》一文中提出:在一种经过精心排列的超晶格中,当引入某种缺陷后,光子有可能被局域在缺陷中而不能向其他方向传播,即在电介质超晶格结构中产生了较强的光子的 Anderson 局域效应. 因这两篇文章的发表,Yablonovitch 和 John 被公认为是光子晶体或光带隙材料领域的创始者.

光子晶体是一种介电常数周期性变化排布的材料,称为"晶体",因为它是由某一基本单元按一定周期规律排列组成的有序结构;前面加上"光子",是由于它可以像半导体对电子那样控制光子的传播. 光子晶体能够调制其中光子的状态模式,调制的波长与介电常数排布的周期相当. 正如普通意义上的半导体晶体具有电子能带和能隙那样,光子晶体也具有光子能带及能隙. 由于光子的状态模式还与在光子晶体中的传播方向有关,导致在某些方向上禁止传播某些能量的光子,在光带结构图中产生方向带隙. 若在不同方向上的带隙重叠,将产生完全光带隙.

胶体晶体(colloidal crystal)是由单分散胶体粒子构成的三维有序周期结构[3],一般情况下包括类蛋白石结构和狭义的由聚合物胶体粒子自组装形成的胶体晶体结构. 由于胶体微球的长程有序排列使胶体晶体产生了光带隙,所以也称其为胶体光子晶体(colloidal photonic crystal). 在一定条件下,胶体粒子可以自发形成有序结构,即胶体粒子的自组装现象. 自然界中也存在自组装的例子. 1957年,Williams 等发现一种昆虫病毒形成晶体结构,呈现彩虹色,在某一浓度下,Tipula Iridiscent 病毒在130nm左右,在悬浮液中形成面心结构(fcc). 另一个典型的例子是一种叫蛋白石的珍贵宝石,1964年,Sanders 发现蛋白石是由二氧化硅微球密排层自由堆积而成的(直径范围150~400nm 的 SiO_2 粒子形成的三维有序结构),由于它对可见光产生的布拉格衍射,形成了蛋白石特有的鲜艳色彩[4]. 1968年,Stöber 等成功合成二氧化硅微球. 不过,直到1989年 Philipse 等才制备出第一块人造蛋白石.

胶体微球的长程有序排列使胶体晶体产生了诸如光衍射和光带隙、最大的堆积密度、高表面/体积比等极具应用价值的特性. 特别是由于胶体晶体的衍射光学特性,其作为一类光子晶体在滤光器和光开关、高密度磁性数据存储器件、化学和生物传感器等方面具有重要的应用前景[5-10]. 此外,胶体晶体可以为模板技术制备具有完全光带隙的有序孔结构提供理想模板,并将光子晶体和多孔材料这两个重要领域联系起来[11-20]. 具有规则排列的大孔材料在催化、吸附和分离等方面有重要的应用价值. 例如,TiO_2 有序结构由于具有高介电常数比、良好的化学稳定性、光催化特性、在可见光区和近红外区具有光带隙等性能,在色材工业、微电子工业、光学器件、传感器、太阳能利用、催化工业和环境保护等方面有着广阔的应用前景. 有人提出可以用有序孔材料进行有限空间中物质扩散和吸附的研究,甚至用于药物释放的包埋材料、酶或蛋白运送过程中的保护层. 此外,胶体晶体还可以用来模拟研究晶体融解、结晶和相变过程. 从原子尺度上对晶体的结晶和玻璃的形成过程的研究是困难的,用胶体体系可以更容易进行模拟研究[21-23].

由于胶体晶体的晶格常数尺寸在亚微米量级,且很容易将单分散的胶体微球自组装成周期性结构,制备过程所需费用较低,所以自组装胶体微球已成为制备可见光(甚至紫外线或更短波长)至红外波段三维光子晶体的一条简便有效的途径.

(三)本实验的意义

采用垂直沉积法制备的胶体晶体除了具有可以避免多晶区域的产生、用微球的粒径和胶体溶液的浓度精确控制样品的厚度、生长速度快等优点外,还可以在较大范围($1cm^2$ 甚至更大面积)呈现好的有序性,为胶体晶体的应用价值的实现创造了条件. 然而,目前还存在如下问题:胶体晶体由于有干燥后易碎和在水等溶剂中容易再分散等缺点,给实际应用带来困难;用现有的自组装方法很难制备密排结构以外的胶体晶体薄膜,而这类结构又很难产生完全带隙;用自组装方法生长的胶体晶体薄膜中的缺陷是很难控制的等.

通过对垂直沉积法制备胶体晶体薄膜的机理的深入研究,探索大面积有序的高质量的胶体光子晶体的制备条件,在理论和实验上对胶体晶体光带隙特性进行分析研究和调制. 胶体微球的长程有序排列使胶体晶体产生了诸如光衍射和光带隙、最大的堆积密度、高表面/体积比等极具应用价值的特性,使其在信息产业等领域有广阔的应用前景,成为当今世界范围内的研究热点.

(四)引导性预习题

(1)什么是胶体光子晶体? 什么是结构色?

(2)垂直沉积法制备胶体光子晶体对实验条件的要求有哪些? 采取哪些措施可以提高胶体晶体薄膜的质量?

(3)什么是布拉格衍射? 利用衍射光谱如何判断胶体光子晶体的有序程度? 衍射光谱的位置和宽度与晶格常数、填充率、介电常数、带隙宽度等的关系如何?

二、实验详细介绍

(一)实验所需设备

紫外/可见光分光光度计(UV-2600);真空干燥箱(DZF-6055).

(二)实验方法选择与原理依据

1. 垂直沉积法组装胶体晶体薄膜的微观过程分析

实验时,首先将基片垂直浸入单分散胶体溶液中,如图 4.8.1 所示.接触线下面的含有粒子的弯液面是楔状的.在接触线附近,液面的厚度小于微球直径,粒子之间的弯月面交叠产生的切向润湿力使粒子相互聚集,形成晶核.溶液中的溶剂蒸发产生的对流使溶液中的粒子被源源不断地输运到三相接触线附近的湿膜处,即有序区边界.这些粒子到达晶核边界处后,又在这种毛细作用和自由能最小原理作用下组装成有序结构,形成新的边界.由于溶剂不断蒸发,液面缓慢下降,粒子逐渐沉积在基片的新的接触线附近区域,这就是微粒的自组装过程.由于对流、微粒间的切向润湿力均与重力无关,所以对于基片是水平或垂直放置的,自组装机理和过程基本上是相同的.

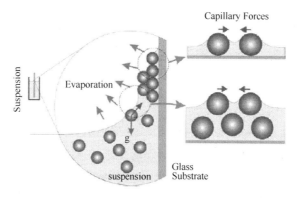

图 4.8.1 垂直沉积法

垂直沉积法组装胶体晶体薄膜的微观过程可分为晶核形成、胶体微球被输运到有序区、晶体生长三个阶段.第一阶段是成核.晶核形成是由粒子间的切向润湿力驱动的,当液层厚度与粒子直径相等后,湿膜处的粒子逐渐突出液面,粒子间弯月面交叠,产生切向润湿力.由于粒子是相同的,因而粒子之间是相互吸引的.粒子在相互吸引的切向润湿力作用下聚集成晶核.第二阶段是由蒸发引起的对流驱动胶球输运到有序区.在已经有序聚集的弯液面区域,溶剂蒸发较快,使无序区的粒子向有序区流动,陆续到达有序区的边界.第三阶段是晶体生长.到达有序区边界的微粒与边界处的粒子发生毛细作用,被吸在边界处,随着溶剂不断的蒸发,液体膜变薄,粒子之间的毛细作用增强,使之逐渐有序排列,有序区的粒子序列也随之逐渐生长扩大. 胶体晶体密排有序结构有两种:面心结构(fcc)和六角密排结构(hcp). fcc 结构的 Gibbs 自由能仅比 hcp 结构低 0.005R T/mol(R 为普适常量)[24]. 从微观角度来看,随着胶球的沉积,颗粒之间的距离缩短,当颗粒之间间距足够近时,颗粒所带的电荷的相互作用力、毛细作用力等(类似分子间范德瓦耳斯相互作用力)起主要作用,此时开始了类似于分子之间通过引力和斥力的竞争而凝聚成晶态的过程. 只有溶胶颗粒沉积的过程足够慢,整个过程才可以认为是热力学准静态过程,系统最终处于热力学平衡态,即体系自由能最低的态,此时颗粒形成三维 fcc 密堆排结构.

2. 垂直沉积法组装胶体晶体薄膜的条件分析

垂直沉积法组装胶体晶体薄膜的一个重要阶段是由溶剂蒸发驱动的悬浮液向成核区的对流,所以这种方法也称为对流组装. 对流组装的质量取决于蒸发速度和液体的弯液面形状. 只有蒸发速度较慢,悬浮液中的粒子才有充分的时间被运送到弯液面的有序区的边缘,并在毛细作用和自由能最小原理作用下组装成有序结构;只有弯液面中的湿膜足够薄,粒子之间才能产生切向润湿力,使之聚集组装成多层有序薄膜. 此外,还有很多因素影响粒子与基片表面间的相互作用,如基片表面拓扑结构、平整程度,甚至纳米量级的气泡都会对毛细作用力下的胶体微粒的组装产生影响.

(1) 基片. 基片必须是经过严格清洗的,以确保其表面洁净平整且具有亲液(水)性. 只有这样,基片浸入溶液后,才能使溶液完全润湿基片,即接触角 $\theta=0$,在接触线下产生很薄的湿膜,为成核、晶体生长提供条件;固体基片表面必须十分平整光滑,常用的基片有云母、玻片、石墨及金属等. 若基片表面不够平整光滑,会影响湿膜中微粒的移动,导致粒子在到达有序区之前就不可逆地吸附到基片表面,产生缺陷,影响自组装的质量.

(2) 溶剂. 溶剂的表面张力对组装有很大的影响. 当表面张力 σ 增加时,粒子之间的毛细作用增强. 这一方面有利于粒子的有序组装,形成较厚的胶体晶体薄膜;另一方面,却容易使薄膜干燥后龟裂.

(3) 溶液浓度. 样品厚度精确可控是用垂直沉积法制备胶体晶体的优点之一. 调节微球的粒径和胶体溶液的浓度可精确控制样品的厚度[25]

$$k = \frac{\beta L \phi}{0.605 d (1-\phi)} \tag{4.8.1}$$

其中, k 是样品层数; L 是弯月面高度; β 是胶体溶液中微球运动速度与溶液流动速度之比(常取 1); d 是微球直径; ϕ 是胶体溶液中微球的体积分数. 对于含同一种微球的胶体溶液,通过控制胶体溶液中微球的体积分数可制成不同厚度(层数)的胶体晶体. 胶体溶液中,含微球的浓度越高,制备出的胶体晶体薄膜越厚. 不过,在乙醇溶剂中,一次生长的 SiO_2 胶体晶体薄膜的厚度小于 50 层,当厚度过大时,薄膜的有序性下降. 由于水具有较大的表面张力和较小的接触角,所以用水作为溶剂,理论上可一次制备出较厚的有序性较好的 SiO_2 胶体晶体薄膜.

(4)温度. 胶体晶体密排结构有两种:面心结构(fcc)和六角密排结构(hcp). fcc 结构的 Gibbs 自由能仅比 hcp 结构低 $0.005R\,T/mol$,所以组装时温度越高,这个自由能差值越大,最终排列成 fcc 单晶的趋势越大. 但是,如果温度过高,溶剂蒸发速度加快,将破坏成核、对流输运、结晶三个过程间的平衡. 另外,蒸发速度过快会使液相梯度导致的表面张力增加,引起胶体薄膜龟裂. 所以,在制备胶体晶体时,要综合考虑上面的诸多因素,确定最佳生长温度.

用垂直沉积法很难制备粒径较大的胶体晶体. 由于粒径较大的微球,在重力作用下沉降速度过快,只有很少的粒子被输运到有序区,大部分粒子则很快沉淀到容器底部. 为了克服这个困难,使微粒沉降速度与溶剂蒸发速度平衡,Vlasov 等采用温度梯度的方法,有效地减慢了微粒沉降速度,制备出了粒径较大的 SiO_2 胶体晶体[26].

(5)湿度. 由于溶剂蒸发速度随湿度增大而减小,所以可以通过优化组装时的温度、湿度、溶剂来调节溶剂的蒸发速度,使成核、输运、结晶过程间达到平衡,制备出高质量的胶体晶体.

(三)相关理论知识

反射光谱是研究晶体布拉格衍射的经典方法之一. 它一方面可以反映所有布拉格衍射面的有序程度,另一方面也为胶体晶体密排结构提供有力的证据. 此外,从反射光谱的位置和宽度还可以得到关于胶体晶体的如下信息:晶格常数、填充率、介电常数、带隙宽度等.

原则上,频率在停带隙内的光因发生衍射而被全部反射出晶体. 按衍射动力学理论,理想的反射峰应该是平顶的,最大反射率为 100%,峰顶两侧反射率急剧下降. 反射峰的顶宽等于带隙宽度,而半峰宽度仅略大于顶宽. 如果存在吸收,反射峰变得相对于峰中心对称而峰顶呈圆弧形,最大反射率小于 100%,而半峰宽度却基本保持不变. 与吸收现象相比,使入射或衍射光束能量损耗的消光现象(extinction)对光谱特性的影响更大. 消光现象可能是由各种不完整性引起的,如镶嵌涂层引起的非镜面衍射、同时照射晶体区域内的颗粒边界引起的散射光扩散等. 所以,实验观测到的衍射峰,通常由于晶格应变或多晶体区域等缺陷的存在而变宽(Scherrer broadening).

当胶体晶体的有效折射率及折射率对比值都不太高时,布拉格定律是研究 fcc 结构停带隙特性的很好的近似理论. 由布拉格衍射公式知[26]

$$\lambda = \frac{2d_{hkl}}{m}\sqrt{n_{\text{eff}}^2 - \sin^2\theta} \tag{4.8.2}$$

其中,λ 是衍射峰对应的波长;m 是衍射级数,θ 是入射方向与薄膜表面法线方向之间的夹角,即入射角;d_{hkl} 是与入射方向垂直的晶面(hkl)的面间距. 当胶体晶体为 fcc 密排结构时,有

$$d_{hkl} = \frac{2\sqrt{2}r}{\sqrt{h^2+k^2+l^2}} \tag{4.8.3}$$

其中,r 是微球半径;n_{eff} 是胶体晶体的有效折射率

$$n_{\text{eff}} = [n_a^2 f + n_b^2(1-f)]^{1/2} \tag{4.8.4}$$

其中,f 是微球的填充率,若胶体晶体为密排结构(fcc 或 hcp 密排结构),则 f 为 0.74;n_a、n_b 分别是介质球和背景的折射率.

当入射光垂直入射时,入射角 θ 为 0,平行于薄膜表面的密排面为(111)面,方程(4.8.2)简化为

$$m\lambda = 2n_{\text{eff}}d_{111} \tag{4.8.5}$$

且 $d_{111}=r$.

理想的透射曲线应与反射曲线完全相反,但实验中观测到的透射峰宽度通常比反射峰宽. 其原因是透射谱是光通过整个样品而形成的,而反射谱检测到的只是表面的一些层. 也就是说,透射光更多地通过了某些还未排列有序的层. 透射谱的另外一个特点是,随着波长的减小,背景增强,即透射光强度随着波长减小而降低,这可能是由胶体微球的漫散射引起的.

由于光子晶体的透射曲线与反射曲线相反,所以具有滤光的特性. 例如,粒径为 200nm 的 PS 胶球组装成的胶体晶体薄膜,带隙中心在 535nm 处. 我们将白光作为光源,发现利用反射光观察,薄膜为绿色的;而利用透射光观察时,薄膜为粉红色. 绿色和粉红色正是一对互补色.

三、实验要求

(一)实验任务

(1)制备胶体光子晶体.
(2)胶体光子晶体光学特性研究:
①测定胶体光子晶体光谱;
②根据测定光谱的衍射峰值,计算胶球的粒径.

(二)实验操作提示

(1)将所用容器、载玻片、两面已经抛光过的石英玻璃片等用去污剂清洗后,在

铬酸洗液中浸泡 6h,再用二次蒸馏水冲洗干净后,用无水乙醇荡洗,并用氮气吹干备用.

(2)将 SiO_2 或 PS 微球分别注入溶剂(乙醇或水等)中,经过超声分散配制成一定浓度的单分散胶体溶液.

(3)将载玻片、石英玻璃片垂直浸入已放置平稳的盛有胶体溶液的小烧杯中,为了避免气流的影响和落入灰尘,并且保持较高的湿度,将 1000mL 的大烧杯倒扣其上.将整个系统隔离噪声和振动的影响,经过一定时间,将载玻片取出.将载玻片放在培养皿中,外套塑料袋,使其缓慢干燥.

(4)用紫外/可见分光光度计测量胶体晶体薄膜的反射光谱或透射光谱.

(三)注意事项

在实验前一定详细阅读紫外/可见分光光度计使用说明书,并且在实验教师的指导下严格按照规程操作仪器.

(四)拓展问题

在反射和透射光谱中,在衍射峰两侧还出现了小波纹.它是由胶体晶体薄膜的等倾干涉引起的,称为 Fabry-Perot fringes.用衍射光谱中的布拉格衍射峰两侧的波纹即 Fabry-Perot fringes 可以实现无破坏性测量薄膜厚度.

(五)课后作业

对实验结果进行分析讨论(高质量胶体晶体制备条件比较分析、胶体晶体薄膜光谱分析等),写一篇课程小论文.

参 考 文 献

[1] Yablonovitch E. Inhibited spontaneous emission in solid-state physics and electronics. Phys. Rev. Lett.,1987,58:2059-2062.

[2] John S. Strong localization of photons in certain disordered dielectric superlattices. Phys. Rev. Lett.,1987,58:2486-2489.

[3] Xia Y,Gates B,Yin Y,et al. Monodispersed colloidal spheres: old materials with new applications. Adv. Mater.,2000,12(10):693-713.

[4] Sanders J V. Colour of precious opal. Nature,1964,204:1151-1153.

[5] Flaugh P L,O'Donnell S E,Asher S A. Development of a new optical wavelength rejection filter:demonstration of its utility in Raman spectroscopy. Appl. Spectrosc.,1984,38:847-850.

[6] Kamenetzky E A,Mangliocco L G,Panzer H P. Science,1994,263:207-210.

[7] Pan G,Kesavamoorthy R,Asher S A. Optically nonlinear Bragg diffracting nanosecond optical switches. Phys. Rev. Lett.,1997,78:3860-3863.

[8] Sun S, Murray C B, Weller D, et al. Monodisperse FePt nanoparticles and ferromagnetic FePt nanocrystal superlattices. Science, 2000, 287: 1989-1992.

[9] Holtz J H, Asher S A, Intelligent polymerized crystalline colloidal array hydrogel film chemical sensing materials. Nature, 1997, 389: 829-832.

[10] Velev O D, Kaler E W. In situ assembly of colloidal particles into miniaturized biosensors. Langmuir, 1999, 15: 3693-2698.

[11] Velev O D, Jede T A, Lobo R F, et al. Microstructured porous silica via colloidal crystallization. Nature, 1997, 389: 447-448.

[12] Holland B T, Blanford C F, Stein A. Synthesis of highly ordered three-dimensional mineral honeycombs with macropores. Science, 1998, 281: 538-540.

[13] Subramanian G, Manoharan V N, Thorne J D. Ordered macroporous materials by colloidal assembly: a possible route to photonic bandgap materials. Adv. Mater., 1999, 11(15): 1261-1265.

[14] Park S H, Xia Y. Macroporous memberanes with highly ordered and three-dimensionally interconnected spherical pores. Adv. Mater., 1998, 10: 1045-1048.

[15] Johnson S A, Ollivier P J, Mallouk T E. Ordered mesoporous polymers of tunable pore size from colloidal silica templates. Science, 1999, 283: 963-965.

[16] Jiang P, Hwang K S, Mittlman D M, et al. Template directed preparation of macroporous polymers with oriented and crystalline arrays of voids. J. Am. Chem. Soc., 1999, 121(50): 11630-11637.

[17] Vlasov Y A, Yao N, Norris D J. Synthesis of photonic crystals for optical wavelengths from semiconductor quantum dots. Adv. Mater., 1999, 11: 165-169.

[18] Braun P V, Wiltzius P. Microporous materials electrochemically grown photonic crystals. Nature, 1999, 402: 603-604.

[19] Jiang P, Cizeron J, Bertone J F, et al. Preparation of macroporous metal films from colloidal crystal. J. Am. Chem. Soc., 1999, 121(34): 7957-7958.

[20] Velev O D, Tessier P M, Lenhoff A M, et al. A class of porous metallic nanostructures. Nature, 1999, 401: 548-548.

[21] Ackerson B J, Schatzel K. Classical growth of hard sphere colloidal crystals. Phys. Rev. E, 1995, 52: 6448-6460.

[22] Pusey P N, Megen W. Phase behaviour in concentrated suspensions of nearly hard colloidal spheres. Nature, 1986, 320: 340-342.

[23] Harland J L, Henderson S I, Underwood S M, et al. Observation of accelerated nucleation in dense colloidal fluids of hard sphere particles. Phys. Rev. Lett., 1995, 75: 3572-357.

[24] Woodcock L. Entropy difference between the face centred cubic and hexagonal closed packed crystal structures. Nature, 1997, 385: 141-143.

[25] Jiang P, Bertone J F, Hwang K S et al. Single-crystal colloidal multilayers of controlled thickness. Chem. Mater., 1999, 11: 2132-2140.

[26] Vlasov Y A, Bo X Z, Sturm J C, et al. On-chip natural assembly of silicon photonic band gap crystals. Nature, 2001, 414: 289-293.

4.9 仿生微纳米表面的制备与表征

一、实验预备知识

（一）实验目的

(1) 了解以荷叶自清洁表面为代表的一系列生物功能性表面的特点.
(2) 了解仿生复制生物功能性表面的一般方法.
(3) 掌握模板法仿生复制生物功能性表面的方法.
(4) 掌握仿生材料的简单表征方法.

（二）相关科研背景

人类社会的进步离不开新材料、新技术的支持,优异性能的材料会促使社会的发展,同时高度发展的社会也促进新材料的诞生. 进入 21 世纪以来,随着信息化和全球化的进程,社会对新型的先进材料要求更加迫切,越来越多的新型材料和材料技术被发现、使用. 通过控制材料结构以及多种功能性材料的融合、接触而产生表面和界面的奇异功能性,来创造新型的材料和器件,已成为材料研究领域的核心思想.

仿生智能材料是 20 世纪八、九十年代发展起来的一种新型复合材料,仿生智能材料对现代社会中各个方面的影响和渗透一直引起人们的关注,其可以应用于多个领域. 例如,仿荷叶表面微纳米结构的自清洁材料,仿鲨鱼皮沟槽表面的减阻材料,仿蛛丝结构的高强度材料,仿壁虎脚掌的高黏附材料等. 因此,仿生智能材料的研究已成为现今仿生和材料领域的热点.

生物体表面所具有的微、纳米特殊结构可以使其具有特殊的表面性能.

1. 荷叶的自清洁性

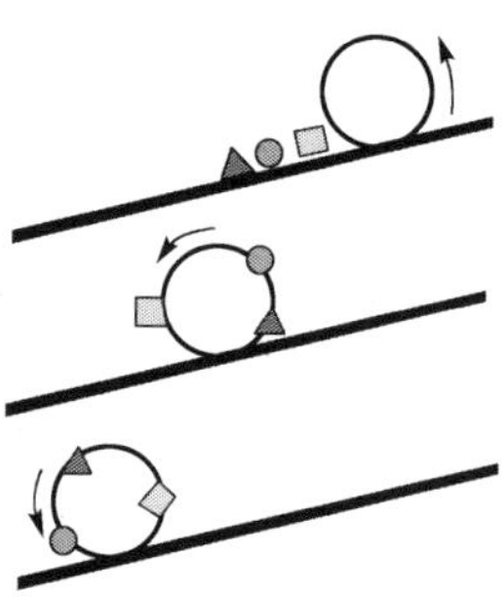

水在荷叶等一些植物表面可以形成近似球形的水滴且极易在其表面上滚动滑落从而将灰尘等污物带走,这种以荷叶为代表的性质称为自清洁性,这些自清洁表面和水的接触角均大于 $150°$,同时具有较小的滚动角($<10°$),即具有超疏水性;表面所沾染的灰尘或杂质可以很容易被滚落的水滴所带走而不留下任何痕迹,即具有很强的抗污能力,如图 4.9.1 所示. 这种自清洁的现象是由于其表面上的微米级的乳突所形成的粗糙表面以及表面疏水的蜡状物质所共同引起的. 另外,荷叶的微米级乳突结构上还存在着纳米级的复合结

图 4.9.1 荷叶表面灰尘被水滴带走

构,正是这种微-纳米的复合结构导致荷叶表面上超疏水的同时还使水在其表面具有很小的滚动角[1-3].

2. 鲨鱼皮的减阻性

鲨鱼是海洋中游泳速度最快的生物之一,拥有极佳的减阻能力.鲨鱼体表覆盖着一层独特的盾鳞,如图 4.9.2 所示,具有肋条状的表面结构.鲨鱼盾鳞的长度通常在 $100\sim200\mu m$,肋条间的宽度为 $50\sim100\mu m$,其形态因鲨鱼种类和身体部位而异.盾鳞的形态是鲨鱼分类学的重要依据之一[4].这种盾鳞上的肋条结构能够优化鲨鱼体表流体边界层的流体结构,抑制和延迟紊流的发生,从而能有效减小水体阻力,降低能量依赖和消耗,获得极高的游速.通过仿生复制鲨鱼皮表面的盾鳞沟槽结构,可以使海洋中的舰船减少航行的阻力,并能阻止生物附着[5].流体动力学试验表明[6]:在高速流体流动状况下,盾鳞肋条结构表面的减阻效果高达 8%.具有鲨鱼盾鳞肋条结构的仿生材料在航空、泳衣及管道输运等多个领域都获得了应用.德国汉莎航空公司在两架空客 A340-300 飞机机身部分和大翼边缘使用了仿鲨鱼皮结构的涂层,结果显示涂层可以显著减小飞行阻力,节约 1.5% 左右的燃料.2000 年悉尼奥运会"鲨鱼皮"泳衣的出现备受人们关注,使用它的运动员更是屡次打破游泳世界纪录以至于国际泳联不得不决定在 2010 年后禁止在比赛中使用.

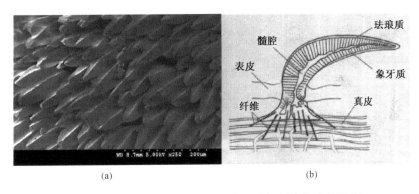

图 4.9.2 鲨鱼体表盾鳞的 SEM 图(a)和解剖结构示意图(b)

3. 蝉翼的减反射性

蝉等一些昆虫的翅膀上分布有不同形状的微纳结构,使其具有一定的自清洁性的同时还具有减反射性,以防天敌的发现.研究发现[7,8]:蝉翼的表面均匀分布着纳米柱状的结构,如图 4.9.3 所示,这种结构的存在,使其表面的水接触角达到 150°以上,具有超疏水性;另外,这一结构还具有减反射性能,减反射性随纳米柱的尺寸和高度变化而变化,柱状的高度越大,减反射越明显.除此之外,一些昆虫的复眼也具有减反射的性能.

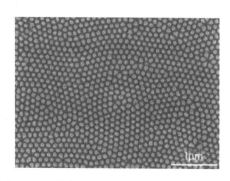

图 4.9.3　蝉翼表面的纳米柱状结构的 SEM 图

4. 水稻叶片的各向异性

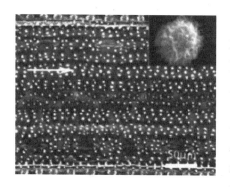

图 4.9.4　水稻叶片的 SEM 图
（箭头所指为叶片生长方向）

水稻、狗尾草等植物叶片也具有超疏水性,但是和水滴在荷叶表面可以沿任意方向滚动不同,水滴在水稻表面各个方向上的滚动状态不一致,水滴沿叶片生长方向上的滚动角为 $3°\sim5°$,而垂直于叶片生长方向上的滚动角则为 $9°\sim15°$,称为滚动各向异性.这主要是由于水稻叶片上微结构乳突的排列方式影响了水滴的运行.研究表明[9,10]:水稻、狗尾草的表面具有和荷叶类似的微纳米乳突状结构,但是在水稻表面乳突沿叶片生长方向呈现有序的排列,而垂直于叶片生长方向上则呈现无序状,如图 4.9.4 所示,因此水滴在水稻表面的运动表现为滚动各向异性.这一结果可以为浸润的可控性提供重要信息,人们可以模拟水稻叶片制成流向可控的固体表面,在石油的管道输运或微流控等方面加以应用.

5. 马面鲀鱼皮粗糙表面的超疏水性[11,12]

马面鲀鱼又名马面鱼、剥皮鱼、橡皮鱼等,是我国海域常见的一种经济鱼类.马面鲀鱼的体表覆盖一层针刺状的鱼鳞,针刺的直径为 $10\sim40\mu m$,针刺间距约 $100\mu m$,内部含有褶皱,如图 4.9.5 所示.马面鲀体表具有的这种粗糙的针刺褶皱状的微纳米结构,使马面鲀鱼皮表面具有超疏水性,可以防止污损生物在体表附着.通过模板技术,使用高分子的聚合物 PDMS(聚二甲基硅氧烷)对马面鲀表面进行仿生复制,可以使本征接触角为 $90°$ 左右的 PDMS 的表观接触角提高至 $170°$ 以上,具备超疏水性,同时仿生复制的 PDMS 表面还具有很强的抗生物污损的能力.

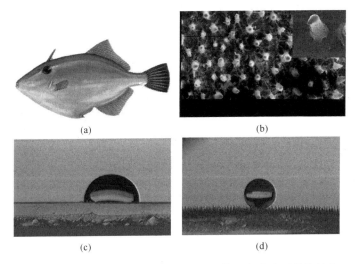

图 4.9.5　马面鲀鱼表面结构 SEM 图和仿生鱼皮表面的接触角
(a)马面鲀鱼　(b)马面鲀鱼皮表面 SEM　(c)PDMS 光滑表面接触角
(d)PDMS 仿生马面鲀鱼皮表面接触角

6. 蝴蝶翅膀上的结构色

蝴蝶的翅膀、孔雀的羽毛、天然蛋白石、珍珠以及某些甲虫等在日光下都呈现美丽的颜色,这些颜色是生物漫长的进化的产物,不同于通过色素等化学手段显色的方式,是一种物理显色.物理显色是指光在生物体微米级的结构中产生反射、散射、干涉以及衍射等方式形成的颜色,由于这种颜色与色素无关之和结构有关,因此也称为结构色.第一个提出蝴蝶、孔雀等翅膀上的颜色实质是薄膜干涉的人是牛顿.研究发现[13-15]:蝴蝶翅膀上整齐排列的鳞片,每个鳞片仅有 $3\sim 4\mu m$ 厚,这些鳞片如同瓦片互相交叠排列,如图 4.9.6 所示,这种有序的结构可以捕捉并选择性的反射光线,仅让某种波长的光通过,使表面呈现特殊的颜色.人们利用这点可以制造光子晶体,用不同尺寸和结构能够调制具有相应波长的电磁波,实现波长选择的功能,可以有选择地使某个波段的光通过而阻止其他波长的光通过其中,使人们操纵和控制光子的梦想成为可能.

7. 水黾在水面上滑行

水黾是水生半翅目类昆虫,黾蝽科,栖息于静水面或溪流缓流水面上,如图 4.9.7(a)所示.水黾身体非常轻盈,身长 $1\sim 2cm$,长有 6 条细长的腿,前腿短,可以用来捕捉猎物,中腿和后腿很细长,足上长有纤毛,可以在水面上站立行走,并且可以像滑冰运动员一样在水面上高速的滑行而不会润湿腿部.研究发现[16]:水黾之所以能有"水上漂"的优异特性主要由于其腿部长有数千根按同一方向排列的多层微米尺寸的纤毛,如图 4.9.7(b)所示,纤毛的直径约为 $3\mu m$,表面上形成螺旋状纳米结构的沟槽,纤毛和沟槽吸附空气在水中形成气垫,从而让水黾能站立在水面上并不会被水润湿腿部,当水黾滑行时,腿上的气垫会排开约 300 倍于自身体积的水量,因此可以获得非凡的浮力,使其在水面上行动自如.这一发现可以为人们研制新型的防水材料或水上交通工具提供重要的依据.

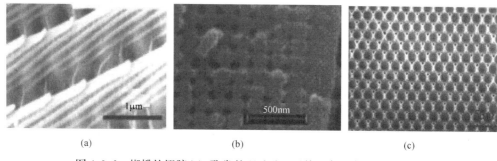

图 4.9.6　蝴蝶的翅膀(a)、孔雀的羽毛(b)、天然蛋白石表面(c)的 SEM

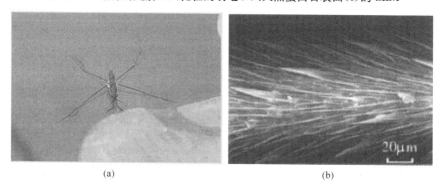

图 4.9.7　站在水面上的水黾(a)和腿部 SEM(b)

自然界的生物通过近 40 亿年的漫长进化过程形成了其独特的表面特征,这些宏观的特殊功能其实是和微观的结构紧密联系在一起的,是大自然给予人类的瑰宝.向自然学习将是人类科技发展的必然.从自然生物中获得灵感和启发,模仿生物特性功能,实现新型材料具备生物功能性和生物智能性是仿生学的主题.

(三)本实验的意义

生物体经过长久的进化其表面功能近乎完美.生物功能性表面的本质是微观结构,研究和探讨生物微观结构可以为仿生和材料的设计优化提供一个有效的手段.向自然学习,模仿自然,超越自然对仿生材料的研究具有重要意义.

(四)引导性预习题

(1)什么是生物功能性表面,其特征是什么?

(2)常见的生物表面有哪些特殊的功能？

(3)生物功能性表面的实质是什么？

二、实验详细介绍

(一)实验所需设备、材料

真空干燥箱、透/反射显微镜(Nikon 80i)、接触角测量仪(JC2000C1,DSA100)、载玻片等.

聚二甲基硅氧烷(PDMS)、聚甲基丙烯酸甲酯(PMMA)、聚乙烯醇(PVA)、聚乙烯醇缩丁醛(PVB)、丙酮、乙醇、纯水.

(二)实验方法选择与原理依据

荷叶等超疏水表面的自清洁特征给了我们启示，通过对生物体表面的结构仿生可以实现结构与功能的统一，为材料的研制提供灵感和依据.通过仿生设计新的功能材料已被证明是一种非常重要的手段，而且受到国际上越来越多的重视.通过仿生可以大大缩短微纳结构的设计周期，提高设计成功率.

由浸润性原理可知：固体表面的润湿性取决于两点，一个是材料表面的结构，另一个是表面的化学组成.因此，对于仿生超疏水材料的制备可以采取构建表面粗糙结构并在其上修饰低表面能材料的方法.随着人们对超疏水材料研究的深入，很多新的制备方法不断涌现.目前超疏水材料的制备方法主要有：刻蚀法、等离子体处理法、溶胶-凝胶法、气相沉积法、电化学法、自组装法、模板法、直接成膜法等.

这些方法中模板法是一种简单有效的成熟方法，随着新型智能材料的开发，以天然生物体表面为模板，利用模板技术，仿生复制出生物表面的微纳结构成为了可能.模板法实质是一种微铸造过程，利用新型高分子材料制备生物表面负向模板，再利用低表面能材料仿生制备具有和生物表面微结构一致的仿生超疏水材料，如图4.9.8所示.一般来说，模板技术可以将物体表面最小100～500nm尺寸的结构完整地复制出来.

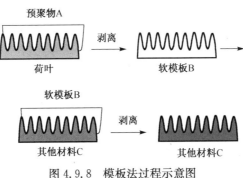

图4.9.8 模板法过程示意图

对于水生生物,普通模板法对于水生生物潮湿的体表进行制模需要对其表面进行干燥处理,目前常见的是利用加热烘干的方法,但存在着在干燥过程中由于水分蒸发表面张力对于模板表面微纳结构的破坏以及材料脱模困难等问题[5,12],因此,对于水生生物体表的模板制备就需要特殊处理或使用较小表面张力的液体来替代水分挥发过程. 目前水生生物模板的制备主要采用:

(1)对水生生物表面进行梯度脱水,减小表面张力.

(2)使用较小表面张力的液体作为溶剂制备模板,溶剂张力较小,挥发过程对表面结构破坏小.

(3)直接使用水作为溶剂覆盖生物体表,挥发过程在上层进行,不会破坏生物体表.

三、实验要求

(一)实验任务

(1)模板法仿生制备荷叶超疏水表面.

(2)模板法仿生制备新鲜鱼皮等生物功能性表面.

(3)对制备仿生材料进行表征:

①观察仿生材料表面微结构特点;

②测量仿生材料表面接触角,并和原生物表面对比.

(二)实验操作提示

1.仿生制备荷叶超疏水微结构表面

(1)制作PMMA负向模板结构.

①挑选新鲜荷叶一片,将其浸入丙酮和纯水中超声清洗5min,取出后晾干待用.

②配制成10%的PMMA丙酮溶液.

③将配制好的溶液均匀地浇注于荷叶表面,15~25℃温度下静置16h,当丙酮几乎全部挥发后,小心地将浇注形成的膜和荷叶表面分离.

(2)利用PMMA负向模板制作PDMS正结构.

①按照固化剂:PDMS单体=1:13的比例配制PDMS预聚体.

②将配制好的PDMS预聚体均匀的浇注于PMMA负向模板上,15~25℃温度下静置24h.

③将静置好的预聚体和模板放入75℃的烘箱中加热时间为20min使其固化,取出冷却至室温,将PDMS正结构和PMMA负向模板分离.

④使用接触角测量仪分别测量荷叶和仿生PDMS荷叶的接触角,并进行对比.

2. 仿生制备马面鲀鱼功能性微结构表面

(1) 鱼皮表面预处理.

挑选三块表面无损伤的新鲜马面鲀鱼皮,浸入纯水中超声清洗 5min,取出后待用. 三块鱼皮采用的处理方式分别为:梯度脱水干燥、自然干燥、不做干燥处理.

鱼皮梯度脱水处理步骤:

① 使用 0.1M 磷酸盐缓冲液(PBS)反复冲洗;

② 浸入 3.0% 戊二醛固定液,放入 4℃ 冰箱中固定 24h 以上;

③ 分别使用 50%,60%,…,90% 叔丁醇洗液,各浸泡 10min;

④ 100% 叔丁醇分别浸泡 3 次,每次 10min;

⑤ 样品浸入 100% 叔丁醇(刚好没过样品),置入 4℃ 冰箱中凝固;

⑥ 样品置入真空抽滤瓶中抽真空干燥.

(2) 制作鱼皮负向模板.

分别配置 10% 的 PMMA 丙酮溶液、5% 的 PVB 乙醇溶液和 10% 的 PVA 水溶液,并将配制好的三种溶液分别浇注于三块处理的鱼皮表面,在室温温下静置 10~20h,当溶剂几乎全部挥发后,小心地将浇注形成的膜和鱼皮表面分离.

(3) 制作 PDMS 鱼皮功能性微结构表面.

① 按照固化剂:PDMS 单体=1:13 的比例配制 PDMS 预聚体.

② 将配置好的预聚体分别浇到三块制作好的负向模板上,常温下静置 24h 以上,待预聚体固化以后将负向模板与其分离,从而得到具有马面鲀鱼鱼皮表面微纳结构一致的功能材料.

③ 分别在显微镜下观察三块 PDMS 仿生鱼皮,并和马面鱼表面结构对比.

④ 使用接触角测量仪分别测量三块仿生鱼皮以及马面鲀鱼表面的接触角并对比.

(三) 拓展问题

使用该方法还可以仿生制备其他生物功能性表面,请尝试制备.

(四) 课后作业

对复制的荷叶或鱼皮的结构进行观察,并对其表面润湿性能进行测量和比较,总结表面结构特点和润湿性能得出结论,写出一篇课程小论文.

参 考 文 献

[1] Neinhuis C, Barthlott W. Characterization and distribution of water-repellent self-cleaning plant surfaces. Annals of Botany, 1997, 79: 667.

[2] Barthlott W, Neinhuis C. Purity of the sacred lotus, or escape from contamination in biological surfaces. Planta, 1997, 202: 1-8.

[3] Feng L, Li S, Li Y, et al. Super-hydrophobic surfaces: from natural to artificial. Advanced Materials, 2002, 14: 1857.

[4] 朱元鼎,孟庆闻. 鲨鱼鳞片的研究. 水产学报,1983,7(3):251-265.

[5] 曲冰,汪静,潘超,等. 仿鲨鱼皮表面微结构材料制备的研究. 大连海洋大学学报,2011,26(2):2-4.

[6] 刘博. 快速鲨鱼盾鳞肋条结构的表征及其减阻仿生学初步研究. 青岛科技大学硕士学位论文,2008.

[7] Guo C, Feng L, Zhai J, et al. Large-area fabrication of a nanostructure-induced hydrophobic surface from a hydrophilic polymer. hem Phys Chem, 2004, 5:750-753.

[8] Watson G S, Watson J A. Natural nano-structures on insects—possible functions of ordered arrays characterized by atomic force microscopy. Applied Surface Science, 2004, 235(1-2):139-144.

[9] Feng L, Li S, Li Y, et al. Super-hydrophobic surfaces: from natural to artificial. Advanced Materials, 2002, 11(14): 1857-1860.

[10] Qu B. Biomimetic preparation of anisotropism of the roughness surface of setaria viridis beauv. BIT's 1st Annual World Congress of Mariculture and Fisheries, 2012.

[11] Wang J, Qu B, Su Y M, et al. Artifical fish flocked surface as a possible anti-biofoulant. 4th IEEE, 2009:323-326.

[12] Qu B, Wang J, Pan C, et al. Bionic duplication of fresh navodon septentrionalis fish surface structures. Journal of Nanomaterials, 2011, 2011:4.

[13] Srinivasarao M. Nano-optics in the biological world: beetles, butterflies, birds, and moths. Chem. Rev., 1999, 99(7): 1935-1962.

[14] Vukusic P, Sambles J R, Lawrence C R. Structural colour: colour mixing in wing scales of a butterfly. Nature, 2000, 404: 457.

[15] Vukusic P, Sambles J R, Lawrence C R. Structural colour: now you see it—now you don't. Nature, 2001, 410:36.

[16] Gao X, Jiang L. Biophysics: water-repellent legs of water striders. Nature, 2004, 432:36.

4.10 纳米 TiO_2 光触媒制备及抗菌特性研究

一、实验预备知识

（一）实验目的

（1）了解 TiO_2 光催化原理.

（2）学会用溶胶-凝胶技术制备光催化纳米 TiO_2.

（3）熟悉 TiO_2 光催化灭菌的基本操作.

(二)相关科研背景

纳米 TiO_2 作为光催化半导体无机抗菌剂,在使用安全性、持久性、抗菌性和耐热性等方面都优于有机抗菌剂,具有广谱抗菌功能,能抑制和杀灭微生物,并有除臭、防霉、消毒的作用,其本身化学性质稳定且对人体和环境无害.因此,TiO_2 光催化剂被科学家们称为"与大自然和谐的清洁剂",近年来得到了广泛的开发和应用.

发现 TiO_2 光催化氧化特性的第一人是 Akira Fujishima 博士.1972 年,当时还在读博士的 Fujishima 和导师 Honda 在研究半导体氧化物对光的反应时,第一次发现了二氧化钛的光催化效应,即在一定的偏压下,二氧化钛单晶在光的照射下能将水分解成氧气和氢气,这意味着太阳能可光解水,制取氢燃料.新发现被称为 Honda-Fujishima 效应,他们的论文发表在当年的《自然》杂志上[1].当时世界正出现石油大危机,世界各地的科学家们纷纷跟进,太阳能光化学转换研究因此成为一个十分诱人的战略课题.1977 年 Frank 和 Bard[2,3]第一次将 TiO_2 用于环境净化还原水中的 CN^-,开启了 TiO_2 在光催化环境污染治理领域的大门.1985 年,日本的 Matsunaga 等[4]首先发现了 TiO_2 在紫外线照射下有杀菌作用.此后基于 TiO_2 的光催化活性,在很多领域得到了应用,如杀死致病有机体(病毒、细菌、真菌、海藻和癌细胞)[5,6]、癌症治疗[7]和其他的一些应用.由于二氧化钛光催化剂在紫外线的照射下就能去除这些毒害物,也不会产生有毒的副产物,因此对它的研究一开始就受到科学家们的高度重视,一些科学家将这一研究称为"阳光工程".特别是从 20 世纪 90 年代开始,环境污染已成为全世界都在关注的焦点问题,各国对光催化研究的投资也在逐步上升.纳米二氧化钛作为抗菌材料的研究非常活跃,研究的范围包括二氧化钛光催化对细菌、病毒、真菌、藻类和癌细胞等的作用.尤其是制成人们需要的各种抗菌产品一直是光催化研究的前沿和重要方向.

1. 纳米二氧化钛的抗菌原理

TiO_2 毒性低,安全性高,对皮肤无刺激,抗菌能力强,且具有即效抗菌效果,与银系抗菌剂相比,发挥 TiO_2 的抗菌效果只需 2h 左右,而银系抗菌剂的效果发挥需要大约 24h.而且纳米 TiO_2 抗菌作用的发挥是通过光催化作用进行的,它本身不会像其他抗菌剂那样随着抗菌剂的使用逐渐消耗而降低抗菌效果,所以二氧化钛光催化抗菌剂具有持久的抗菌性能.另外,光催化抗菌剂具有广谱抗菌的特点,对各种常见的致病菌都有很好的抑制和杀灭作用,并且一般抗菌剂只有杀菌作用,但不能分解毒素.经实验证明,纳米 TiO_2(锐钛矿型)对绿脓杆菌、大肠杆菌、金黄色葡萄球菌、沙门氏菌、芽杆菌和曲霉等具有很强的杀灭能力.基于以上纳米 TiO_2 的优良性能,它是目前最常用的光催化抗菌剂.

纳米二氧化钛是在光催化作用下使细菌分解而达到抗菌效果的(图 4.10.1).由于纳米二氧化钛的电子结构特点为一个满 TiO_2 的价带和一个空的导带,在水和空气的体系中,纳米二氧化钛在阳光尤其是在紫外线的照射下,当电子能量达到或超过其带隙能时,电子就可从价带激发到导带,同时在价带产生相应的空穴,即生成电子-空穴对.在电场的作用下.电子与空穴发生分离,迁移到粒子表面的不同位置,发生一系列反应.

$$H_2O + h^+ \longrightarrow \cdot OH + H^+ \qquad (4.10.1)$$
$$h^+ + OH^- \longrightarrow \cdot OH \qquad (4.10.2)$$
$$O_2 + e^- \longrightarrow \cdot O_2^- \qquad (4.10.3)$$
$$\cdot O_2^- + H^+ \longrightarrow \cdot OOH \qquad (4.10.4)$$
$$2 \cdot OOH \longrightarrow H_2O_2 + O_2 \qquad (4.10.5)$$
$$2H_2O_2 + \cdot O_2^- \longrightarrow 2 \cdot OH + 2OH^- + O_2 \qquad (4.10.6)$$

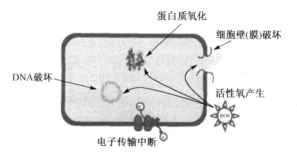

图 4.10.1　TiO_2 光催化抗菌原理示意图

式中,e^- 和 h^+ 分别代表晶体表面的电子和空穴.吸附溶解在 TiO_2 表面的氧俘获电子形成 $\cdot O_2^-$,而空穴则将吸附在 TiO_2 表面的 OH 和 H_2O 氧化成 $\cdot OH$,$\cdot OH$ 有很强的氧化能力.反应生成的活性超氧离子自由基($\cdot O_2^-$)和羟基自由基($\cdot OH$)能穿透细胞的细胞壁,破坏细胞膜质,进入菌体阻止成膜物质的传输,阻断其呼吸系统和电子传输系统,从而有效杀灭细菌.

2.纳米 TiO_2 光催化剂在抗菌方面的应用

(1)抗菌卫生陶瓷.

纳米二氧化钛光催化抗菌陶瓷是近几年发展起来的新型抗菌陶瓷,这种二氧化钛抗菌陶瓷耐久性、耐酸碱性好,在 20 世纪 80 年代末,美国、日本等工业发达国家在医院、餐厅、高级住宅等地率先使用了抗菌卫生陶瓷.它是在已制好的陶瓷成品表面镀上一层纳米无机粒子薄膜(如 TiO_2 薄膜),再经过低温烧结,在光照下就可实现光催化抗菌,抑制陶瓷表面细菌的繁殖.若要实现在微弱光下杀菌的作用,可在 TiO_2 浆料中添加银、铜等的离子化合物.

(2)抗菌自清洁玻璃.

玻璃在建筑物的外观设计应用中,占据的地位越来越重要,它既美观大方又便于安装,玻璃幕墙、大窗户已成为城市景观,但清洗玻璃既危险又麻烦.由于TiO_2具有很强的光催化氧化能力,可以抗菌消毒,同时还具有超亲水性,人们利用TiO_2的这两种特性开发出了自洁净玻璃.它是将纳米TiO_2薄膜负载于玻璃表面制成的,抗菌自洁玻璃的问世不仅能实现玻璃表面的自清洁,同时还能有效地消除室内的臭味、烟味和人体的异味,可广泛应用于医院、宾馆等大型公共场所.目前,国外主要玻璃公司如英国皮尔金顿公司、法国圣戈本公司、美国PPG公司等均研制开发出了自洁净玻璃并已投放市场.

与其他材料相比,玻璃多用在光照充分的地方,所以纳米TiO_2在抗菌玻璃方面的应用更加广泛.新型抗菌玻璃器皿是21世纪玻璃容器行业的发展方向.

(3)抗菌涂料.

纳米二氧化钛具有很强的氧化还原能力,具有净化空气、除臭等功能,可制成抗菌防霉内墙涂料.人们在纳米二氧化钛技术基础上,根据杀菌功能高效性的需要,进行表面掺杂和处理,制成特有的抗菌纳米二氧化钛,将其充分混匀于水性乳胶漆中研制成无污染、具有抗菌防霉的环保型功能涂料.它是值得大力推广的一种绿色环保材料.提高其实用性、低成本、高活性、耐候性、实施方便的光催化抗菌涂料将是今后开发的一个重要方向.

(4)抗菌纤维.

纤维能够吸附很多微生物,而这些微生物如果温度适宜,就会迅速繁殖,进而对人体产生种种危害,所以近年来人们致力于抗菌纤维的研究和开发.它是将纳米二氧化钛、氧化锌和二氧化硅等粉体掺入天然聚合物或长丝中,再纺出各种抗菌除臭纤维.

现代抗菌材料的实用化就是始于防微生物纤维制品.第二次世界大战时的德军由于穿用经抗菌加工的军服而减少了伤员的细菌感染.20世纪60年代以后,抗菌纤维开始出现.现在抗菌纤维制品已比较常见.抗菌纤维具有优良的保健功能,除了用来制作医疗用品(如手术服、抗菌口罩、护士服等)外,还可制作抑菌的高级纺织品和成衣(内衣、外装、袜子、睡衣等)以及医院用的消毒绷带、床单、婴儿尿布等.

(5)纳米TiO_2在抗菌领域应用前景展望.

随着科学技术的飞速发展和人们生活水平的提高,人们对健康卫生的要求越来越高,对抗菌材料的需求也越来越高.纳米TiO_2这一优良的光催化剂在消毒杀菌方面更是有着诱人的应用前景,它将适用于各种要求抗菌、防污的场合.

人们在提高TiO_2光催化杀菌活性方面做了大量的工作和深入的研究,取得了一定的突破进展,但是在抗菌制品的开发方面尚属起步阶段.日本在抗菌制品开发方面居世界领先地位,据报道,我国高级宾馆目前使用的抗菌性建筑卫生陶瓷产品都是依赖于国外进口的.随着我国人民健康环境意识的提高,满足抗菌制品的需求将成为重要的新兴产业.由于我国钛资源丰富,而二氧化钛光催化又是清洁的抗菌剂,优先考虑发展此类抗菌材料,迎头赶上国际先进水平,对创造洁净环境,保护人民健康具有重要作用,最终摸索出高效的 TiO_2 光催化抗菌材料.

(三)本实验的意义

溶胶-凝胶技术制备的纳米 TiO_2 具有纯度高、均匀性强、反应条件易于控制的优点;与固相反应相比,化学反应将容易进行,而且仅需要较低的合成温度.一般认为溶胶-凝胶体系中组分的扩散在纳米范围内.而固相反应时组分扩散是在微米范围内.因此反应容易进行,温度较低;并且制备工艺过程相对简单,无需特殊贵重的仪器,而采用溶胶-凝胶技术制得的膜同时也具有孔径小且孔径分布范围窄等优点.特别是在可控晶型、结晶尺寸、外形、形态、化学计量学以及界面性质都有其独特的优势.

本实验采用溶胶-凝胶法制备纳米 TiO_2 光催化剂,在明确溶胶转变凝胶过程中的水解和缩合反应机理的基础上,探讨溶胶-凝胶过程参数对 TiO_2 晶型和形貌的影响,并通过表面润湿性能和抗菌特性的研究,使学生在理论和实验上掌握 TiO_2 纳米催化剂的超亲水性能和抗菌性能.

(四)引导性预习题

(1)什么是 TiO_2 光催化剂的纳米效应? TiO_2 的晶格结构如何影响其光催化性能?

(2)溶胶-凝胶技术制备纳米 TiO_2 对实验条件的要求有哪些?采取哪些措施可以提高纳米 TiO_2 的比表面积?

(3)半导体的光吸收阈值 λ_g 与带隙 E_g 之间的关系?半导体的能带位置如何决定光催化反应的能力?

二、实验详细介绍

(一)实验所需设备

UV-2600 型紫外/可见光分光光度计;DZF-6055 型真空干燥箱;TYXL-926K 型箱式马弗炉;WQF-510A 型傅里叶变换红外光谱仪;JP-020 型数控超声波清洗器仪;BL-50A 型立式压力蒸气灭菌器;VS-840-1 型超净工作台;牛津杯内径(6.0±0.1)mm,外径(7.8±0.1)mm,高(10.0±0.1)mm;检测专用培养皿(内径 90mm,高 16~17mm).

(二)实验方法选择与原理依据

1.溶胶-凝胶法的基本原理与过程分析

无机盐或金属醇盐前驱物溶于溶剂中(水或有机溶剂)形成均匀的溶液,溶质与溶剂产生水解或醇解反应,反应生成物聚集成 1nm 左右的粒子并组成溶胶,后者经蒸发干燥转变为凝胶,称为溶胶-凝胶法(sol-gel method,S-G 法)[8]. S-G 法的全过程如图 4.10.2 所示.

从均匀的溶胶②经适当处理可得粒度均匀的颗粒①. 溶胶②向凝胶转变得湿凝胶③,③经萃取去溶剂或蒸发,分别得到气凝胶④或干凝胶⑤,后者经烧结得致密陶瓷体⑥. 从溶胶②直接可以纺丝成纤维,或者作涂层再凝胶化和蒸发得干凝胶⑦,加热后得致密薄膜制品⑧.

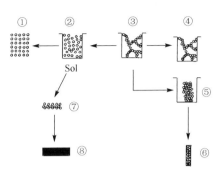

图 4.10.2 S-G 过程示意图

2. 溶胶-凝胶法制备纳米 TiO_2 的条件分析

溶胶-凝胶工艺制备纳米 TiO_2 的基本过程如图 4.10.3 示意图表示.

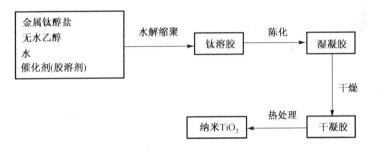

图 4.10.3 S-G 法制备纳米 TiO_2 工艺流程图

(1) 水对溶胶-凝胶工艺的影响.

加水量的多少直接影响到水解聚合产物的结构. 加水量对醇盐水解聚合产物的结构有重要影响,加水量少,醇盐分子部分水解,其聚合产物是低交联的;反之,则易形成高交联产物. 另外,过多的加水量可使 TiO_2 溶胶的凝胶时间大大缩短,有时会立即生成氧化物沉淀. 较多的水含量可降低 TiO_2 薄膜的表面面积和气孔体积,但水缺乏时,则倾向于形成不连续的薄膜.

(2) pH 的影响.

溶液 pH 是影响水解和缩合的重要参数,从理论上分析如果缩合速度大于水解速度,钛离子将紧紧地结合在一起,但结果是形成氢氧化物沉淀. 只有在酸性条件下,由于水合金属阳离子的质子化,相互之间具有电荷排斥作用,才能使缩合速度受到限制,但还存在一个平衡问题. 因为随 pH 升高,缩合速度提高,但同时交联程度和凝胶的空隙率也提高,所以对于某一个系统,应该有一个合适的 pH 范围.

(3) 反应温度对溶胶-凝胶工艺的影响.

溶胶-凝胶法制备溶胶的过程是固体颗粒的分散胶溶和已分散胶粒胶凝之间

的竞争过程,在 pH、溶液浓度及其他条件相同的情况下,温度是决定分散与聚集速度的主要因素.低温时,分子热运动速度慢,聚集占优势,因此需要较长时间的搅拌才可使分散与聚集速度相平衡,这时得到的胶体有较大的粒子尺寸;当温度升高时,随着分子热运动加快和溶液黏度下降,沉淀的胶溶过程加快,同时随着溶胶变浓,胶粒碰撞概率增大,聚合速率提高,在某一温度下分散和聚集速率可能达到平衡,此时可得到较均匀的胶粒;但当继续升高温度时,胶粒之间的聚合效应成为主要因素,胶粒变大,难于得到均匀分散的胶体.这是因为温度越高,水解反应速率越快,缩聚产物碰撞更加频繁,粒子团聚概率增大,反应越不容易控制,从而大大缩短了胶凝时间.此外,温度越高,溶剂挥发越快,缩聚所得的聚合物浓度也增大,故胶凝时间极大地缩短.

(4) 升温速度的影响.

凝胶的干燥化过程是形成无机杂化高分子材料的最后阶段,从理论上分析,在此阶段随温度缓慢升高,分子间的水分和醇将缓慢释放,分子间的网络逐渐形成.升温速度过快将使分子间的网络崩溃.

(5) 搅拌速率和搅拌强度的影响.

溶胶-凝胶的转变过程是一个二级反应过程.其流变特性是开始为膨胀性流体,然后转变为牛顿流体,再成为假塑性流体,最后成为凝胶.在溶胶的膨胀型流体阶段,增强搅拌强度,会促进水解和缩聚反应,缩短胶凝时间.在第二阶段的牛顿流体中,因黏度的变化同剪切速率(搅拌速率)无关,故而增强搅拌强度对胶凝时间无影响,进入假塑性流体后,胶体粒子之间发生交联,形成一定的网络结构,这时搅拌强度越大,对网络破坏越强,从而延缓了溶胶向凝胶的转变,延长了胶凝时间.

(三) 相关理论知识

TiO_2 的杀菌作用在于它的量子尺寸效应,虽然钛白粉(普通 TiO_2)也有光催化作用,也能够产生电子-空穴对,但其到达材料表面的时间在微秒级以上,极易发生复合,很难发挥抗菌效果,而达到纳米级分散程度的 TiO_2,受光激发的电子、空穴从体内迁移到表面,只需纳秒、皮秒甚至飞秒的时间.光生电子与空穴的复合则在纳秒量级,能很快迁移到表面,攻击细菌有机体,起到相应的抗菌作用.

1. TiO_2 晶型结构

用作光催化的 TiO_2 主要是锐钛矿型和金红石型,其中锐钛矿型的催化活性较高,两种晶型的结构均可由相互连接的 TiO_6 八面体表示,如图 4.10.4 所示.两者的差别在于以下几个方面:

(1) 八面体的畸变程度和八面体间的相互连接的方式不同,这种差异导致了两种晶型不同的质量密度及电子能带结构(表 4.10.1).这些结构特性上的差异直接

导致了金红石型 TiO_2 表面吸附有机物及 O_2 的能力不如锐钛矿型,且其比表面积较小,因而光生电子和空穴容易复合,催化活性受到一定影响.

(2)两者的价带位置相同,光生空穴具有相同的氧化能力,但锐钛矿相导带的电位更负,光生电子还原能力更强.

(3)混晶效应:锐钛矿相与金红石相混晶具有更高光催化活性,这是因为在混晶氧化钛中,锐钛矿表面形成金红石薄层,这种包覆型复合结构能有效地提高电子-空穴对的分离效率.

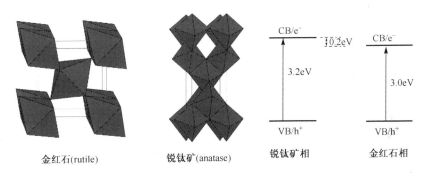

图 4.10.4 TiO_2 两种晶型结构及带隙

表 4.10.1 TiO_2 晶型结构参数

形态	相对密度	晶格类型	晶格常数		Ti-O 距离/nm	禁带宽度/eV
			a	c		
锐钛矿	3.84	正方晶系	5.27	9.37	0.195	3.2
金红石	4.22	正方晶系	9.05	5.8	0.199	3
板钛矿	4.13	斜方晶系				

2. 光催化剂的纳米尺寸效应

(1)小尺寸效应:光催化型抗菌剂是 n 型半导体,由于纳米材料的小尺寸效应,当其尺寸在 50nm 以下时,载流子就被严格限制在一个小尺寸的势阱中,从而导致导带和价带能级由连续变成离散,增大能隙,使导带能级负移,价带能级正移,显著加强了 TiO_2 材料的氧化还原能力,提高了光催化型抗菌剂的抗菌活性和抗菌效率.

(2)量子效应:当粒径减小时,粒子电子结构的能量分布出现逐渐分散的能阶态,而非群聚式的能带,即当光触媒尺寸下降到纳米尺寸时(如<10nm)其电荷载体就会显示出量子行为,即能量间隙将变大.因此粒径越小的粒子,能隙越大,需要越大的能量,即波长越短的光,称为蓝移(blue shift)现象.电子-空穴的氧化还原能力增强,因而增加了光催化氧化有机物的效果.

(3)表面积效应:对纳米半导体微粒,粒径越小,其光生载流子(carrier)从体内扩散到表面所需时间越短,光电效应电荷分离率越高,则电子-空穴再结合率就越小,从而导致光催化活性提高.触媒颗粒的尺寸变小时,其比表面积将变大,其吸附位置亦随之大幅增加,此结果也使得光催化效率增强.另外,粒径减小同时,内部的内应力增大导致能带结构变化,电子波函数重叠加大,使得能带间隙变窄,吸收带向长波长偏移,此为红移(red shift)现象.

(4)载流子扩散效应:粒径越小,光生电子从晶体内扩散到表面的时间越短,电子和空穴的复合概率减小,光催化效率提高.统计表明,粒径为 $1\mu m$ 的 TiO_2 晶体中载流子从内部扩散到表面的平均时间为 $10^{-7}s$,而粒径为 $10nm$ 的 TiO_2 晶体中载流子从内部扩散到表面的平均时间仅需 $10^{-11}s$.粒径越小,载流子到达粒子表面所需时间越短,载流子在晶粒内部复合概率就越低.研究表明,光生载流子的产生和复合可以在 $10\sim15s$ 内完成.只有表面的载流子才能够产生自由基,具有杀灭微生物的潜能.

三、实验要求

(一)实验任务

(1)溶胶-凝胶技术制备纳米 TiO_2 光催化剂;
(2)纳米 TiO_2 的紫外/可见光谱分析;
(3)纳米 TiO_2 的抗菌特性研究.

(二)实验操作

1. 纳米 TiO_2 催化剂的制备

(1)TiO_2 前驱体溶胶液的配制.

按照 $Ti(OC_4H_9)_4 : CH_3CH_2OH : NH(CH_2CH_2OH)_2 : HAC : H_2O = 1 : 45 : 1 : 0.1 : 2(mol)$ 的配比,以钛酸丁酯[$Ti(OC_4H_9)_4$]为前驱体,将其溶于无水乙醇中,二乙醇胺作为稳定剂,冰醋酸作为水解抑制剂,在磁力搅拌条件下,缓慢加水使 $Ti(OC_4H_9)_4$ 水解,得到稳定、均匀、透明的浅黄色的 TiO_2 凝胶.比例如表 4.10.2 所示.

表 4.10.2 TiO_2 前驱体溶胶液各组分配比表

配比组分	无水乙醇	二乙醇胺	HAC	Ti^{4+}	H_2O
体积/mL	78	2.48	1	10	1.08

(2)TiO_2 纳米粒子催化剂制备.

将 TiO_2 前驱体溶胶液置于室温下老化 72h,置于恒温干燥箱中 70℃恒温干燥

24h,再放置于高温马弗炉中,以 2℃/min 的速度从室温升到 100℃,恒温 30min,再以 2℃/min 的速度从 100℃升温至 450℃,保温 1h,然后在炉内自然冷却至室温,即可得到锐钛矿相 TiO_2 纳米粒子.

(3)TiO_2纳米薄膜催化剂制备.

①玻璃片的清洗.将玻璃片浸泡在浓硫酸中 12h,取出,用蒸馏水反复冲洗,清洗至清洗液 pH 为中性,再用无水乙醇超声洗涤 30min,用蒸馏水反复冲洗干净,干燥后放入载玻片盒中备用.

②TiO_2薄膜的制备.将预处理的玻璃片浸入先前配好的 TiO_2 溶胶液中,浸没深度为 3cm,静置 10s 后,以 3cm/min 的提拉速度匀速垂直向上提拉基片,然后再放入温度为 100℃的真空干燥箱中干燥 5min,在无尘空气中冷却 5min.重复上述操作过程,制备 2 层、4 层、6 层的厚度的薄膜.镀完最后 1 层膜后,以一定的热处理温度烧结:以 2℃/min 的速度从室温升到 100℃,恒温 30min,再以 2℃/min 的速度从 100℃升温至 450℃,保温 1h,然后在炉内自然冷却至室温,即可得到锐钛矿相 TiO_2纳晶多孔薄膜.

(4)光谱分析.

①紫外/可见光谱分析.用紫外/可见分光光度计测量 TiO_2 薄膜的特征吸收谱线,分析其截止波长.分别测量 1 层,2 层,4 层,6 层厚度 TiO_2 薄膜的透射谱图.

②红外光谱分析

采用傅里叶变换红外光谱分析仪测量纳米 TiO_2 的红外光谱曲线,并与 $Ti(OC_4H_9)_4$ 的红外谱图相对比,分析两种样品谱图的差异性.

2. 纳米 TiO_2 的抗菌性能实验[9]

(1)PDA 培养基的制备.将削皮后的马铃薯 100g 切成薄片,加 400mL 水煮沸 30min,取汁加入 20g 葡萄糖,17g 琼脂,加热溶化,定容至 1000mL,pH 自然,分装,高压湿热灭菌(121℃,20min),备用.

(2)供试霉菌孢子悬液的制备.将供试菌种桔青霉(penicillium citrinum)或黑曲霉(aspergillus niger)斜面接种到 PDA 培养基中,在 28℃培养 72h,取活化好的菌种斜面,用无菌生理盐水配制成$(3\sim5)\times10^6$CFU/mL 的霉菌孢子菌悬液,备用.

(3)抗菌性能测试.取制备好的菌悬液 0.1mL,滴入已经倒有相应固体培养基的平皿表面,用涂布器使其均匀分布在培养基的表面,用无菌镊子夹取牛津杯放入含菌平皿中,每皿 1 片,将 $250\mu L$ 样品加入牛津杯中,29℃下培养 3d,观察 TiO_2 抗菌剂周围的霉菌生长情况,每种菌做 3 个重复实验,测量抑菌圈直径,取平均值.

3. 实验中要采集的数据及其处理

数据记录.

温度:_____℃;湿度:_____.

表 4.10.3　浓度、pH 对水解速度的影响

样品编号	无水乙醇/mL	二乙醇胺/mL	HAC/mL	Ti^{4+}/mL	H_2O/mL	溶液情况及凝结(沉淀)时间
1	23	1.4	0.1	2.5	0.3	
2	23	1.4	0.1	5.0	0.3	
3	23	1.4	0.3	2.5	0.6	
4	23	1.4	0.3	5.0	0.6	
5	23	1.4	0.5	2.5	0.3	

表 4.10.4　镀膜层数对透过率的影响

样品编号	焙烧温度	焙烧时间	镀膜层数	透过率
1				
2				
3				

表 4.10.5　纳米 TiO_2 抗菌性能

样品编号	TiO_2浓度/%	透明抑菌圈直径/mm
1	0.01	
2	0.1	
3	1	

(三)注意事项

(1)实验过程中,严禁碰触高压灭菌锅,以免蒸汽烫伤.
(2)高温焙烧后,取样时一定要等到样品完全冷却到室温,以免高温烫伤.
(3)所有实验过程中,操作者要严格遵守仪器操作规程,不得自行更改.

(四)拓展问题

在光催化过程中 TiO_2 的晶型对催化效果的影响很大,试从晶格角度讨论 TiO_2 的三种晶型结构光催化作用的机理.

(五)课后作业

TiO_2 由于空穴和电子的复合以及自身比较宽的带隙 $E_g=3.2eV(pH=1,anatase)$,对光能(特别是太阳能)的利用效率很低,所以对 TiO_2 光催化活性的改进一直都在进行,包括表面贵金属沉积、金属离子掺杂、染料敏化等方法.请查阅相关资料,写一篇 TiO_2 掺杂改性提高光能的利用效率的课程小论文.

参 考 文 献

[1] A. Fujishima, K. Honda, Electrochemical photolysis of water at as emiconductor electrode, Nature, 1972, 238, 37-38.
[2] S. N. Frank, A. J. Bard, Heterogeneous photocatalytic oxidation of cyanide ion in aqueous solutions at titanium dioxide powder, A. J Am Chem Soc 1977, 99, 303-304.
[3] S. N. Frank, A. J. Bard, Heterogeneous photocatalytic oxidation of cyanide and sulfite in aqueous solutions at semiconductor powders, J. Phys. Chem, 1977, 81, 1484-1488.
[4] T. Matsunaga, R. Tomoda, T. Nakajima, H. Wake, Photoelectrochemical sterilization of microbial cells by semiconductor powders, FEMS Microbiology Letters, 1985, 29, 211-214.
[5] A. Fujishima, J. Ohtsuki, T. Yamashita, S. Hayakawa, Behavior of tumor cells on photoexcited semiconductor surface, Photomed. Photobiol., 1986, 8, 45-46.
[6] 刘平, 林华香, 付贤智, 孟春. 掺杂 TiO_2 光催化膜材料的制备及其灭菌机理, 催化学报, 1999, 20.
[7] P. Pichat, Partial or complete heterogeneous photocatalytic oxidation of organic compounds in liquid organic or aqueous phases., Catal Today 1994, 19, 313-333.
[8] 杨南如, 余桂郁. 溶胶-凝胶法的基本原理与过程, 硅酸盐通报, 1992, 2, 56-63.
[9] 邱松山, 姜翠翠, 海金萍. 纳米二氧化钛表面改性及其抑菌性能研究, 食品与发酵科技, 2010, 46, 5-11.

4.11 纳米 MnO_2 电极材料制备及电容性能研究

一、实验预备知识

(一)实验目的

(1)了解电化学电容器的特点及原理.
(2)了解影响静电纺丝的各种影响因素.
(3)通过对合成工艺的控制,制备出具有不同形态的 MnO_2 纳米材料电极.

(二)相关科研背景

超级电容器(supercapacitor),也称为电化学电容器(electrochemical capacitor),是一种介于传统电容器与蓄电池之间的新型储能器件,它不仅具有比传统电容器更大的容量和更高的能量密度,还具有能与电池比拟的很大电荷储存能力.由于其充放电特性更为接近传统电容器,但却使电容器的容量上升了3~4个数量级,达到法拉(F)级,因此被称为"超级电容器".随着人们对环境保护的逐渐重视和不断寻求清洁高效的可再生能源利用形式,超级电容器由于兼具了电池和传统电容器的优点,被广泛地运用于混合动力汽车等新型能源装置中,成为广大科研工作者关注和研发的对象.

目前城市污染、石化资源匮乏已成为交通工具发展的致命障碍.发展包括电动车辆在内的新能源车辆,是解决这一问题的重要途径.电动车辆具有环保节能特性,被称为"绿色车辆".要真正解决电动车辆的实用化问题,开发高功率密度的超大容量电容器是必需的环节.1998 年,美国三大汽车巨头(通用、福特和克莱斯勒汽车公司)和美国能源部组建了 USABC(US Advanced Battery Consortium),专门主持超级电容器的研究与开发.日本政府部门推行的新太阳能规划(New Sun Shine Project)吸引了很多高新技术企业参加,超级电容器的研究与开发是重要项目之一.俄罗斯在超级电容器研究方面也处于世界前列.近几年我国在超级电容器应用方面发展迅速,已有几个单位开发出电动汽车样车,并有示范公交线路运行;在 2008 年北京奥运会期间,多种应用超级电容器为动力和储能设备的产品得以应用.深入开展基础理论研究和实际应用研究,改善实用化的超级电容器的性能,将会具有非常大的社会效益和现实意义.

1. 超级电容器结构

电化学电容器所能存储的电能的计算公式为

$$U=\frac{1}{2}CV^2 \quad (4.11.1)$$

式中,U 为电容器的储能大小;C 为电容器的电容量;V 为电容器的工作电压.因此,电化学电容器的容量与电极电势、材料本身的属性和所使用的电解液有密切关系.为了提高电化学电容器的性能,通常使用高比表面积的电极材料作为电容器的电极材料以增加电容量.由于 U 正比于 V^2,因此提高电化学电容器的工作电压对于提高电能的存储量的作用是十分明显的[1,2].

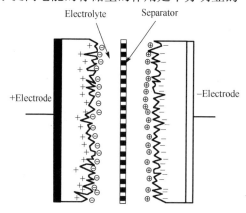

图 4.11.1 超级电容器内部结构

超级电容器的内部结构如图 4.11.1 所示,主要由几部分组成:电极材料、集流体、电解液和隔膜.电化学电容器的基本结构为浸在电解液中的由电解液离子可通过的隔离材料隔离开的两片具有极高比表面积的电极以及与外电路相接的集流层封装而成.

集流体的作用是降低电极的内阻,要求它与电极接触面积大,接触电阻小,而且耐腐蚀性强,在电解质中性能稳定,不发生化学反应.通常酸性电解液中使用钛材料,碱性电解液中使用镍材料,有机电解液中则使用较便宜的铝和不锈钢材料.电解液的作用是传输电荷和形成双电层,可分为三类:水系电解液、有机系电解液和固态电解质,其分解电压决定了超级电容器的工作电压.隔膜的作用是防止两个电极物理接触但允许电解质离子透过.隔膜的电阻与其厚度成正比,与孔隙率成反比.为了降低电容器的等效串联电阻(ESR),对隔膜的要求是:超薄、高孔隙率和高强度,通常使用的材料有玻璃纤维和聚丙烯膜等[3].超级电容器按储能机理不同可以分为双电层电容器(electric double-layer capacitors)和法拉第赝电容器(pseudocapacitors).

2. 超级电容器储能机理

(1) 亥姆霍兹双电容理论.

双电层理论最基本的模型是在1853年由德国物理学家亥姆霍兹提出的,他认为在电极材料和液态电解质两相界面处会形成离子化单分子层,如图4.11.2(a)所示.这一系统的微分电容为

$$C_l = \frac{\varepsilon}{4\pi\delta} \tag{4.11.2}$$

其中,δ是单离子层中心到电极表面的距离;ε是介电常数.这一模型给出了一个恒定的电容值,而真实的电容依赖于电压和电解质中的离子活度.理论的进一步发展是Couy-Chapman模型,该模型认为两相界面处没有离子化单分子层,而是形成离子扩散层,如图4.11.2(b)所示,并给出了Couy-Chapman模型中电容的表达式

$$C_G = \frac{\varepsilon k}{4\pi\cosh\left(\frac{z}{2}\right)} \tag{4.11.3}$$

其中,z是离子价态数;ε是介电常量;k是相互作用德拜-休克尔(Debye-Hückel)长度.

Stern对Couy-Chapman模型进行了修正,如图4.11.2(c)所示.Stern模型中,两相界面处会形成离子化单分子层,而单分子层之外为离子扩散层,因此双电层电容应该是这两部分的总和.

$$\frac{1}{C} = \frac{1}{C_l} + \frac{1}{C_G} \tag{4.11.4}$$

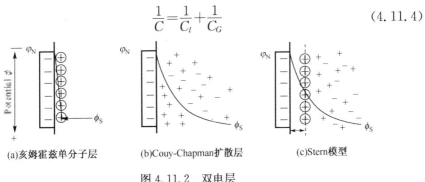

(a) 亥姆霍兹单分子层　　(b) Couy-Chapman扩散层　　(c) Stern模型

图 4.11.2　双电层

(2)法拉第赝电容理论.

法拉第赝电容是在电极表面或体相中的二维或准二维空间上,电活性物质(如 RuO_2 等)进行欠电位沉积,发生高度的化学吸脱附或氧化还原反应,产生与电极充电电位有关的电容. 对于法拉第赝电容,其存储电荷的过程除了包括双电层上的存储之外,主要是电解液中离子在电极活性物质中发生氧化还原反应而将电荷储存于电极中. 其双电层中的电荷存储与上述类似. 化学吸脱附机理的一般过程为: 电解液中的离子(一般为 H^+ 或 OH^-)在外加电场的作用下由溶液中扩散到电极/溶液界面,通过界面电化学反应

$$MO_x + H^+(OH)^- + (-)e^- \longrightarrow MO(OH) \quad (4.11.5)$$

电解液中的离子进入到电极表面活性氧化物的体相中. 由于电极材料采用的是具有较大比表面积的氧化物,这样就会有相当多的电化学反应发生,大量电荷就被存储到电极中. 放电时这些离子又会重新返回到电解液中,同时所存储的电荷通过外电路而释放出来,这就是法拉第赝电容的充放电机理,如图 4.11.3 所示.

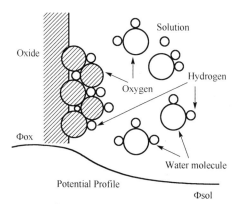

图 4.11.3 法拉第赝电容充放电机理

3. 二氧化锰基超级电容器的储能机理

(1)二氧化锰的阴极还原过程.

二氧化锰是作为化学电源的正极材料,在放电过程中被还原. 由于二氧化锰是一种半导体,导电性不良,阴极还原过程不同于金属电极. 二氧化锰电化学还原分为两个过程.

初级过程:二氧化锰还原为羟基氧化锰(MnOOH). 二氧化锰电极的反应机理尚不完全明白,但大多数学者倾向于电子-质子理论.

二氧化锰电极是粉体电极,电极反应在二氧化锰颗粒表面进行. 首先是四价锰还原为低价氧化物,称初级反应. 电子-质子理论认为二氧化锰晶格是由 Mn^{4+} 和 O^{2-} 交错排列而成. 反应过程是液相中的质子(H^+)通过两相界面进入二氧化锰晶格与 O^{2-} 结合为 OH^-,电子也进入锰原子的外围,原来 O^{2-} 晶格点阵被 OH^- 取代,Mn^{4+} 被 Mn^{3+} 取代,形成羟基氧化锰.

$$MnO_2 + H^+ + e^- \longrightarrow MnOOH \quad (4.11.6)$$

在中性和碱性溶液中,或有 NH_4Cl 存在时,反应也可写成

$$MnO_2 + H_2O + e^- \longrightarrow MnOOH + OH^- \quad (4.11.7)$$

$$MnO_2 + NH_4Cl + e^- \longrightarrow MnOOH + NH_3 + Cl^- \quad (4.11.8)$$

次级过程：二氧化锰还原生成的羟基氧化锰与电解液进一步发生化学反应或以其他方式离开电极表面的过程，称为次级过程．次级反应使羟基氧化锰发生转移．羟基氧化锰转移有两种方式，即歧化反应和固相质子扩散．

歧化反应：pH较低时，羟基氧化锰的转移按下式进行：

$$2MnOOH + 2H^+ \longrightarrow MnO_2 + Mn^{2+} + 2H_2O \tag{4.11.9}$$

(2) 二氧化锰在超级电容器中应用的机理．

超级电容器是一种新型的储能装置，它的最大优点就是可以大功率地储存和输出能量，也就是它可以大电流地充放电，因此要求电容器在充放电过程中，电极上发生的必须是快速可逆的电化学反应，所以在利用二氧化锰做超级电容器的电极活性物质时，必须利用二氧化锰还原中可逆性好、反应速度快的阶段．而二氧化锰只有在它还原的第一步还原为羟基氧化锰的过程才是可逆的．

二氧化锰在超级电容器中应用的反应机理一直存有争议．迄今为止，研究人员普遍认为二氧化锰电极在水系电解液中的电荷存储过程主要有两种机理．

一种是表面吸脱附理论，认为在充放电过程中，通过电解液中的阳离子在二氧化锰电极表面吸脱附进行电荷的存储

$$(MnO_2)_{surface} + C^+ + e^- \longrightarrow (MnO_2^- C^+)_{surface} \tag{4.11.10}$$

其中，C^+代表H^+、Li^+、Na^+、K^+、NH_4^+等．

另一种是本体嵌入脱出理论，认为在充放电过程中，通过电解液中的阳离子在二氧化锰本体内进行嵌入和脱嵌进行电荷的存储

$$MnO_2 + C^+ + e^- \longrightarrow MnOC \tag{4.11.11}$$

4. 超级电容器的特点

超级电容器是近年来出现的一种新型能源器件，与静电电容器不同，其容量可达法拉级甚至数千法拉，比静电电容器大20～200倍，可以克服常规电容器储能较小的缺点，与化学电源一样，具有较高的能量密度和较大的电荷储存能力．它有静电电容器功率密度大的优点，可以在极短的时间内输出能量，避免了电池放电功率有限的缺点，可以用于高功率的输出．同时，超级电容器可快速的充放电，而且寿命较长．因此有人认为超级电容器是一种介于静电电容与电池之间的储能器件，它既像静电电容一样具有很高的放电功率，又像电池一样具有较高的电荷储存能力，在这两种储能元件之间找到了一个最佳的结合点．表4.11.1是静电电容器、超级电容器、电池的性能比较[3]．由于其放电性能与静电电容更为接近，所以仍然称之为"电容"．与电池相比，超级电容器具有其他电池无法比拟的优点[4,5]：

(1) 高的功率密度，是普通电池功率密度的10～100倍，达到50～5000W/kg，放电电流可在短时间内达到上千安培，特别适合于高脉冲环境下的高功率要求．

(2) 大容量．相比于普通电容器的电容值以皮法和微法计，超级电容器电容值

一般以法拉计,容量范围为 0.1~6000F,为同体积普通电容器的 2000~6000 倍,解决了储能设备高比能量输出和高比功率之间的矛盾.

(3) 极长的充放电循环寿命. 超级电容器电极材料在连续充放电过程中发生电化学反应时可逆性较好,对材料结构没有重大影响,因此其连续充放电循环可达 10^5 次以上,而普通电池连续循环寿命很难超过 1000 次.

(4) 非常短的充电时间. 可实现大电流充放电,在数十秒至十几分钟内就能达到其额定容量的 95% 以上.

(5) 可靠性高,免维护. 超级电容器的内阻小,漏电流极小,储存寿命极长,具有电压记忆功能,可抗过充和过放. 环境温度对电极材料反应速率的影响不大,可在 -45~80℃ 的温度范围内有效工作.

(6) 环境友好. 绿色能源超级电容器的电极材料,电解液和膈膜等组成部分是安全无毒的,对环境和使用者无负面影响,不会像铅酸和镍镉电池等对环境产生二次污染.

表 4.11.1 静电电容器、超级电容器、电池的性能比较

	静电电容器	超级电容器	电池
平均放电时间	10^{-6}~10^{-3}s	0.1~30s	0.3~3h
平均充电时间	10^{-6}~10^{-3}s	0.1~30s	1~5h
比能量	<0.1W·h/kg	5~20W·h/kg	20~200W·h/kg
比功率	>10^4W/kg	1000~2000W/kg	50~300W/kg
循环寿命	>10^6	>10^5	500~2000

5. 超级电容器的用途

超级电容器因具有超大容量,又具有很高的功率密度,在很多方面都有极为广泛的应用前景,主要表现在以下几个方面.

(1) 消费电子.

超级电容器具有储能高、循环寿命长、质量轻等优点,可用于存储器、微型计算机、系统主板表等的备用电源. 超级电容器可以在短时间内充电完毕,并能提供比较大的能量. 当主电源中断或由于接触不良等原因引起系统电压降低时,超级电容器就可以起后备补充作用,可以避免因突然断电而对仪器造成的影响. 超级电容器具有储能高和快速充放电的优点,可取代电池作为小型用电器电源,如电动玩具、数字钟、照相机、录音机、便携式摄影机等. 澳大利亚 Cap-XX 公司对应用于笔记本电脑的超级电容器进行了开发,使电脑在低温下的效率提高了两倍,即使拿掉电池,也可以持续使用 5min. 超级电容器适用于大功率大脉冲电源上,特别是那些使用无线技术的便携装置,如便携计算机、采用全球移动通信系统(GSM)和通用无限分组业务(GPRS)无线通信的掌上型装置.

(2)电动汽车和混合电动汽车.

电动汽车对动力电源的要求引起了世界范围对超级电容器这一新型储能装置的广泛关注.传统动力电池在高功率输出、快速充电、宽温度范围使用以及寿命等方面存在一定的局限性,而超级电容器能较好地满足电动车在启动、加速、爬坡时对功率的需求.若超级电容器与动力电池配合使用,则可减少大电流放电对电池的伤害,延长电池的使用寿命,同时还能通过再生制动系统将瞬间能量回收于超级电容器中,提高能量利用率.

俄罗斯已经将超级电容器电动车投入到公交线路上运营,性能良好.美国 Maxwell 公司所开发的超级电容器已在各种类型电动车上得到良好应用.本田公司在其开发出的第三代和第四代燃料电池电动车 FCX-V3 和 FCX-V4 中分别使用了自行开发研制的超级电容器来取代二次电池,减少了汽车的重量和体积,使系统效率增加,同时可在刹车时回收能量.测试结果表明,使用超级电容器时燃料效率和加速性能均明显提高.Nissan 也设计了一款基于超级电容器的城市公交巴士.该车不使用电池,标准负载为 15t.它包含了一个由压缩天然气发动机驱动的发电机,两个连在一起的 75kW 的电动机可以提供 150kW 的牵引力,在刹车时电容器系统可以回收 100kW 的能量.2006 年 8 月 28 日,国内首条超级电容器商业示范线在上海开通,10 辆超级电容公交车加入上海公交 11 路电车环线运营中.

(3)内燃机车启动.

内燃机车基本上都是用蓄电池组来启动柴油发电机组的.蓄电池向外放电需要一个很长的时间,在冬天启动比较困难.冬天,很多司机都会将卡车处于怠速状态,以保证卡车在停了几小时后能重新启动.德国的研究人员对超级电容器应用在汽车启动上做了研究[6],以解决怠速停车产生的能源浪费问题.他们用一个小的蓄电池并联一个超级电容器代替原蓄电池为车辆启动提供动力.超级电容器-蓄电池组的质量仅为传统车用蓄电池的 1/3,可以使启动机的启动扭矩提高 50%,而且启动转速也有所增加.

(4)电力系统.

超级电容器替代静电电容器,应用在高压变电站及开关站的电容储能式硅整流分合闸装置中,作为储能装置,可以解决静电电容器由于储能低及漏电流大造成的分合闸装置可靠性差的缺点,防止产生严重事故[7].超级电容器代替静电电容器不仅能保持原装置简单的结构,还能降低成本,减少维护量.超级电容器也可以用于分布式电网的储能.该系统利用多组超级电容器将能量以电场能的形式储存起来,当能量紧急缺乏或需要时,再将存储的能量通过控制单元释放出来,准确快速地补偿系统所需的能量,从而实现电能的平衡、稳定控制.

(5)军事.

新一代的激光武器、粒子束武器、潜艇、导弹以及航天飞行器等高功率军事装备在发射阶段除了具有常规高比能量电池外,还必须与超大容量电容器组合才能构成"致密型超高功率脉冲电源". Evans 公司开发了一种大型的超级电容器,计划应用于海军. Evans 公司的这种电容器的工作电压为 120V,存储的能量超过 35kJ,功率高于 20kW. 另外,该公司还有产品应用于美军方研制的机载武器自跟踪系统(airborne weapon targeting system)中.

(三)本实验的意义

随着高性能电化学电容器在移动通信、信息技术、航空航天和国防科技等领域的不断应用,特别是环保型电动汽车的兴起,大功率的超级电容器显示了前所未有的应用前景. 电极材料是决定电化学超级电容器性能的两大关键因素(电极材料与电解液)之一,因此对电极材料的研究尤为重要. MnO_2 因其本身的假电容现象而有望用作超级电容器的电极材料,特别是纳米级的 MnO_2,具有高的比表面积,同时无定型的结构使 MnO_2 晶格扩张,质子很容易存留在里面,有望作为一种价格低廉且效果良好的新型电容器材料.

本实验项目的开设旨在通过对超级电容器储能原理的讲解,以及纳米 MnO_2 材料的制备,实现 MnO_2 基电极的超级电容器组装和性能测试,使学生全面掌握纳米 MnO_2 的制备方法和赝电容储能机理.

二、实验详细介绍

(一)实验所需设备和药品

本实验所用的主要仪器见表 4.11.2.

表 4.11.2　实验所用仪器

仪器	型号	生产厂家
真空干燥箱	DZF-6020	上海一恒科技有限公司
恒温磁力搅拌器	85-2	巩义市予华仪器有限公司
电子天平	AL104	梅特勒-托利多仪器有限公司
粉末压片机	769YP-24B	天津市科器高新技术公司
电化学工作站	CHI660E	上海辰华仪器有限公司
扫描电子显微镜	JSM-5600LV	日本理学株式会社
X射线衍射仪	Rigaku D/max2400	日本理学株式会社
循环水真空泵	SHZ-D(Ⅲ)	巩义市英峪予华仪器厂
饱和甘汞电极	232	上海精密科学仪器有限公司
擀片机	—	龙口市诸由电器元件厂
箱式电阻炉	—	无锡电路设备厂

本实验所用的主要试剂见表 4.11.3.

表 4.11.3 实验所用试剂

名称	纯度(规格)	生产厂家
醋酸锰	AR	天津市科密欧化学试剂有限公司
硫酸	AR	沈阳新兴试剂厂
硫酸钠	AR	天津市科密欧化学试剂有限公司
无水乙醇	AR	沈阳新兴试剂厂
丙酮	AR	天津市科密欧化学试剂有限公司
乙炔黑	AR	焦作鑫达化工有限公司
PTFE 乳液	60%	上海三爱富新材料股份有限公司
泡沫镍	面密度(350 ± 30)g/cm^2	长沙力元新材料有限公司

(二)实验方法选择与原理依据

MnO_2 纳米材料的制备采用溶胶-凝胶技术,该技术的机理详见"实验 4.10 纳米 TiO_2 光触媒制备及抗菌特性研究"中关于溶胶-凝胶技术机理的介绍.

(三)MnO_2 基超级电容器的影响因素

1. 晶体结构

二氧化锰晶体以[MnO_6]八面体为基础,[MnO_6]八面体与相邻的八面体沿棱或顶点相结合,形成各种晶型. 二氧化锰结构可分为三大类,一类是链状或隧道结构,包括 α、β、γ 型,ε、ρ 型也与此类似;另一类是层状或片状结构,如 δ-MnO_2;第三类是三维立体结构,如 λ-MnO_2. 不同晶型的二氧化锰化学组成基本相同,但是由于晶格结构和晶胞参数不同,即几何形状和尺寸不同,它们的电化学反应能力差别很大. 不同晶型的 MnO_2 的晶体特征见表 4.11.4[8].

表 4.11.4 二氧化锰的晶体特征

晶体名称	孔道类型	孔道尺寸/Å	晶系	通式
α-MnO_2	(1×1),(2×2)	1.89,4.6	四方晶系	$R_2Mn_8O_{16} \cdot xH_2O$
β-MnO_2	(1×1)	1.89	四方晶系	$MnO_x (x \leqslant 1.98)$
γ-MnO_2	(1×1),(1×2)	1.89,2.3	斜方晶系	$MnO_{1.90-1.98} \cdot xH_2O$
δ-MnO_2	层状	7.0	—	$R_xMn_{2+y}(H_2O)_z$
ε-MnO_2	三维立体	—	六方晶系	

二氧化锰的晶体结构是二氧化锰基电容器最重要的影响因素. 现在的研究主要集中在 α-MnO_2 和 δ-MnO_2 这两种材料,关于其他晶体结构的 MnO_2 材料研究较少. Brousse 等[9]分别制备了纳米等级的 α-MnO_2、β-MnO_2、γ-MnO_2、δ-MnO_2 和

λ-MnO$_2$,并将其作为超级电容器活性物质进行研究. Munichandraiah 等[10]则制备了微米等级的 α-MnO$_2$、β-MnO$_2$、γ-MnO$_2$、δ-MnO$_2$ 和 λ-MnO$_2$,并将其作为超级电容器活性物质进行研究. 他们的研究结果基本一致:α-MnO$_2$ 表现出最好的电容性能,其次是层状的 δ-MnO$_2$,β-MnO$_2$ 表现出最差的电容性能. 其中 λ-MnO$_2$ 和 β-MnO$_2$ 的比电容是由阳离子在电极表面形成的双电层引起的.

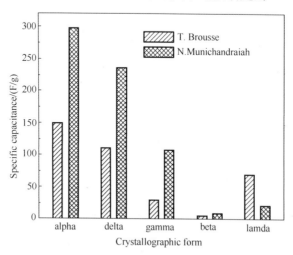

图 4.11.4　二氧化锰比电容与晶体结构的关系

2. 表面形貌与比表面积

Toupin 等[11]通过理论计算和实际测试认为,只有电极表面的锰原子会参加氧化还原反应,所以,相对于 Na$^+$ 和质子的嵌入和脱出,比表面积与比电容的联系更为密切. Xia 等[12]制备了三种多孔材料,有序介孔二氧化锰、无序介孔二氧化锰和无序多孔二氧化锰,经过循环伏安测试表明,在较小的扫描速率下,比表面积较大的无序多孔二氧化锰表现出较高的比电容,而扫描速率增加到 500mV/s 以上时,孔径均匀分布在 4.9nm 左右的有序介孔二氧化锰的循环伏安曲线依然表现出良好的方形,具有最好的电容性能.

三、实验要求

(一)实验任务

(1)制备纳米 MnO$_2$ 材料.
(2)纳米 MnO$_2$ 材料的物性表征.
(3)纳米 MnO$_2$ 电极超级电容器组装及电化学性能测试:
①电极的制备;
②电化学性能测试.

(二)实验操作提示

1. 纳米 MnO_2 材料制备

采用溶胶-凝胶法制备 MnO_2 纳米粉体. 步骤如下: 按柠檬酸和四水合乙酸锰的摩尔配比(0.5∶1)将柠檬酸加到四水合乙酸锰溶液中, 搅拌溶解, 形成均匀透明的溶液; 然后用25%氨水调节混合溶液的pH为6.0, 溶液由淡粉色转变为橙黄色后, 放到水浴锅中, 在80℃下加热成湿凝胶. 将湿凝胶在干燥箱中100℃下干燥, 制成干凝胶. 研细后, 放入电阻炉中, 在300℃下焙烧10h, 得到棕黑色样品粉末. 将焙烧后的产物再次研磨, 称取5g, 加入50mL 2M H_2SO_4 中酸化2h. 对酸化后的材料进行抽滤, 并用去离子水反复洗涤, 直至滤液呈中性. 将滤渣放入干燥箱中, 在100℃干燥后, 再次研磨, 最终得到产物 MnO_2 材料.

2. 纳米 MnO_2 材料的物性表征

采用日本理学株式会社全自动 D/max2400 型 X 射线衍射仪对 MnO_2 材料的晶型结构进行表征, $CuK\alpha$ 辐射, $\lambda=1.54056nm$, 石墨单色器, 对制备的二氧化锰材料进行物相分析, 扫描范围10°~90°, 扫描速度8°/min, 管电压50kV, 管电流150mA. 采用扫描电子显微镜(SEM)对 MnO_2 纳米材料进行形貌表征, 观察二氧化锰材料的微结构和形貌, 并通过能量色散 X 射线荧光光谱仪(EDX)对材料的成分分析.

3. 电极的制备

将泡沫镍集流体放到丙酮中超声5min除油, 待丙酮挥发完全后称量待用. 将PTFE(聚四氟乙烯)乳液放到装有少量无水乙醇的烧杯中磁力搅拌10min, 然后加入导电乙炔黑搅拌10min, 再加入二氧化锰, 80℃水浴下搅拌, 微沸破乳. 其中二氧化锰、导电乙炔黑和PTFE(按溶质算)的质量比为70∶25∶5. 把混合物浆料搅拌至胶团状, 然后用擀片机擀成均匀的薄片, 直接辊压到已用丙酮除油后的泡沫镍上, 60℃干燥4h后在12MPa下压制电极, 120℃下真空干燥(ca. 0.09MPa)8h后称量待用. 测试前将电极浸泡于电解液中24h, 并抽真空(ca. 0.09MPa). 若无特殊说明, 电极活性物质的载量在$(5.0\pm1.0)mg/cm^2$.

4. 电化学性能测试

本实验采用三电极体系进行恒流充放电测试, 参比电极为饱和甘汞电极(SCE), 辅助电极为金属铂丝电极, 电解液为0.5mol/L Na_2SO_4, 电位为-0.2~0.4V, 扫描速率为5mV/s. 测试系统为CHI660E电化学工作站, 采用的电化学技术是计时电势法.

(三)注意事项

在实验前一定详细阅读电化学工作站使用说明书, 并且在实验教师的指导下严格按照规程操作仪器.

(四)拓展问题

根据恒流充放电的数据计算电极 MnO_2 的比电容 C_m,并讨论影响比电容的因素.

(五)课后作业

对实验结果进行分析讨论,写一篇有关超级电容器研究现状的课程小论文.

参 考 文 献

[1] 张治安,杨邦朝,邓梅根,胡永达.电化学电容器的设计,电源技术,2004,28,318-323.
[2] M Jayalakshmi,K Balasubramanian,Simple Capacitors to Supercapacitors-An Overview,Int. J. Electrochem. Sci. ,2008,3,1196.
[3] 王晓峰,孔祥华,刘庆国,解晶莹.新型化学储能器件-电化学电容,化学世界,2001,2,103-108.
[4] 张治安,邓梅根,胡永达.电化学电容器的特点及应用,电子元件与材料,2003,22,2-5.
[5] M. Winter,R. J. Brodd . What are batteries,fuel cells,and supercapacitors,Chem. Soc. Rev, 2004,104,4245-4269.
[6] M. Dale,张鲁滨,超级电容器应用于汽车的优势及前景,汽车维修与保养,2004,5,53-55.
[7] 薛洪发. 超级电容器在变配电站直流系统中的应用,电气时代,2001,11,40-41.
[8] S. Devaraj,N. Munichandraiah,Effect of crystallographic structure of MnO_2 on its electro-chemical capacitance properties,J. Phys. Chem. C,2008,112,4406-4417.
[9] T. Brousse,M. Toupin,R. Dugas,L. Athouël,O. Crosnier,D. Bélanger,. Crystalline MnO_2 as possible alternative tp amorphous compounds in electrochemical supercapacitors,J. Electro-chem. Soc,2006,153,A2171-A2180.
[10] S. Devaraj,N. Munichandraiah,Effect of crystallographic structure of MnO_2 on its electro-chemical capacitance properties,J. Phys. Chem. C,2008,112,4406-4417.
[11] T. Mathieu,B. Thierry,B. Daniel,Influence of microstucture on the charge storage proper-ties of chemically synthesized manganese dioxide,Chem. Mater. ,2002,14,3946-3952.
[12] J. Y. Luo,Y. Y. Xia ,. Effect of pore structure on the electrochemical capacitive performance of MnO_2,J. Electrochem. Soc,2007,154,A987-A992.

4.12 聚苯乙烯纳米纤维功能化及固定化生物酶的活性研究

一、实验预备知识

(一)实验目的

(1)掌握静电纺丝技术制备聚苯乙烯纳米纤维的方法.

(2) 了解固定化生物酶的方法、原理.
(3) 掌握评价固定化生物酶活性的实验方法.
(4) 了解影响固定化生物酶活性的因素及机理.

(二) 相关科研背景

酶是一类具有催化功能的蛋白质,作为一种生物催化剂,它具有反应速率快、反应条件温和、底物专一性强等优点.同时,酶本身可以被微生物降解,符合绿色化学的要求,因此,酶已在食品、医药、轻工和农业等许多领域得到广泛的应用.虽然酶在生物体内能够催化许多化学反应,但用作工业催化剂仍存在缺陷.由于酶是由蛋白质组成,其高级结构对所处的环境十分敏感,所以一般情况下,对热、强酸、强碱、有机溶剂等均不够稳定,在反应中易失活,而且酶中常带有杂蛋白及有色物质,造成产物分离提纯困难,限制了酶在酶促反应中的广泛应用.若是用于医学或化学分析领域,酶必须很纯,如此一次性使用,必然耗资很大.为了克服这种缺点,人们开始探索将游离酶与不溶性载体联结起来,使之成为不溶于水的酶的衍生物,同时又能保持或大部分保持原酶固有的活性,在催化反应中不易随水流失.这样制备的酶,曾被称为水不溶酶(water-insoluble enzyme)、固相酶(solid phase enzyme)等.后来发现,一些包埋在凝胶内或置于超滤装置中的酶,本身仍是可溶的,只是被限定在有限空间不能自由流动而已.因此,在1971年第一届国际酶工程会议上,正式建议采用"固定化酶"(immobilized enzyme)这一名称.

固定化酶是指经过物理或化学方法处理,使酶变成不易随水流失,而又能发挥催化作用的酶制剂,已经成为生物技术中最为活跃的研究领域之一.与游离酶相比,固定化酶具有下列优点:①固定化酶可以多次使用,而且在多数情况下,酶的稳定性提高,因而单位酶催化的底物量大增,用酶量大减,即单位酶的生产力高;②固定化酶极易与底物、产物分开,因而产物溶液中没有酶的残留,简化了提纯工艺,产率较高,产品质量较好;③固定化酶的反应条件易于控制,可以装柱(塔)连续反应,宜于自动化生产,节约劳动力,减少反应器占地面积;④比游离酶更适合于多酶反应体系;⑤辅酶固定化和辅酶再生技术,将使固定化酶和能量再生体系或氧化还原体系合并使用,从而扩大其应用范围.

(三) 本实验的意义

在学生已有一些酶的应用知识基础之上,选用功能化的静电纺丝纳米纤维作为载体,采用吸附或包埋的方法固定化过氧化物酶(HRP)生物酶.通过实验使学生充分了解固定化酶的方法、特点以及静电纺丝技术在固定化生物酶中的应用,并以HRP为模型酶,对比研究固载前后HRP酶对物理、化学环境变化的活性变化趋势.以问题为核心,以探究为精髓,通过教师设计的问题,激发学生的思维.学生通过讨论、分析,运用课堂中所学过的知识,从理论上明晰固定化生物酶技术的原理,从实验中掌握固定化生物酶的操作流程,既可体验探究的乐趣、培养社会责任感,又可提高自身的生物学素养.

二、实验详细介绍

(一)实验所需设备

静电纺丝仪;电热真空干燥箱(DZF-6020型,上海精宏实验设备有限公司);磁力搅拌器(79-1,江苏省金坛市医疗仪器厂);电子天平(FA1004,北京塞多利斯仪器系统有限公司,Max120g,精度0.1mg);静滴接触角/界面张力测量仪,AC220V;生物显微镜,LW40446-003A;紫外/可见分光光度计(UV-1801型,北京瑞利分析仪器公司).

(二)实验所需试剂

聚苯乙烯(PS)(扬子乙烯石化公司,$M_w = 138\ 000$);N,N-二甲基甲酰胺(DMF)(国药集团化学试剂有限公司);牛血清蛋白(BSA)(国药集团化学试剂有限公司);25%戊二醛溶液(国药集团化学试剂有限公司);辣根过氧化物酶(HRP)(上海源叶生物科技有限公司);苯酚(国药集团化学试剂有限公司);邻甲氧基苯酚(国药集团化学试剂有限公司);4-氨基安替比林(4-AAP)(国药集团化学试剂有限公司);30%过氧化氢(国药集团化学试剂有限公司);磷酸(天津市高宇精细化工有限公司);十二水合磷酸氢二钠(国药集团化学试剂有限公司);磷酸二氢钾(国药集团化学试剂有限公司);重铬酸钾(天津市凯信化学工业有限公司);硝酸钴(天津市凯信化学工业有限公司);蒸馏水(自制).

(三)实验方法选择与原理依据

根据电纺纳米纤维膜的制备特点及其本身具有的特征,电纺纤维膜固定化酶的方法主要分为表面担载法和包埋法两种.

1.表面担载法

纤维膜表面担载法固定化酶是指将静电纺丝纳米纤维膜的原膜或者经过表面修饰的膜直接浸入一定浓度的酶液中,在一定的条件下,经过物理吸附或化学键力的作用将酶分子固定在纳米纤维膜载体的表面,达到酶固定化的目的.该方法属于一种先制备纤维膜、后固定酶的方法.目前对这种酶固定化方法研究较多,主要包括纤维膜表面担载法和修饰纤维膜表面担载法.

(1)纤维膜表面担载法.

纤维膜表面担载法是指直接将没有经过任何表面修饰的静电纺丝纳米纤维膜用于酶的固定化.这种方法所选用的电纺材料一般为天然高分子材料或者人工合

成的高分子聚合物材料.由于天然高分子材料原料易得,且具有良好的机械强度、热稳定性、化学稳定性以及较强的酶结合能力等优点,因此常被认为是优良的酶固定化载体材料[1,2](如图 4.12.1 所示).

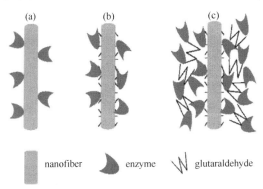

图 4.12.1　纤维膜表面担载法固定化酶示意图

(a)酶依靠物理吸附作用固定在电纺纳米纤维的表面;(b)酶依靠化学键力作用固定在电纺纳米纤维的表面;(c)用戊二醛使酶分子交联到电纺纳米纤维表面的一层种子酶上形成酶聚体

尽管纤维膜表面担载法可以保持较高的酶活性,但还是存在一定的酶活损失.这主要是因为酶与电纺纤维膜载体之间发生了非生物特异性的相互作用(如疏水性相互作用、离子结合、螯合作用、亲和结合等),使酶的高级结构发生变化.同时,将酶分子吸附固定在电纺纤维膜表面后,酶的微环境也发生变化,使得酶与底物之间的传质阻力增加,也会导致固定化酶的酶活性降低.对于氧化还原酶,因为载体表面对催化反应过程中的电子传递有较大的阻碍作用,会使其固定化后的活性显著降低.以上因素造成固定化酶的酶活性降低的原因均与载体材料表面的化学性质有关[3,4].因此,为了使电纺纳米纤维膜在酶固定化领域有更好的应用,一些研究者提出先对电纺纤维膜进行修饰,然后进行酶的固定化.

(2)修饰纤维膜表面担载法.

修饰纤维膜表面担载法是指将制备好的静电纺丝纳米纤维膜经过不同方法修饰后,再用于酶的固定化[5].该方法可以改善载体材料表面的化学性质,提高固定化酶的酶活性能.根据对电纺纳米纤维膜进行修饰的目的不同,修饰纤维膜表面担载法可以分为提高纤维膜表面的生物相容性(图 4.12.2(a))、改善酶在纤维膜表面的可流动性(图 4.12.2(b))以及增加纤维膜的电导率(图 4.12.2(c))等几种方法.

2. 纤维膜包埋生物酶法

纤维膜包埋法固定化酶是通过不同的静电纺丝技术,在制备纳米纤维膜的过程中直接将酶纺入纳米纤维内部,从而实现酶的固定化.该方法是一种原位固定酶

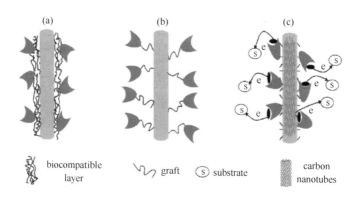

图 4.12.2　修饰纤维膜表面担载法固定化酶示意图

(a)酶固定在经过生物相容性修饰的电纺纳米纤维的表面；(b)酶通过接枝修饰固定在
电纺纳米纤维的表面；(c)酶固定在含有碳纳米管的电纺纳米纤维的表面

的方法.通过该方法制备得到的固定化酶具有载酶量高的优点.根据所采用静电纺丝技术的不同,可以将纤维膜包埋法固定化酶分为混合电纺包埋法、同轴电纺包埋法和乳液电纺包埋法.

(1)混合电纺包埋法.

混合电纺(blend electrospinning)包埋法通常是将酶与亲水性聚合物直接混合形成凝胶,然后再引入普通静电纺丝装置进行电纺,可得到载酶纳米纤维膜.这种方法实现了静电纺丝纳米纤维膜对酶的原位固定[6].利用该方法固定化酶对纺丝装置要求不高,成本低廉且操作简单.但由于酶的蛋白结构在电纺过程中受到一定程度的破坏,会导致部分酶活损失.为了提高酶在电纺过程中的稳定性,有学者提出先将酶活化,然后将活化酶与聚合物溶液混合共纺[7].结果表明,活化酶能有效地被固定在电纺纤维中,且活化后的酶经过电纺固定后,在异辛烷溶液中表现出的酶活比未经过任何处理的酶要高 4.5 倍.

(2)同轴电纺包埋法.

利用同轴电纺技术(co-electrospinning)可以直接将酶包埋在高分子聚合物材料纤维内部形成壳-核结构的载酶纤维,以实现静电纺丝纤维膜对酶的原位固定[8].同轴电纺技术为纤维膜原位包埋固定化酶提供了一种高效可行的办法.但是由于酶是一种蛋白质,它所具有的复杂的三维结构及其强大的分子间或分子内部作用力使其不可能单独被电纺成纳米纤维,所以在同轴电纺包埋法中,多数情况下要求用酶与高分子聚合物溶液一起电纺成为壳-核纤维的"核"部分.又因为大多数酶都是水溶性的,所以要求与酶一起电纺的高分子聚合物材料也是水溶性的.同时,为了保证电纺纳米纤维膜在水溶液中的稳定性,使其不发生溶胀或者解体,一般要求电纺纳米纤维所用的"壳"材料是疏水性聚合物.

由于壳-核结构纤维将酶或蛋白包裹于纤维内部,且纤维外壳是由疏水性材料组成,若用于控制蛋白释放,该结构纤维具有很好的缓释性能;但是,如果直接将其用于固定化酶,则不利于酶与底物的充分接触,且增加了酶反应的传质阻力,降低了酶反应速率.为了提高壳-核结构纤维包埋固定化酶的催化活性,有学者提出电纺时在外壳材料中加入一定亲水性物质,这样纺出的纤维外壳呈现出多孔性,而这些孔可以为底物提供通道,促进酶与底物的结合,从而加快酶反应速率[9].这种利用同轴电纺技术包埋固定酶的方法能够提高电纺纤维膜的载酶量和稳定性,同时纤维的壳-核结构也使其外壳部分对酶有一定的保护作用.

(3)乳液电纺包埋法.

随着对电纺技术研究的深入,乳液电纺作为静电纺丝技术的一个新的分支,越来越受到人们的关注[10].该技术能够通过直接电纺油-水或者水-油乳液制备壳-核结构载酶纳米纤维,实现对酶的原位包埋固定.在该方法中,通常是先向聚合物溶液中加入一定量的表面活性剂以降低溶液的表面张力,然后再与酶溶液混合形成均匀乳液,最后将乳液引入普通的静电纺丝装置进行电纺而得到载酶纤维.研究人员已经分别通过电纺牛血清蛋白/外消旋聚乳酸(PDLLA)氯仿乳液和溶菌酶/外消旋聚乳酸氯仿乳液,使这两种蛋白均被包埋在纤维中形成壳-核结构纤维,而且纤维中蛋白的结构均保持完整[11].除此之外,该技术还能作为一种有效的微囊包埋法,首先用亲水性的微球体对酶或蛋白进行负载,然后将聚合物溶液与微球体形成乳液,最后通过电纺技术将微球体包埋在纤维的内部,达到固定化酶或蛋白的目的[12].这种微球负载法与乳液电纺包埋法相结合的技术,能减小载体材料表面疏水性对酶的影响,更有利于保持酶蛋白结构的完整,以使酶维持较高的催化活性.

三、实验要求

(一)实验任务

(1)聚苯乙烯(PS)纳米纤维制备及表面功能化;
(2)聚苯乙烯纳米纤维膜固载化过氧化物酶(HRP);
(3)吸附容量检测;
(4)HRP活性测定.

(二)实验操作提示

1.聚苯乙烯纳米纤维的制备及表面功能化

将聚苯乙烯颗粒缓慢添加到二甲基甲酰胺溶剂中,室温下搅拌2h,制得浓度为15%的聚合物电纺溶液,在静电纺丝机上纺丝得到PS纳米纤维膜,然后将PS纳米纤维置于浓硫酸的三口烧瓶中回流30min,进行磺酸化处理,最后将纤维干燥,备用.

2. PS 纳米纤维膜固载化过氧化物酶

将表面功能化的 PS 纳米纤维膜放置于 1% 的牛血清蛋白(BSA)溶液中浸泡 70min,经二次蒸馏水浸泡、清洗两次后,将纳米纤维膜浸泡在过氧化物酶溶液中,冰浴条件下固定,固载 HRP 的 PS 纳米纤维膜取出后用 pH=7.0 的磷酸盐缓冲溶液洗涤 3 次,置于 4℃ 冰箱中待用,样品记作 PS-HRP.

3. 吸附容量检测

采用 Bradford 方法检测 HRP 在纤维表面的吸附容量. 通过紫外/可见光谱仪测定考马斯亮蓝在 595nm 处的吸收强度,利用朗伯-比尔定律推算 HRP 在溶液中的浓度,并采用式(4.12.1)计算吸附容量 q.

$$q = \frac{(C_0 - C)V}{m} \tag{4.12.1}$$

其中,q 是 HRP 在纤维表面的吸附容量;C_0 和 C 分别是 HRP 在溶液中的初始浓度和即时浓度;V 是 HRP 溶液的体积;m 是 PS 纤维的质量.

4. 表征

纤维形貌及直径采用 S-3000N(日本日立公司)型扫描电镜观察;聚合物化学结构的红外光谱用 IFS66/S 型(德国 BRUKER 公司)时间分辨红外光谱仪测定.

5. HRP 活性测定

过氧化物酶的活性测定采用沃辛通(Worthington)法[13]. 相对酶活 R(relative activity/%):以同组实验中酶活最高点的值记为 100%,相对酶活为其他实验点的酶活值与该值之比. 具体操作过程如下[14]:

(1) 测定所需溶液. A 液:苯酚和 4-氨基安替比林(4-AAP)的混合溶液,其中苯酚浓度为 0.172mol/L,4-AAP 浓度为 $2.46×10^{-3}$mol/L;B 液:用 pH 为 7.0 的磷酸缓冲液配制的过氧化氢溶液,浓度为 $1.76×10^{-3}$mol/L.

(2) 游离 HRP 酶活测定. 依次取 1.4mL A 液、1.5mL B 液置于 1cm 比色皿中,25℃ 恒温 10min;然后加入游离 HRP 溶液,混合后迅速放入紫外/可见分光光度计中,检测 3min 内 510nm 处吸光度每 1min 的增大值(以蒸馏水为参比),并取平均以计算酶活.

(3) PS-HRP 酶活测定. 依次取 1.4mL A 液、1.5mL B 液置于 10mL 离心管中,25℃ 恒温 10min;然后加入一定量的固定化 HRP,开始计时,磁力搅拌反应 3min,迅速过滤分离出固定化过氧化物酶以终止反应,取清液置于 1cm 比色皿中在 510nm 下测定溶液的吸光度.

6. 荧光光谱分析方法

HRP 浓度为 1g/L,用浓度为 0.05mol/L 的磷酸缓冲液(pH=7.0)配制. 最大

激发波长为234nm,最大发射波长为308nm,常温(25±1)℃下重复3次扫描.相对荧光强度计算公式为

$$相对荧光强度 = \frac{环境改变后HRP固载荧光强度}{环境改变前HRP固载荧光强度} \times 100\% \quad (4.12.2)$$

(三)注意事项

(1)实验用的酶类在室温下操作完成后,要及时放回冰箱,以免活性降低.

(2)无菌操作台用后及时清理干净,操作真菌、细菌、酵母、昆虫细胞最好不要交叉使用.

(3)培养基使用时要注意无菌操作,移液器不要插入培养基中.

(4)灭好的培养基标签一定要写好,包括名称、日期、是否加抗生素,是否加抗生素非常重要,特别是在共用培养基的实验室.

(5)实验用过的试剂盖子一定要盖好,以免挥发.特别是有毒的物品,如氯仿、苯酚等,用完后的瓶子及时拿出实验室.

(四)拓展问题

如果将溶于水中的酶固定在不溶于水的载体上,固然可以解决酶的回收问题,但是,酶被固定后依然具有催化能力吗?根据学习过的有关酶知识,分析讨论.

(五)课后作业

(1)固定化生物酶在环境领域的应用.
(2)静电纺丝法纳米纤维固定化生物酶的优势.
(3)制备固定化酶的方法有哪些,各有什么特点.
(4)举例说明固定化酶在生产和生活中的应用.

(六)实验中要采集的数据及其处理

(1)记录聚苯乙烯纳米纤维和固载HRP聚苯乙烯纳米纤维的FT-IR光谱谱图,并将两张图谱画在同一张图中,对比说明固载酶前后的聚苯乙烯谱峰变化情况.

(2)记录固定化时间对HRP吸附容量和活性影响,数据记录在表4.12.1中,并根据表4.12.1绘制固定化时间对HRP吸附容量和活性影响曲线图.

表 4.12.1 固定化时间对 HRP 吸附容量和活性影响

固载时间/h	1	2	3	4	5	6	7	8	10
固载量/(mg/g)									
相对酶活性/%									

(3) 记录温度变化对 HRP 活性影响,数据记录在表 4.12.2 中. 并根据表 4.12.2 绘制温度变化对 HRP 活性影响曲线图.

表 4.12.2 温度变化对 HRP 活性影响

温度/℃		20	25	30	35	40	45	50	55	60	65	70
相对酶活性/%	自由酶											
	固定化酶											

(4) 记录温度变化对 HRP 荧光光谱的影响,并根据式(4.12.2)计算相对荧光强度.

(5) 记录室温放置时间对 HRP 活性影响,数据记录在表 4.12.3 中. 并根据表 4.12.3 绘制室温放置时间对 HRP 活性影响曲线图.

表 4.12.3 室温放置时间对 HRP 活性影响

天		1	2	3	5	7	10	15	20	30	35	40
相对酶活性/%	自由酶											
	固定化酶											

(6) 记录室温放置时间对 HRP 荧光光谱的影响,并根据式(4.12.2)计算相对荧光强度.

(7) 记录 pH 对 HRP 活性影响,数据记录在表 4.12.4 中. 并根据表4.12.4绘制 pH 对 HRP 活性影响曲线图.

表 4.12.4 pH 对 HRP 活性影响

pH		1	2	3	5	7	8	9	10	12
相对酶活性/%	自由酶									
	固定化酶									

(8) 记录 pH 对 HRP 荧光光谱的影响,并根据式(4.12.2)计算相对荧光强度.

参 考 文 献

[1] 汪怿翔,张俐娜. 天然高分子材料研究进展. 高分子通报,2008,7,66-76.

[2] A. M. Dessouki,K. S. Atia,Immobilization of Adenosine Deaminase onto Agarose and Casein, Biomacromolecules,2002,3,432-437.

[3] J. Kim, J. W. Grate, P. Wang, Nanostructures for Enzyme Stabilization, Chem. Eng. Sci., 2006,61,1017-1026.

[4] Z. G. Wang, L. S. Wan,, Z. M. Liu, X. J. Huang, Z. K. Xu,, Enzyme immobilization on electrospun polymer nanofibers: An overview, J. Mol. Catal. B: Enzym. ,2009,56,189-195.

[5] 潘超,栾忠奇,王小娇,马玲.静电纺苯乙烯-甲基丙烯酸共聚物纳米纤维膜固载过氧化物酶及处理多酚性能研究,高分子学报,2013,1508-1513.

[6] G. L. Ren, X. H. Xu,, Q. Liu, J. Cheng, X. Y. Yuan, L. L. Wu, Y. Z. Wan, Electrospun poly (vinyl alcohol)/glucose oxidase biocomposite membranes for biosensor applications, react Funct Polym ,2006,66,1559-1564.

[7] S. J. Sakai, K. Antoku, T. Yamaguchi, K. Kawakami, Development of electrospun poly(vinyl alcohol) fibers immobilizing lipase highly activated by alkyl-silicate for flow-through reactors, J. Membrane Sci. ,2008,325,454-459.

[8] Y. Lu, H. L. Jiang, K. H. Tu, L. Q. Wang, Mild immobilization of diverse macromolecular bioactive agents onto multifunctional fibrous membranes prepared by coaxial electrospinning, Acta Biomater. ,2009,5,1562-1574.

[9] Y. Dror, J. Kuhn, R. Avrahami, E. Zussman, Encapsulation of Enzymes in Biodegradable Tubular Structures, Macromolecules, 2008, 41, 4187-4192.

[10] J. C. Sy, A. S. Klemm, P. Shastri, Emulsion as a Means of Controlling Electrospinning of Polymers, Adv. Mater. ,2009,21,1814-1819.

[11] Y. Yang, X. H. Li, W. G. Cui, S. B. Zhou, R. Tan , C. Y. Wang, Structural stability and release profiles of proteins from core-shell poly (DL-lactide) ultrafine fibers prepared by emulsion electrospinning, J. Biomed. Mater. Res. A,2008,86A,374-385.

[12] H. xu, P. Hu ,J. Xu ,A. jun. Encapsulation of drug reservoirs in fibers by emulsion electrospinning: morphology characterization and preliminary release assessment, Biomacromolecules,2006,7,2327-2330.

[13] J. A. Nicell, H. A. Wright, A model of peroxi-dase activity with inhibition by hydrogen peroxide, Enzyme. Microb. Tech,1997,21,302~310.

[14] 王翠,姜艳军,周丽亚,高静.纳米氧化硅固定辣根过氧化物酶处理苯酚废水,化工学报, 2011,62,2026~2032.

4.13 仿生荷叶效应设计与表面性能研究

一、实验预备知识

(一)实验目的

(1)了解荷花效应及其产生机理.
(2)理解仿生荷叶及其表面性能特点.
(3)掌握界面表面性能测试的方法.
(4)掌握接触角定义、测量方法及表面能的意义.

(二)相关科研背景

荷叶自古以来就被赋予"出淤泥而不染"的美誉(宋,周敦颐《爱莲说》),这是由于其表面的自清洁能力所产生的效果.水在荷叶表面可以形成近似球形的水滴且极易在其表面上滚动滑落从而将灰尘等污物带走,这种以荷叶为代表的自清洁性质被称为"荷花效应"(lotus effect).自清洁现象引起了人们的广泛关注,德国科学家 Neinhuis 和 Barthlott 通过长期研究发现[1,2],荷叶等植物的自清洁性质是由于其表面上的微米级的乳突所形成的粗糙表面以及表面疏水的蜡状物质共同引起的,如图 4.13.1 所示.近年来的研究发现[3],荷叶的微米级乳突结构上还存在着纳米级的复合结构,正是这种微-纳米的复合结构导致荷叶表面上超疏水的同时还使水在其表面具有很小的滚动角(sliding angle).这些自清洁表面和水的接触角(contact angle,CA)均大于 150°,同时具有较小的滚动角(<10°),即具有超疏水性;表面所沾染的灰尘或杂质可以很容易被滚落的水滴所带走而不留下任何痕迹,即具有很强的抗污能力,如图 4.13.2 所示.

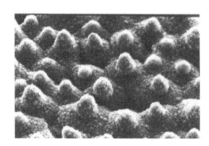 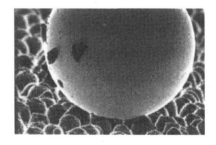

图 4.13.1　荷叶表面的乳突结构　　图 4.13.2　水滴在荷叶表面滚落时带走污物

水滴在荷叶表面的形态除了和表面结构有关外还和荷叶表面的表面能(化学组成)有关.表面能是指物质的表面具有表面张力 σ,在恒温恒压下可逆地增大表面积 dS,则需功 $dA = \sigma \cdot dS$,因为所需的功等于物系自由能的增加,且这一增加是由于物系的表面积增大所致,故称为表面自由能或表面能.由于物体表面积改变而引起的内能改变,单位面积的表面能的数值和表面张力相同,因此也将固体表面的自由能称为表面张力 γ_{sv}.表面能是创造物质表面时对分子间化学键破坏的度量.在固体物理理论中,表面原子比物质内部的原子具有更多的能量,因此,根据能量最低原理,原子会自发地趋于物质内部而不是表面.同时新形成的表面是非常不稳定的,它们通过表面原子重组和相互间的反应,或者对周围其他分子或原子的吸附,从而使表面能量降低.

一般来说,液体的表面张力(汞除外)都在 100N/m 以下,可以以此为界将固体的表面能(表面张力)分为以下两类.

(1) 高表面能物质:具有较高的表面自由焓(能),几百至几千 mJ(毫焦)/m²,如金属及其氧化物、硫化物、无机盐等.

(2) 低表面能物质:表面自由焓(能)较小或与液体大致相当,25～100mJ/m²,如一般的有机固体、有机高聚物等.

当水和较高表面能的光滑物体表面相接触时,由于水的表面张力(表面能)相对较小,根据能量最低原理,所组成的新体系中暴露在外的表面应尽量是具有较小表面能(张力)的物质,因此水在高表面能物质的表面上会尽量占据较多的外露表面,即水会形成较大面积的水膜;反之,在低表面能物质的表面,水会聚集成球滴状以减少占据体系中的表面,即水会形成球状的水滴.可见,对于光滑的固体表面,由于表面能不同,水会在其表面形成不同的形态,因此按其表面自由能的大小可以将固体物质表面分为亲水和疏水两大类,即高表面能的亲水表面和低表面能的疏水表面.

液体与固体发生接触时,液体附着(或不附着)在固体表面或渗透(或不渗透)到固体内部的现象称为浸润(或润湿)性,这种特征由固体表面的化学组成及微观结构共同决定.可见在光滑光滑表面上液体的浸润性是取决于固体表面和液体的表面能(表面张力).由于表面能的数量级较小,表面自由能极难测量,那么如何量度液体在固体表面的润湿性能,即固体表面的亲疏水性? 人们通常采用接触角的方法来衡量润湿性能.接触角是指气、液、固三相交界处的气-液界面和固-液界面之间的夹角 θ,是润湿程度的重要量度,如图 4.13.3 所示.固体表面液滴的接触角是气、液、固界面之间表面张力平衡的结果,液滴的平衡使得体系的总能量趋于最小,因此液滴在固体表面上处于稳态(或亚稳态).

可见,接触角 θ 的变化范围在 $0°$～$180°$,通常以 $\theta = 90°$ 为界将液体对固体表面的润湿性分为两类:

(1) 若固体是亲液的,即液体可润湿固体,其角越小,润湿性越好,亲液性越强;

(2) 若固体是疏液(或称憎液)的,即液体不润湿固体,容易在表面上移动,不能进入毛细孔或微小结构内,润湿性越差,疏液性越强.

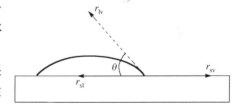

图 4.13.3 接触角示意图

在气、液、固三相交界处作气-液界面的切线,此切线和固-液交界线之间的夹角 θ,即为接触角

近年来也有学者研究提出亲疏水表面的接触角新界限约为 $65°$[4],这实际上是扩大了疏水表面的范围.

接触角和表面能之间的关系可以通过 Young's 方程来描述[5]

$$\gamma_{SV} = \gamma_{SL} + \gamma_{LV}\cos\theta \tag{4.13.1}$$

或

$$\cos\theta = \frac{\gamma_{SV} - \gamma_{SL}}{\gamma_{LV}} \tag{4.13.2}$$

式中，γ_{SV}、γ_{SL} 和 γ_{LV} 分别代表固-气、固-液和液-气界面的表面张力；θ 代表平衡接触角，又称为材料的本征接触角. Young's 方程描述的是在光滑平坦的表面上液体和固体接触后表现出来的接触角，是研究固-液润湿作用的基础，也是判断润湿性能的重要依据.

由 Young's 方程可见：

(1) 当 $\theta=0$ 时，液体完全润湿，液体在固体表面铺展；

(2) 当 $\theta<90°$ 时，可以润湿固体，且越小，润湿性越好；

(3) 当 $\theta=90°$ 时，是润湿与否的分界线；

(4) 当 $\theta>90°$ 时，不润湿固体，越大，润湿性越差；

(5) 当 $\theta=180°$ 时，完全不润湿，液体在固体表面凝聚成小球.

实际上，Young's 方程是一个理想状态的方程式，它适用于由均一物质所组成的各向同性的光滑平坦表面上表现的平衡接触角. 而当液体处于粗糙固体的表面上时，液滴在固体表面的真实接触角基本是无法测量的，实验所测得的是其表观接触角 θ_r，如图 4.13.4 所示.

粗糙表面的表观接触角 θ_r 是不符合 Young's 方程的，1936 年，Wenzel 通过热力学关系推导出和 Young's 方程类似的关系式，即著名的 Wenzel 模型方程[6]. Wenzel 假设液体始终能够填满粗糙表面的所有凹槽，如图 4.13.5 所示，在恒温、恒压的平衡状态下，界面接触线产生的微小变化 dx，由此所导致的体系自由能的变化为

$$dE = r(\gamma_{SL} - \gamma_{SV})dx + \gamma_{LV}dx\cos\theta_r \tag{4.13.3}$$

式中，dE 为界面微小移动 dx 所需的能量. 当平衡时 $dE=0$，因此可以得到

$$\cos\theta_r = r(\gamma_{SV} - \gamma_{SL})/\gamma_{LV} \tag{4.13.4}$$

将式(4.13.4)和 Young's 方程比较可得

$$\cos\theta_r = r\cos\theta \tag{4.13.5}$$

上式称为 Wenzel 方程. 其中，θ_r 是粗糙表面的表观接触角；r 是粗糙度，定义为实际的固-液接触面积和固-液接触表观面积的比值，可见 $r\geqslant 1$.

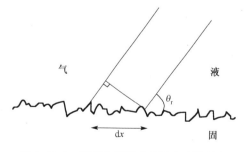

图 4.13.4　液滴在粗糙表面的表观接触角

图 4.13.5　Wenzel 模型示意图

Wenzel 模型表明,粗糙表面使得实际上的固-液接触面积要大于表观接触面积,粗糙表面的存在实际上增强了固体表面的亲(或疏)水性,即表面粗糙度的增加会使亲水物质更加亲水,疏水物质更加疏水.

(1) 若本征接触角 $\theta<90°$,随着表面粗糙度 r 增大,则表观接触角 θ_r 越小,表面愈加亲水;

(2) 若本征接触角 $\theta>90°$,随着表面粗糙度 r 增大,则表观接触角 θ_r 越大,表面愈加疏水.

大量的实验表明[7]:即使在自然界中人们现在可以得到的具有最低表面能的物质如硅氧烷或氟化物等,其本征接触角最高也不过 $120°$,对应表面能约为 $7mJ/m^2$. 可见,表面粗糙度对于材料表面疏水性改变的重要性. 因此,只要人为地在疏水性表面构建微纳米结构,即可大大增加材料表面的疏水程度,反之亦然[8,9].

Wenzel 方程揭示了各向同性粗糙表面的表观接触角和本征接触角之间的关系,值得注意的是 Wenzel 模型适用于热力学稳定状态,如果粗糙固体表面组成并不均匀,液体在表面上展开时需要克服一系列起伏不同造成的势垒,当液体振动能小于这个势垒时,液滴就不能到达模型所需的平衡状态而处于某种亚稳定平衡态. 例如,液滴和粗糙固体表观接触面处既有固-液相又有固-气相,此时 Wenzel 方程就不适用了. Cassie 和 Baxter[10] 在 Wenzel 理论的基础上提出了将非均匀的粗糙表面假设为一个复合表面,液滴在其上的接触是一种复合接触. 假设粗糙固体表面由两种物质组成,两种物质都以极小的面积均匀分布在固体表面上,且每一个小面积均远小于液滴和固体接触的表观面积. 两种物质的本征接触角分别为 θ_1 和 θ_2,在单位面积上所占的比例分别为 f_1 和 f_2,可见 $f_1+f_2=1$,所以当液滴和固体表面接触时,表观接触面积上两种物质的面积比为 $f_1:f_2$. 在恒温、恒压的平衡态下,界面接触线产生的微小变化 dx,由此所导致的体系自由能的变化为

$$dE = f_1(\gamma_{SL}-\gamma_{SV})_1 dx + f_2(\gamma_{SL}-\gamma_{SV})_2 dx + \gamma_{LV} dx \cos\theta_r \quad (4.13.6)$$

式中,θ_r 是粗糙表面的表观接触角,当 $dE=0$ 平衡时,有

$$f_1(\gamma_{SV}-\gamma_{SL})_1 + f_2(\gamma_{SV}-\gamma_{SL})_2 = \gamma_{LV}\cos\theta_r \quad (4.13.7)$$

与 Young's 方程比较可得

$$f_1\cos\theta_1 + f_2\cos\theta_2 = \cos\theta_r \quad (4.13.8)$$

上式称为 Cassie-Baxter 方程,简称 C-B 方程. 式中,θ_1 和 θ_2 分别是液滴在两种物质表面的本征接触角;f_1 和 f_2 分别是两种物质在液滴表观面积下所占的比例.

C-B 方程典型的应用就是可以计算能够截留空气的多孔粗糙表面上水滴的表观接触角,当表面物质为疏水性物质时,在疏水表面上的液滴并不能填满粗糙固体表面的凹槽,此时液滴接触面上由固体和空气组成,液滴下面有截留的空气垫,于是表观上的固-液界面其实是由固-液和气-液界面共同组成,如图 4.13.6 所示.

此时，$f_1:f_2$ 为液滴表观接触面下固体物质和截留气体的投影面积之比，已知空气对水的接触角为 $180°$，此时的 C-B 方程为

$$f_1\cos\theta_1 - f_2 = \cos\theta_r \quad \text{或}$$
$$f_1(\cos\theta_1 + 1) - 1 = \cos\theta_r \quad (4.13.9)$$

可见，如果已知某种物质在光滑、平坦表面对水的本征接触角，就可以得出其粗糙表面的表观接触角。

图 4.13.6　C-B 模型示意图

（三）本实验的意义

通过接触角的测量可以揭示自然界当中广为存在的超疏水和润湿性现象，对研究仿生学、采矿浮选、石油开采、纺织印染、农药加工、感光胶片生产、油漆配方以及防水、洗涤等都有广泛的意义。

（四）引导性预习题

(1)什么是荷叶效应？
(2)荷叶的自清洁现象是如何产生的？
(3)什么是表面能、接触角，它们之间有什么联系？
(4)Wenzel 模型和 C-B 模型分别适用的条件是什么？

二、实验详细介绍

（一）实验所需设备

JC2000C1 接触角/张力测试仪、KRUSS DSA20 光学视频接触角测试仪、微量进样器（$5\mu L$）、实验室纯水系统、显微镜。

（二）实验主要装置组成及使用方法

1. JC2000C1 接触角/界面张力测量仪

JC2000C1 接触角/界面张力测量仪（图 4.13.7），仪器接触角测量范围为 $0°\sim180°$，测试分辨率为 $0.01°$（量高法），测试精度为 $0.5°$ 或 $0.1°$（量角法）。最快拍摄 25 帧/秒，显微镜放大率 $0.7\sim4.5$ 倍连续变倍，成像分辨率 $55\sim315\text{pixel/mm}$，水平分辨率 750 线。使用方法如下：

(1)启动。进入 JC2000C1 子目录，运行软件，即可启动接触角测量仪应用程序。接触角测量仪应用程序主界面如图 4.13.8 所示。

(2)采样。通过微量进样器让液体滴到待测样品平面上。采一帧图并存储图像。测量角度时可采用两种方法：

图 4.13.7　JC2000C1 接触角/界面张力测量仪

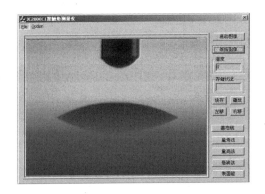

图 4.13.8　接触角测量仪应用程序主界面图

①量角法. 进入量角法主界面, 如图 4.13.9 所示, 按开始键, 将保存图像载入. 移动测量尺, 使测量尺与液滴边缘相切, 如图 4.13.10 所示. 然后下移测量尺到液滴顶端, 如图 4.13.11 所示. 再旋转测量尺, 使其与液滴左端相交, 即得到接触角的数值, 如图 4.13.12 所示. 也可使测量尺与液滴右端相交, 测出接触角, 最后求两者的平均值.

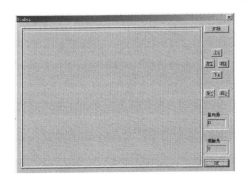

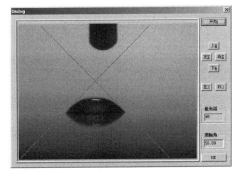

图 4.13.9　量角法主界面图　　　　图 4.13.10　量角法测量

②量高法. 按量高法按钮, 进入量高法主界面, 如图 4.13.13 所示. 按开始按

钮,打开文件夹,载入图像文件,界面如图 4.13.14 所示. 鼠标点击液滴的顶端和液滴的左、右两端,即可测出接触角,如图 4.13.15 所示.

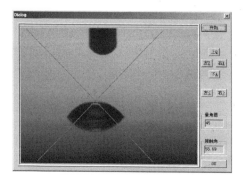

图 4.13.11 量角法测量

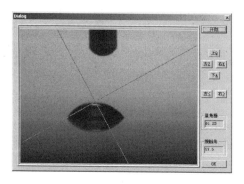

图 4.13.12 量角法测量

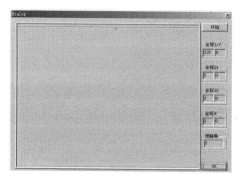

图 4.13.13 量高法主界面图

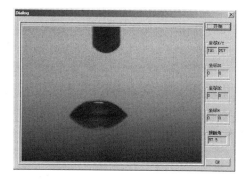

图 4.13.14 量高法测量

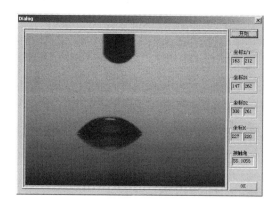

图 4.13.15 量高法测量

2. KRUSS DSA20 光学视频接触角测试仪

KRUSS DSA20 光学视频接触角测试仪可进行接触角和表面张力测试,接触角测量范围为 1°～180°,分辨率为 0.01°;表面张力测量范围为 0.01～1000mN/m,分辨率为 0.01mN/m;光学系统连续 6 倍放大;变焦透镜成像系统:高速 CCD,311 个图像/秒,最大分辨率为 752×580 像素;样品台:X、Y、Z 三方向手动调节(图 4.13.16),使用方法如下:

(1)打开 DSA100 电源,仪器自检,双击 DSA1 软件,出现图像.

(2)将被测样品放上在样品台上,在 Dosing 窗口中选择 Volume 设置液体体积,按箭头滴出液滴后上升样品台接下液滴.

(3)按 Baseline Determination(基线检测)图标,选择基线(也可手动调基线)后按 Contact Angle 进行计算,从而测出接触角.

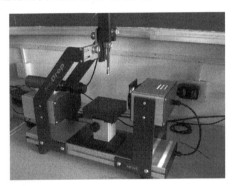

图 4.13.16　KRUSS DSA20 光学视频接触角测试仪

(三)实验方法选择与原理依据

接触角测试方法通常有两种:一种为外形图像分析方法;另外一种为称重法.后者通常称为润湿天平或渗透法接触角仪,但目前应用最广泛,测值最直接与准确的还是外形图像分析方法.

外形图像分析法的原理为:将液滴滴于固体样品表面,通过显微镜头与相机获得液滴的外形图像,再运用数字图像处理和一些算法将图像中的液滴的接触角计算出来.

计算接触角的方法通常基于特定的数学模型,如液滴可被视为球或圆锥的一部分,然后通过测量特定的参数,如高、宽或通过直接拟合来计算得出接触角值.例如,Young-Laplace 方程描述了一个封闭界面的内、外压力差与界面的曲率和界面张力的关系,可用来准确地描述一个轴对称的液滴的外形轮廓,从而计算出其接触角.需要注意的是:对于超疏水物质界面,水滴通常会聚成球形,此时的水滴由于受到重力的作用会在接触面(点)的两侧出现明显的下坠,使水滴形状偏离球形或锥形,从而导致计算和测量出现较大偏差.因此测量时,水滴的体积不宜过大(通常不超过 $5\mu L$),以减少重力对水滴形状的影响.

三、实验要求

(一)实验任务

1. 观察荷叶表面的结构特点,体会荷叶自清洁的特点;
2. 测量水滴在荷叶表面的接触角;
3. 测量水滴在 PDMS(聚二甲基硅氧烷)光滑表面和粗糙表面上的接触角;
4. 利用 Wenzel 和 C-B 模型方程计算水滴的理论接触角并和实验值进行比较.

(二)实验操作提示

(1)利用显微镜观察荷叶表面微结构,结合扫描电子显微镜(SEM)图像比较,总结荷叶表面结构特点.将水滴滴落在荷叶表面,观察水滴在荷叶表面的形貌,倾斜荷叶表面,观察水滴运动特点.

(2)使用接触角测量仪测量纯水在荷叶表面的接触角,选取 6 个位置分别测量,求平均值.

(3)使用接触角测量仪分别测量纯水在高分子聚合物 PDMS 光滑表面和粗糙表面的接触角,每个表面选取 6 个不同位置测量,求平均值.

(4)设计表格,应用 Young's 方程测量光滑 PDMS 表面的本征接触角,利用 Wenzel 模型和 C-B 模型分别对粗糙 PDMS 表面的两种表观接触角进行测量.

(5)使用显微镜对粗糙 PDMS 表面进行观察并测算表面粗糙度 r,已知空气对水的接触角为 $180°$,利用 Wenzel 模型和 C-B 模型分别对粗糙 PDMS 表面的两种表观接触角进行理论计算,将结果和测量值进行比较.

(三)注意事项

(1)在实验前一定详细阅读 JC2000C1 接触角/张力测试仪、KRUSS DSA20 光学视频接触角测试仪器使用说明书,并且在实验教师的指导下严格按照规程操作仪器.

(2)严格控制水滴的体积 $\leqslant 5\mu L$.

(四)拓展问题

尝试构建 PDMS 不同表面形貌,并对其进行数学分析、建模,结合接触角模型方程对各种形貌的 PDMS 固体表面的表观接触角进行分析、评价.

(五)数据记录

(1)分别对荷叶的正、反两面的表观接触角进行多次测量并记录到表 4.13.1 中.

表 4.13.1 荷叶正、反面的表观接触角

测量次数	1	2	3	4	5	6	平均
荷叶(正面)							
荷叶(反面)							

(2)测量光滑 PDMS 表面的本征接触角,记录到表 4.13.2 中.

(3)取两块粗糙 PDMS 薄膜,将其中一块浸泡到水中>10min,取出后分别测量两块粗糙 PDMS 表面的表观接触角,记录表 4.13.2 中.

表 4.13.2 PDMS 薄膜表面的接触角

测量次数	1	2	3	4	5	6	平均
光滑 PDMS 表面本征接触角							
粗糙 PDMS 表面本征接触角							
粗糙 PDMS 表面浸泡后本征接触角							

(六)课后作业

对实验结果进行分析讨论,利用 Wenzel 模型和 C-B 模型分别对粗糙 PDMS 表面的两种表观接触角进行理论计算,将测量值和结果进行比较并归类,写一篇课程小论文.

参 考 文 献

[1] Neinhuis C, Barthlott W. Characterization and distribution of water-repellent self-cleaning plant surfaces. Annals of Botany,1997,79:667.

[2] Barthlott W,Neinhuis C. Purity of the sacred lotus,or escape from contamination in biological surfaces. Planta,1997,202 :1-8.

[3] Feng L, Li S, Li Y, et al. Super-hydrophobic surfaces:from natural to artificial. Advanced Materials,2002,14 :1857.

[4] Vogle E A. Structure and reactivity of water at biomaterial surfaces. Advances in Colloid and Interface Science,1998,74: 69-117.

[5] Young T. The bakerian lecture:experiments and calculations relative to physical optics. Philosophical Transactions of the Royal Society of London,1804 ,94 :1-16.

[6] Wenzel R N. Resistance of solid surfaces to wetting by water. Ind. Eng. Chem. ,1936,28 (8): 988-994.

[7] Nishino T, Meguro M, Nakamae K, et al. The lowest surface free energy based on-CF_3 alignment. Langmuir, 1999, 15 (13): 4321-4323.

[8] 姜兰钰,汪静,周笑辉,等. 沟槽微结构薄膜制备及润湿特性研究. 大学物理实验, 2010, 23 (5): 4-6.

[9] 姜兰钰,汪静,潘超,等. 聚二甲基硅氧烷润湿各向异性薄膜. 物理实验, 2011, 31(3): 4-7.

[10] Cassie A B D, Baxter S. Wettability of porous surfaces. Transactions of the Faraday Society, 1944, 40: 546-551.